생명 탄생 ──
사전

생명 탄생 사전
신화에서 발생까지, 돌연변이에서 양육까지
생명은 어떻게 탄생하고 성장하는가

초판 1쇄 발행 2025년 8월 25일

지은이 　최현석
펴낸이 　이영선
책임편집　김선정

편집　　이일규 김선정 김문정 김종훈 이민재 이현정 조유진
디자인　　김회량 위수연
독자본부　김일신 손미경 정혜영 김연수 김민수 박정래 김인환

펴낸곳 서해문집 | 출판등록 1989년 3월 16일(제406-2005-000047호)
주소 경기도 파주시 광인사길 217(파주출판도시)
전화 (031)955-7470 | 팩스 (031)955-7469
홈페이지 www.booksea.co.kr | 이메일 shmj21@hanmail.net

ⓒ 최현석, 2025
ISBN 979-11-94413-61-5 93510

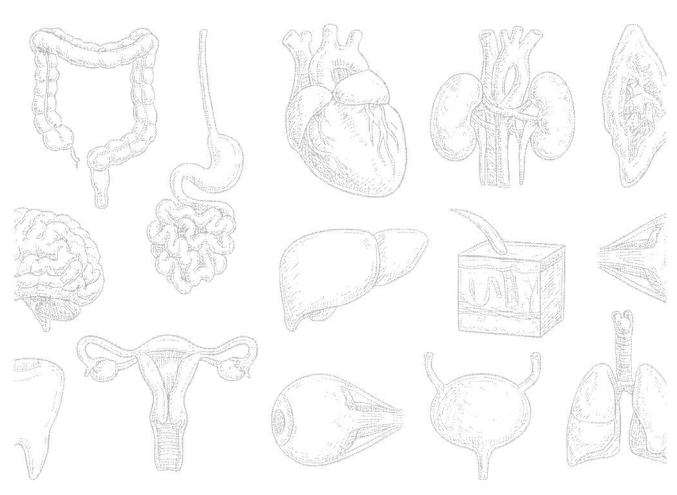

진화에서 돌연변이에서 생명은 어떻게
발생까지 양육까지 탄생하고
　　　　　　　　　　성장하는가

최현석 지음

생명 탄생 사전

서해문집

=== 머리말 ===

경남 창녕군 고암면 프라임요양병원. 제가 일하는 병원입니다. 이곳 창녕군 인구는 2025년 5월 현재 55,500명입니다. 제가 이곳에 처음 온 2018년에는 66,100명이었으니, 8년 동안 1만 명 이상 줄었습니다. 보통은 노인 부부가 살다 할아버지가 먼저 가고 할머니 혼자 남아 지내다가 저희 병원에 와서 돌아가시면 그 집은 빈집이 됩니다. 근처 마을에 가보면 절반 가까이가 빈집입니다.

시골에서 요양병원을 운영하면서 죽음과 노화를 공부하고 책 두 권을 출간했습니다. 지금은 저도 독자 여러분과 마찬가지로 제가 쓴 책들을 다시 보면서 복습하고 있습니다. 그럴 때마다 '이렇게 늙어가는구나, 이렇게 죽어가는구나'라는 나름의 깨달음을 얻습니다. 빈집이 많은 마을 골목길을 걸으면서 텃

밭을 가꾸는 노인을 보거나 병원에서 임종하시는 분들을 보면 자연과 인생의 흐름을 느낍니다.

　이번에 출간하는 《생명 탄생 사전》은 죽음의 기원인 생명은 어떻게 출현하는가에 대한 궁금증에서 출발했는데, 진화론과 발생학을 버무려놓은 책이 되었습니다. 진화론은 뿌리와이파리 출판사에서 출간한 '오파비니아' 시리즈 책들이 많은 도움을 주었습니다. 사람발생학은 의과대학에서 배운 것이긴 하지만 완전히 새로 공부해야 했습니다. 대학에서 공부할 때도 발생학은 무척 어려운 과목이었는데, 지금도 마찬가지입니다. 배아와 태아의 해부학적인 구조와 생리는 제가 평소 진료하는 성인과는 아주 다른 데다가, 의사 생활을 하면서 발생학은 더 이상 공부할 필요가 없어 딱히 복습할 기회도 없었기 때문입니다.

그렇지만 1~2년 동안 열심히 공부한 결과를 이렇게 책으로 출간하게 되었습니다. 제가 쓰는 모든 책과 마찬가지로 이 책도 제가 공부했던 것을 요약한 노트입니다. 모든 내용은 현대 과학이 밝힌 것을 충실히 정리한 것이어서 출간 후에도 저는 다시 이 책을 보면서 공부할 것입니다.

노화와 죽음을 공부하면서는 '한 사람의 인생이 이렇게 망가지고 없어지는구나'라는 나름의 깨침이 있었는데, 생명의 탄생을 쓰면서는 '한 생명체가 이렇게 오묘하게 만들어지는구나'라는 느낌이 생겼습니다. 노화나 죽음이 어떤 물체가 마모되어 수동적으로 없어지는 것이라면, 생명의 탄생은 창조주에 의해 계획적으로 만들어지는 과정이라는 느낌을 받습니다. 죽는 것은 바위가 풍화되어 모래가 되는 것이나 사용하던 의자가 망가져서 해체되는 것처럼 우리가 보고 느끼는 자연스러운 현상이지만, 하나의 세포가 증식하고 분화되어 복잡하고 정교한 생명을 만드는 것은 아주 정밀한 계획이 있어야 가능해 보입니다. 그래서 죽음과 달리 생명의 탄생은 신비롭습니다. 자연의 법칙임을 인식한다고 하더라도 신비롭기는 마찬가지입니다. 이 책의 저술을 마치면서 저 역시 자연법칙의 신비함에 순응하는 겸손한 삶을 살 수 있기를 기원합니다.

차례

머리말   004

I   발생

생물분류 ─────── 016
생물의 세 가지 도메인: 세균, 고균, 진핵생물

유전인자 ─────── 019
수직으로도, 수평으로도 전달된다

돌연변이 ─────── 021
모든 인간은 40~70개의 돌연변이를 갖고 태어난다

세포분열 ─────── 025
실[絲]이 있는 유사분열, 수가 줄어드는 감수분열

생식 ─────── 030
유성생식과 죽음은 동시에 나타났다

수정 ─────── 038
두 배우자가 결합하여 접합자가 형성된다

배반포 ─────── 047
수정 후 6~10일 사이의 배아

두겹배아원반 ─────── 050
납작한 원반 모양, 두 겹의 배아모체

낭배형성 ─────── 054
발생 3주, 두 겹에서 세 겹으로 몸의 형태 발생이 시작

기관발생 ─────── 058
발생 3~8주, 조직과 기관의 형성

삼배엽 ─────── 064
현존하는 동물의 99% 이상은 삼배엽동물

배외막 ──────── 067
배아의 기관 역할을 하는 막

태반 ──────── 071
배아와 모체 양쪽에서 만들어지는 기관

세포사멸 ──────── 075
배아발생에 필수적이다

줄기세포 ──────── 077
분화가 비가역적인 것은 아니다

II 기관

동물 ──────── 087
다세포, 입과 항문, 신경과 근육을 지닌 생물

척삭 ──────── 091
배아 몸통의 기둥 역할

뼈 ──────── 095
척추동물에만 있다

머리 ──────── 102
머리는 몸통의 좌우대칭성과 동시에 나타났다

턱 ──────── 111
척추동물의 진화에서 지느러미 다음으로 중요한 혁신

치아 ──────── 114
외피에서 진화, 피부나 비늘과 가깝다

인두활 ──────── 122
활처럼 굽은, 소화관·호흡기 역할 인두의 모태

사지 ──────── 128
지느러미를 만들던 유전자가 사지를 만든다

내온성 ─────────── 133
조류와 포유류에서 독립적으로 진화한 상사성(相似性)

유방 ─────────── 139
유방은 땀샘에서 진화

영장류 ─────────── 142
최초의 호모속은 200만 년 전의 호모 하빌리스

뇌 ─────────── 148
대뇌는 조류와 포유류 두 유형이 별개로 진화

심혈관 ─────────── 157
폐쇄순환계에서만 혈액과 조직액이 분리된다

신장 ─────────── 170
척추동물만 가지고 있는 삼투조절기관

생식기 ─────────── 179
동물의 생식세포는 배아초기부터 체세포와 분리되어 획득형질이 유전되지 않는다

소화기 ─────────── 190
췌장과 간은 척추동물에만 있다

호흡기 ─────────── 195
엄밀한 의미의 무산소호흡은 원핵생물만 한다

근육 ─────────── 202
근육은 액틴-미오신 복합체에서 진화

피부 ─────────── 209
경골어류의 외피는 중배엽의 진피골에서,
사지동물의 외피는 외배엽에서 유래

얼굴 ─────────── 215
포유류만이 얼굴표정을 만들 수 있다

감각기관 ─────────── 223
어류의 비공은 후각기능만 있지만,
사지동물에서는 후각과 호흡 두 가지 기능을 한다

III 성장

태생 ──────── 238
모체의 배아보유를 의미

생명시작 시점 ──────── 240
수정란인가, 배반포인가

출산 ──────── 244
수생동물에서 육지동물로의 전환

양육 ──────── 247
자손양육은 조류류와 포유류에서 독자적으로 진화

성숙 ──────── 257
곤충은 암컷이 더 크고, 파충류와 포유류는 수컷이 더 크다

신경발달 ──────── 260
감각기관마다 임계기가 다르다

독립 ──────── 269
분산은 일생에서 가장 위험한 시기

참고문헌 276
찾아보기 297

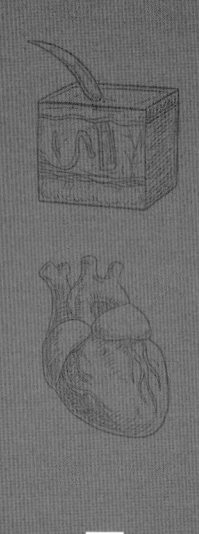

I

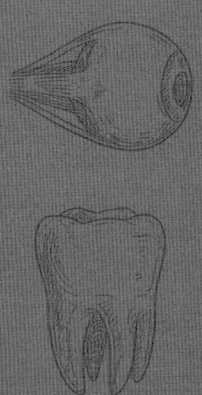

발생

생물분류 ∞ 유전인자 ∞ 돌연변이 ∞ 세포분열 ∞ 생식 ∞ 수정 ∞ 배반포 ∞ 두겹배아원반 ∞ 낭배형성 ∞ 기관발생 ∞ 삼배엽 ∞ 배외막 ∞ 태반 ∞ 세포사멸 ∞ 줄기세포

다세포생물은 자손을 완성된 형태로 생산하지 않는다. 자손은 발생(發生, development)을 통해 형성된다. 발생이란 하나의 세포(細胞, cell)에서 조직(組織, tissue), 기관(器官, organ), 생명체(生命體, organism)가 형성되는 세포들의 연속적인 변화이다. 기계와 생명체가 다른 것은 기계는 만들어진 후에 작동하지만 생명체는 스스로 만들면서 작동한다는 점이다. 우리는 폐(肺)가 완성되기 전에 호흡해야 하고, 장(腸)이 만들어지기 전에 소화활동을 해야 한다. 발생은 출생으로 끝나는 것이 아니고, 성체(成體, adult)가 된다고 끝나는 것도 아니다.

생물에서 수정(受精)과 출생 사이의 생명체는 배아(胚芽, embryo)라고 한다. Embryo는 '젊은 것(young one)'을 의미하는 그리스어에서 유래했는데, 의학이나 동물학에서는 배아라고 번역하지만, 식물학에서는 배(胚)라고 번역한다.

동물의 배아를 연구하는 학문을 발생학(發生學, embryology)이라고 한다. 독일 생물학자 바이스만(August Weismann, 1834~1914)이 생식세포와 체세포를 구분하고 생식세포를 통해서만 유전이 된다는 것을 밝힌 이후 발생학은 본격적인 학문으로 발전했다. 현재는 배아발달 과정을 실험실에서 구현할 수 있고, 배아발생을 조작하여 신종을 만들 수도 있는 수준에 와 있다.

발생학자들이 연구하는 모델동물로는 달팽이, 선충, 초파리, 성게, 개구리, 제브라피시, 닭, 생쥐 등이 있다. 이들은 실험실에서 발생이 가능하고, 세대교체가 빠르며, 많은 자손을 낳고, 유전조작이 용이하다는 공통점이 있다. 이들에서 밝혀진 사실은 인간의 발생 과정에도 적용된다. 생물의 발생에는 공통된 기본 원리가 있기 때문이다.

수정에서 탄생에 이르는 시기의 생명체를 기술하는 개념으로 배아 이외에 접합자(zygote), 전배아(preembryo), 태아(fetus) 등이 있는데, 이들 개념에 대한 정의가 학자들 사이에서 명쾌하게 합의되지 못하고 있다. 사람의 경우, 대한산부인과학회에서는 발생 3주에서 8주까지의 생명체를 배아(胚芽, embryo)라고 정의하고, 9주부터는 태아(胎兒, fetus)라고 한다. 배아와 태아를 구분하는 기준은 사람의 형태를 갖추었는지 여부이다. 의학에서 배아를 수정 후가 아닌 발생 3주 이후의 생명체로 정의하는 것은 수정부터 발생 2주까지는 전배아(前胚芽, preembryo)라고 하여 전배아를 연구용으로 사용할 수 있도록 하기 위해서다. 물론 전배아와 배아의 구분에는 많은 논란이 있고, 현재는 전배아 대신 착상전배아(preimplantation embryo)라는 용어가 쓰인다.

생물분류
생물의 세 가지 도메인: 세균, 고균, 진핵생물

현재 생물학에서 사용하는 생물분류법은 1980년대에 미국 미생물학자 칼 워즈(Carl Woese, 1928~2012)가 제안한 것이다. 그는 rRNA(리보솜RNA) 염기서열을 비교분석하는 분자계통학 연구를 통해 원핵생물을 세균(細菌, Bacteria)과 고균(古菌, Archaea)으로 분류했다. 고균은 그가 만든 개념으로, Archaea란 이름은 생명체가 지구에 처음 나타났던 지질연대인 시생누대(始生累代, Archean Eon)에서 유래했다. 시생누대는 독성가스로 이루어진 높은 온도의 두꺼운 대기가 지구를 덮었던 시기였다. 대부분의 고균들이 화산, 염전, 심해 열수구 등 극한 환경에서 발견되었기 때문에 시생대의 잔재라고 생각해서 그런 이름을 붙였다.

워즈는 생물분류의 최상위계급으로 기존에 사용하던 계(界,

kingdom) 체계는 생물진화역사를 반영하기 어렵다고 판단하고 보다 상위계급인 역(域, 도메인, domain)을 도입하여 생물을 다음 세 가지 역으로 구분했다.

(1) 세균(細菌, Bacteria)

(2) 고균(古菌, Archaea)

(3) 진핵생물(眞核生物, Eukarya)

세균과 고균은 원핵생물(原核生物, prokaryote)이다. 원핵생물과 진핵생물의 차이는, 원핵생물은 세포 내 구획이 나뉘어 있지 않아 세포 전체가 하나의 구획이지만, 진핵생물은 세포 내에 유전물질을 갖는 별도의 두 번째 구획이 있다는 점이다. 원핵생물은 모두 단세포생물이기 때문에 원핵생물과 원핵세포는 같은 말이다. 진핵세포만이 다세포생물을 구성한다.

세균이라고 하면 원핵생물 전체를 의미하는 경우가 많아 원핵생물, 원핵세포, 세균이라는 말은 거의 같은 의미로 쓰인다. 최근에는 이런 혼동을 막기 위해 고균이 아닌 세균을 진정세균(眞正細菌, Eubacteria)이라고 한다. 그러나 지금도 세균이라고 하면 진정세균만을 의미할 수도 있고, 진정세균과 고균을 포괄하는 의미일 수도 있어 혼동된다.

진핵생물을 과거에는 통상적으로 원생생물(原生生物, protist), 진균(眞菌, fungus), 식물(植物, plant), 동물(動物, animal) 등으로 분류했지만, 최근 밝혀지고 있는 진핵생물의 진화역사를 반영하지 못하는 한계가 있다. 특히 원생생물은 특징을 정의할 수 없는 매우 이질적인 집단이기에 하나의 그룹으로 묶기가 어렵다. 2021년 출간된 생물학 교과서 《캠벨 생명과학》에서는 진핵생물의 계통발생을 재구성하여 다음 네 그룹으로 분류한다.

(1) 섭식구굴착류(攝食口掘鑿類, Excavata)

(2) SAR

(3) 고색소체류(古色素體類, Archaeplastida)

(4) 단편모류(單鞭毛類, Unikonta)

섭식구굴착류는 세포 몸체의 한 면에 섭식용 홈이 굴착되어 있는 그룹이며, SAR는 Stramenopile(부등편모류), Alveolate(피하낭류), Rhizaria(근족충류)의 첫 글자를 따서 만든 용어다. 고색소체류는 남세균을 삼킨 고대 원생생물의 후손이며, 단편모류는 편모가 하나만 있는 그룹이다.

  동식물이 발생한 가장 근본적인 진화단계는 단세포에서 다세포로의 전환이었다. 생물진화역사에서 이런 다세포 전환은 열 번 이상 독립적으로 발생했지만, 현재 갈조류, 녹조류, 홍조류, 식물, 진균, 동물 등 여섯 그룹만 다세포생물이다. 갈조류는 부등편모류에 속하며, 녹조류, 홍조류, 식물 등 세 그룹은 고색소체류에, 진균과 동물은 단편모류에 속한다. 원생생물은 대부분 단세포생물로 진핵생물 계통분류의 다양한 그룹에 흩어져 있다.

유전인자
수직으로도, 수평으로도 전달된다

유전물질(DNA, RNA)을 보유하는 물질을 유전인자(遺傳因子, 유전요소, genetic element)라고 하고, 한 생명체에 존재하는 유전물질 전체를 유전체(遺傳體, genome)라고 한다. 유전인자의 전달방식에는 수직전달(vertical transfer)과 수평전달(horizontal transfer)이 있다. 진핵생물은 부모세대에서 자식세대로 수직전달만 하지만, 원핵생물은 수직전달도 하고 이웃 개체에 수평전달도 한다.

유전인자에는 염색체(chromosome), 플라스미드(plasmid), 소기관유전체(organellar genome), 전위요소(transposable element), 바이러스유전체(virus genome) 등이 있다.

원핵세포의 염색체는 세포질에 있으며, 진핵세포의 염색체는 핵에 있다. 소기관유전체는 미토콘드리아와 엽록체의 유전체를 말하는데 진핵생물에만 있다. 전위요소는 염색체 내에서 위치를 옮겨 다닐 수 있는 DNA서열로, 트랜스포존(transposon) 또는 점핑유전자(jumping gene)라고도 하며, 항상 다른 DNA분자에 삽입되어 있다. 플라스미드는 염색체와 분리되어 복제되는 DNA로 원핵세포에만 있다. 바이러스유전체는 바이러스에 있는 유전체이다.

바이러스가 아닌 모든 생물의 DNA는 이중가닥(이중나선,

double helix)이다. 유전인자의 모양에는 선형구조와 원형구조가 있는데, 진핵생물의 염색체는 선형구조이고, 세균, 고균, 미토콘드리아, 엽록체 등은 원형구조이다. 바이러스유전체는 단일가닥이나 이중가닥의 DNA 혹은 RNA이다.

진핵세포의 염색체는 쌍으로 존재한다. 쌍이 되는 두 염색체를 상동염색체(homologous chromosome)라고 하고, 상동염색체 각각에 있는 유전자를 대립유전자(allele)라고 한다. Allele는 다른(other)이라는 뜻에서 유래한 개념으로, 특정 유전자의 대체 유전자이다. 상동염색체 쌍의 대립유전자가 동일하면 동형접합체(homozygote)라고 하고, 서로 다르면 이형접합체(heterozygote)라고 한다.

세포의 핵에 상동염색체가 2세트 있으면 2배체(diploid, 2n)라고 하고, 1세트만 있으면 반수체(haploid, n)라고 한다. 다세포진핵생물에서 생식세포(germ cell)는 반수체이며, 체세포(somatic cell)는 2배체이다. 염색체의 상대적인 수를 핵상(核相, nuclear phase)이라고 하는데, 2배체는 복상(複相, 2n)이고, 반수체는 단상(單相, n)이다. 결국 2배체, 복상, 2n 등은 같은 의미이고, 반수체, 단상, n 등도 같은 의미이다. 대립유전자, 2배체, 반수체 등의 개념은 유전자(염색체)를 쌍으로 가지고 있는 진핵세포에서 유래한 개념이고, 염색체가 1세트만 있는 원핵생물에서는 이런 개념이 의미가 없긴 하지만 사용되기도 한다.

유전인자의 유전적 특성은 유전자형(genotype)이라고 하고,

유전자의 발현은 표현형(phenotype)이라고 한다. 표현형은 어떤 유전자가 발현되는지에 따라 달라진다. 생명체의 유전자형은 특정 시점에 일부만 표현형으로 나타나고, 나머지는 표현되지 않고 잠재해 있다.

두 대립유전자가 다른 경우 둘 사이의 상호작용은 우성(優性, dominant)과 열성(劣性, recessive)의 관계로 존재한다. 우성-열성 개념은 '우월하다-열등하다'의 관계가 아니라 '발현된다-잠재해 있다'는 의미이다.

돌연변이
모든 인간은 40~70개의 돌연변이를 갖고 태어난다

유전체의 변화를 통틀어 돌연변이(mutation)라고 한다. Mutation은 변화를 의미하는 라틴어 mutatio에서 유래한 말인데, '예상할 수 없는 갑작스러운 변화'라는 돌연변이(突然變異)로 번역했다. 돌연변이란 유전체의 변화를 의미하지만, 유전 가능한 변화만을 돌연변이라고 정의하기도 한다. 유전(遺傳, heredity, inheritance)이란 모세포에서 딸세포로 분열되는 세포분열 때 전해진다는 의미이다.

돌연변이는 대부분 자연발생적(spontaneous)이며 무작위적(random)이다. 생물학에서의 무작위성(randomness)은 물리학의 무작위성과는 의미가 다르다. 양자물리학에서 무작위성은 어떤 일이 발생하는 기저 원인이 없다는 의미인 반면, 생물학에서는 '앞을 내다보고 발생하는 것이 아니다'라는 의미이다. 돌연변이가 발생하는 이유는 알고 있지만, 어디서 어떻게 발생할지는 예측할 수 없다.

돌연변이는 DNA사슬 어딘가에 발생할 텐데 확률적으로 유전자가 아닌 곳에 더 많이 발생한다. 유전자 위치가 아닌 DNA의 돌연변이는 단백질의 변화도 없고 표현형의 변화도 없다. 돌연변이가 유전자에 생기면 그 유전자가 코딩하는 단백질의 구조가 변화하거나, 단백질의 발현 양이나 발현 시점, 또는 발현 장소가 바뀌어 표현형의 변화로 나타난다.

돌연변이는 염기서열이 잘못 복제될 때 발생한다. 따라서 염기서열 복제오류와 돌연변이는 같은 의미이다. 그런데 DNA 복제는 오류가 발생했을 때 이를 교정하는 시스템이 있다. 염기가 잘못 끼어 들어가면 이중나선의 비틀림을 일으키기 때문에 DNA중합효소는 잘못된 뉴클레오티드를 제거하고 정확하게 짝이 되는 것을 다시 삽입한다. RNA바이러스는 복제 과정에서 발생하는 오류를 복구할 수 있는 시스템이 없기 때문에 DNA바이러스보다 복제오류가 훨씬 많이 발생한다.

유전체의 크기는 바이러스, 원핵세포, 진핵세포의 순서로 커지는데, 이 순서로 복제오류는 적어진다. 유전체가 커질수록 복제 과정의 오류가 교정되는 시스템이 잘 발달하기 때문이다.

원핵생물은 진핵생물보다 복제오류가 10배 많다. DNA바이러스는 원핵생물보다 복제오류가 100~1,000배 많다.

세균의 경우 염기쌍 1,000개당 10^{-6}~10^{-7}의 빈도로 복제오류가 발생한다. 복제오류 빈도를 염기쌍 1,000개 단위로 계산하는 이유는 전형적으로 유전자 1개는 1,000개의 염기쌍으로 이루어져 있기 때문이다. 1cc당 10^8개의 세포가 있는 세균 배양의 경우 복제오류 빈도를 대입해보면 어느 특정 유전자에 돌연변이를 가진 세균이 10~100개 정도 생길 것이라고 예측할 수 있다.

개체에서 발생하는 돌연변이는 그 개체가 속한 종(種, species)의 생명 연속성을 위해 필수적인 과정이다. 환경은 항상 변하는데 변화에 적응하는 돌연변이가 나타난 집단은 살아남고 그렇지 못한 집단은 멸종하기 때문이다. 진화는 돌연변이가 긴 시간 동안 꾸준하게 축적되면서 이루어진다.

가장 단순한 형태의 진화는 시간이 경과하면서 생물집단 내에서 대립유전자(allele)의 빈도가 변화하여 변형된 계보를 이루는 것이다. 두 대립유전자를 구별할 때 야생형과 돌연변이로 구별하는 경우가 있다. 야생형(wild-type) 대립유전자는 자연에서 절대다수(99% 이상)를 차지하는 것을 말하고, 희귀하게 (1% 이하) 나타나는 경우는 돌연변이(mutant) 유전자라고 한다.

두 대립유전자의 비율이 99:1이 되지 않을 때는 야생형과 돌연변이로 구별하지 않고 유전적다형성(遺傳的多形性, genetic polymorphism)이라고 한다. 암컷과 수컷의 차이도 다형성의 일종이며, 이렇게 두 가지 형태로 나뉘는 것은 이형성(二形性, dimorphism)이라고 한다. 혈액형 ABO는 대립유전자 세 가지가 있는 다형성이다. 염기 하나만 다른 다형성은 단일염기다형성(single nucleotide polymorphism, SNP)이라고 하는데, 이것은 표현형의 차이를 일으킬 수도 있고 아닐 수도 있다.

많은 경우 야생형 대립유전자가 우성이고 돌연변이 유전자는 열성이다. 간혹 돌연변이가 우성인 경우도 있다. 야생형과 돌연변이는 군집 안에서 흔하거나 희귀하다는 의미이며, 좋거나 나쁘다는 의미가 아니다. 한 군집 속에서 돌연변이가 나타나 세대가 거듭되면서 다수를 차지하면, 즉 야생형이 되면 생물 종의 표현형이 달라지고 결국 종이 나누어진다. 이를 종분화(種分化, speciation) 혹은 분기(分岐, divergence)라고 한다.

한 종의 개체군들이 바다, 강, 산과 같은 지리적 장벽으로 분리되고 생식장벽(sexual barrier)이 형성되면 새로운 종이 분기한다. 생식장벽은 정자와 난자가 더 이상 결합하지 못하는 것인데, 점진적으로 서서히 발생하기 때문에 지리적 장벽이 오랫동안 유지되어야 한다. 만약 지리적 장벽으로 떨어졌던 두 집단이 생식장벽이 완전히 형성되기 전에 재회한다면 상호교배가 일어나 두 집단은 병합될 것이다. 일반적으로 동물의 종분화에는 10만~100만 년에 이르는 시간이 필요하고, 한 종은 약 100만~1,000만 년 동안 존재하다가 멸종한다.

인간의 모든 신생아는 40~70개의 새로운 돌연변이를 갖고 태어나는데, 절반은 정자에서, 절반은 난자에서 온 것이다. 현재의 인간과 같이 이미 안정된 군집을 유지하고 있고 환경이 격변하지 않는 조건에서는 돌연변이 대부분은 해롭다. 현재 호모 사피엔스의 종분화는 상상하기 어렵다. 그러나 돌연변이에 의해 새로 발생하는 대다수 형질은 금방 사라진다고 해도, 자연환경이 격변할 때 그 변화에 더 잘 적응하는 형질을 발현하는 종이 나타난다면 그 종은 번성할 것이다. 20만 년 전 호모 사피엔스의 등장도 이런 과정을 거쳤다.

세포분열
실[絲]이 있는 유사분열, 수가 줄어드는 감수분열

진핵세포의 세포분열에는 유사분열(有絲分裂, mitosis)과 감수분열(減數分裂, meiosis)이 있다. 독일 생물학자 플레밍(Walther Flemming, 1843~1905)은 도롱뇽의 세포분열에서 실과 같은 물질이 형성되는 것을 관찰하고 mitos(실)와 osis(활동)를 결합해서 mitosis라고 했다. 그가 관찰한 실은 염색질(chromatin)이었다. 유사분열(有絲分裂)은 실[絲]이 있는 분열이라는 뜻이다.

진핵세포의 염색체는 세포주기에 따라 응축된 염색체(chromosome), 실 모양의 염색질(chromatin)과 염색분체(chromatid) 등의 형태로 나타난다. 염색체는 진핵생물과 원핵생물에 존재하지만, 염색질과 염색분체는 진핵생물에만 나타난다. 염색질은 DNA와 단백질(히스톤)의 복합체이고, 염색분체는 자매염색분체(sister chromatid) 중 하나이다. 자매염색분체는 세포분열 과정에서 DNA가 2배로 복제되어 생성되는 동일한 서열의 DNA를 말한다.

유사분열은 똑같은 세포 2개를 만드는 것으로, 인체에서 생식세포를 제외한 모든 체세포는 유사분열로 증식하기 때문에 유사분열은 체세포분열과 같은 의미이다.

유사분열에서 핵과 세포질은 보통 함께 분열하지만, 핵분열만 일어나고 세포질분열은 일어나지 않는 경우도 있다. 그러면 세포는 커지고 많은 핵을 가지게 된다. 이를 다핵체(多核體, coenocyte)라고 하며, 수백 또는 수천 개의 핵을 가진 세포도 있다. 2개 이상의 핵을 가진 세포는 다핵세포(多核細胞, multinuclear cell, polynuclear cell)라고 하는데, 세포가 서로 융합하여 생기면 합포체(合胞體, 융합체, syncytium, symplasm)라고 한다.

유사분열은 진핵세포가 하는 세포분열의 종류이고, 원핵세포의 세포분열은 유사분열이라고 하지 않는다. 또 감수분열도 진핵세포에서만 일어난다. Meiosis는 줄어든다(less)는 의미의 그리스어 meion에서 만들어진 용어이고, 번역어인 감수분열(減數分裂)은 숫자가 감소하는 분열이라는 의미이다. 감수분열에서는 염색체가 2배체에서 반수체로 줄어드는데, 오로지 생식세포를 만들 때만 일어난다.

유사분열은 DNA가 부모세포와 동일한 2개의 딸세포를 만들지만, 감수분열은 DNA가 서로 다른 4개의 반수체 딸세포를 생성한다. 감수분열로 만들어지는 세포는 생식세포라고 불리며, 반수체(haploid, n)이다. 생식세포가 수정으로 접합자(zygote)가 되면 2배체(diploid, 2n)가 회복된다.

감수분열은 염색체가 복제되어 2배가 된 다음 감수1분열(일차감수분열, meiosis I)과 감수2분열(이차감수분열, meiosis II)이라는 두 단계로 이루어진다. 감수1분열에서는 상동염색체가 짝을 이뤄 붙어 있다가 서로 분리되는데, 서로 붙어 있을 때 염색체 일부가 잘려 서로 교환되는 교차(crossing over)가 일어난 다음 분리되어 2개의 세포가 된다. 감수2분열에서는 자매염색분체가 분리되어 2개의 세포가 되는데, 각각의 자매염색분체는 독립적으로 분리된다. 그래서 최종적으로 감수분열은 유전적으로 전혀 다른 4개의 세포를 만든다.

감수분열은 다세포진핵생물의 가장 뛰어난 진화적 혁신이다. 유전자재조합(genetic recombination)을 동반하기 때문이다. 감수분열 과정에서 DNA의 일부가 잘리고 교환되어 다시 연결되고, 또 염색체 각각은 흩어져 새로운 조합으로 딸세포가 형성된다. 그리고 이렇게 형성된 딸세포들끼리 결합하면 자식의 유전자는 부모의 유전자와 완전히 달라진다. 유성생식은 감수분열과 수정이라는 두 단계에서 유전정보를 뒤섞기 때문에 일란성 쌍둥이를 제외한 어떠한 개체도 유전적으로 같지 않다.

동물과 일부 식물에서는 난자가 만들어지는 감수분열에서는 오직 하나의 반수체 세포가 만들어진다. 일부 종에서는 감수분열 결과 4개의 반수체 핵이 생기고 세포질분열이 일어나지 않아 4개의 모든 핵들이 일시적으로 한 세포에 있다가 3개의 핵이 퇴화되어 사라진다. 어떤 종에서는 감수1분열과 감수2분열이 일어날 때마다 세포질 크기가 다른 세포들이 형성되어 작은 세포들은 퇴화되어 사라지고 결국 하나의 큰 세포만 만들어진다.

유사분열은 1~2시간 이내에 이루어지지만, 감수분열은 훨씬 많은 시간이 걸린다. 인간 남성의 고환에서는 1개월 정도 소요된다. 여성의 경우 감수1분열은 출생 전 초기 태아발생 과정에서 시작되며, 출생 후 매달 재개되어 감수2분열을 진행하고 수정이 된 후에야 감수분열이 비로소 완성된다.

감수분열은 감수1분열과 감수2분열이라는 복잡한 과정이기 때문에 오류가 자주 발생한다. 감수1분열에서 상동염색체 쌍이 분리되지 않거나, 감수2분열 과정에서 자매염색분체가 분리되지 않기도 한다. 그러면 염색체 수가 2n-1, 2n+1, 2n+2 등으로 부족하거나 많아지게 된다. 이를 이수성(異數性, aneuploidy)이라 한다.

성숙한 진핵생물은 2배체(동물, 식물)이거나 반수체(진균)인데, 동물 중에는 꿀벌의 일벌과 같이 반수체 성체인 경우도 있다. 그런데 동물을 제외하면 염색체 증가(3n, 4n, …)는 자연에서 흔한 현상이다. 현화식물은 절반 이상이 중복된 염색체 세트를 가지고 있으며, 3배체(3n), 4배체(4n) 또는 그 이상의 배수체(polypoid) 핵이 형성될 수 있다. 4배체 핵은 2배체처럼 각 염색체가 짝수로 있으므로 상동염색체로서 쌍을 형성하여 감수분열이 가능하지만, 3배체 핵은 둘로 나뉠 수 있는 짝이 없으므로 감수분열을 할 수 없다. 그래서 3배체 개체는 일반적으로 불임이다.

만약 성체(成體, adult)가 유사분열에 의해 배우자를 만들었다면, 배우자들의 융합으로 생성되는 접합자는 4세트의 염색체를 갖는 4배체(tetraploid, 4n)가 될 것이다. 그러나 새로운 세대가 만들어질 때마다 핵의 염색체가 2배로 된다는 것은 생물학적으로 불가능하므로 염색체 세트가 줄어드는 감수분열이 어딘가에서 일어나야 한다.

배수체 핵은 더 많은 염색체 세트를 가지고 있어서 세포가 더 커지는 경향을 보인다. 여분의 유전자가 새로운 용도로 쓰이면서 성장과 대사가 더욱 왕성해질 수 있기 때문에 유전체가 중복된 식물을 교배시키면 더 튼튼하고 맛있는 개체가 나올 수 있다. 농업에서 배수체 작물을 이용하는 이유이다. 2배체 바나나(2n=22)는 작고 먹을 수 없는 열매를 생산하지만, 3배체 바나나(3n=33)는 크다. 그러나 종자는 생산하지 못한다.

씨 없는 수박도 3배체이다. 감자, 부추, 땅콩은 4배체이며, 주식으로 먹는 밀은 6배체이고, 딸기는 8배체이다.

동물 중 어류, 양서류, 파충류에는 여분의 염색체 세트를 가지고 생존하는 종이 상당수 있다. 염색체 숫자가 달라진다고 해서 모두 불임이 되는 것은 아니고, 여분의 염색체를 가진 후손들끼리만 번식할 수도 있다. 그러나 포유류와 조류에서는 이수성 배아가 생존하는 경우가 드물다. 사람의 경우 모든 임신의 10~30%에 이수성이 있다. 이수성 배아는 대부분 죽지만 일부는 살아남을 수 있다. 난자가 21번 염색체를 2개 가지고 있을 때 정자와 수정하면 접합자는 21번 염색체가 3개가 되어 3염색체(trisomy)접합자가 된다. 이를 다운증후군(Down syndrome)이라고 한다. 병명은 이 질환을 최초로 보고한 영국 의학자 존 랭던 다운(John Langdon Down, 1828~1896)의 이름에서 왔다. 만일 21번 염색체가 없는 난자가 정자와 수정된다면 1염색체성(monosomy)이 되며 배아는 발생 과정에서 죽는다.

생식
유성생식과 죽음은 동시에 나타났다

생식(生殖 reproduction)은 생명체가 자기와 동일한 개체를 만들어 종을 유지하는 것이다. Reproduction은 재생산

(再生産)이라는 의미이며, 한자어 생식(生殖)은 낳아서[生] 불린다[殖]는 뜻이다.

생식은 성(sex)의 유무에 따라 무성생식(無性生殖, asexual reproduction)과 유성생식(有性生殖, sexual reproduction)으로 나뉜다. 무성생식은 한 개체 단독으로 새로운 개체를 생산하는 것이고, 유성생식은 암수 배우자(配偶者, gamete)가 형성되었다가 결합한 접합자(接合子, zygote)로 번식하는 것이다. 접합자는 수정란과 같은 말이다. 배우자로 번역된 gamete는 결혼을 의미하는 그리스어 gamein에서 유래한 단어이다. 배우자, 배우자세포, 생식세포, 성세포 등은 모두 같은 말이다.

최초의 생명체는 원핵생물로, 무성생식으로 번식했다. 진핵생물은 20억 년 전에 나타났으며, 유성생식은 15억 년 전에 출현했다. 진핵생물만이 유성생식이 가능하다.

무성생식에는 분열(fission), 출아(budding), 포자(spore), 영양생식, 분절법, 무수정생식 등이 있다.

단세포생물은 대부분 분열로 성장한다. 2개로 분열하는 이분법(二分法, binary fission)이 가장 많으며, 여러 개의 세포로 분열하는 경우도 있다. 출아(법)는 새로운 개체가 처음에 작은 형태로 만들어져 커진 후 독립하는 것이다. 효모, 해면동물, 자포동물 등이 출아로 생식한다. 식물의 영양생식을 출아법에 포함시키기도 한다.

영양생식(營養生殖, vegetative reproduction)은 몸통 일부가 분

리되어 새로운 개체가 형성되는 것이다. 자연에서는 대부분 식물에서 나타나며, 영양기관이 번식에 관여한다. 영양기관(營養器官)이란 꽃과 같은 생식기관(生殖器官)이 아닌 뿌리, 줄기, 잎 등을 말한다.

분절법(分節法, 절단생식, fragmentation)은 모체가 여러 개의 분절로 나뉘어 각각의 분절이 완전한 개체가 되는 것이다. 우산이끼(liverwort), 진균(fungus), 지의류(lichen), 플라나리아(planaria), 불가사리 등에서 나타난다.

무수정생식(agamogenesis)은 유성생식을 하는 생물이 수정과정 없이 자손을 생산하는 것으로, 처녀생식(parthenogenesis)이 대표적이다. 처녀생식은 수정되지 않은 난자가 성체로 성장하는 것이다. 식물, 물벼룩, 벌, 말벌, 양서류, 파충류 등에서 나타나며, 대부분 암컷이 하고, 수컷이 하는 경우는 아주 드물다.

무성생식은 유전적으로 동일한 개체, 즉 클론(clone)을 만들어낸다. 짝이 있어야 하는 유성생식에 비해 과정이 단순하기에 에너지와 물질대사 필요성이 낮아 빠르게 증식할 수 있지만, 유전자재조합에 의한 종 다양성 확보가 어렵기 때문에 환경변화에 취약하다.

무성생식을 하는 생물들 중 일부는 유성생식도 같이 하도록 진화했다. 15억 년 전 유성생식이 진화했지만 모든 생물이 여전히 단세포였을 때, 무성생식과 유성생식을 교대로 하는 다음과 같은 생활주기(生活週期, life cycle)가 나타났을 것이다.

(1) 2배체(diploid) 세포가 감수분열을 하여 반수체(haploid) 세포가 된다.
(2) 반수체 세포는 분열법으로 성장한다. 단세포생물이므로 세포분열은 무성생식과 같은 의미이다.
(3) 이들 중 일부는 배우자가 되어 서로 접합하여 2배체 접합자가 되는 유성생식을 한다.
(4) 2배체 개체 역시 분열법으로 성장한다.

현생 클라미도모나스(Chlamydomonas)가 이와 유사한 생활주기를 갖는다. 클라미도모나스는 광합성을 하는 녹조류에 속하는 단세포 원생생물이다. Chlamydomonas라는 이름은 망토(겉옷)를 의미하는 그리스어 chlamys에서 유래했는데, 1992년 처음 명명할 당시 '어둠 속에서 망토를 걸치듯 나타났다'라고 묘사하며 이렇게 부른 것이다. 모나스(monas)는 하나(solitary)를 의미하며, 보통 단세포편모충(flagellate)을 지칭할 때 사용된다.

클라미도모나스 라인하르티(Chlamydomonas reinhardtii)는 크기가 10~20μm이며, 2개의 편모, 엽록체, 안점(eyespot) 등이 있다. 안점에는 광수용체가 있어서 광합성에 유리한 곳을 찾아간다. 이동할 때는 2개의 편모를 이용한다. 염색체는 17개이며 핵상은 반수체이다. 평소에는 반수체로 생활하면서 이분법을 통해 성장하지만, 환경이 열악해지면 두 세포가 접합한다. 수정하는 두 반수체(배우자, n)는 암수구별이 없으므로 동형접합(isogamy)이다. 접합자(2n)는 편모가 없어지고 단단한 외피에 싸여 휴지기에 들어간다. 환경이 좋아지면 접합자는 감수분열을 통해 4개의 동포자(動胞子, zoospore, n)를 만든다. 동포자는 다시 이분법으로 성장한다. 동포자는 편모를 이용한 유영 능력을 가지는 포자를 말하며, 유주자(遊走子)라고도 한다.

현존하는 많은 원생생물과 진균이 무성생식과 유성생식을 순환한다. 플라나리아는 자웅동체인데 다른 개체와 교미하는 유성생식도 하고, 한 개체의 중간에서 잘록하게 나누어지고 나눠진 절반은 나머지 부분을 재생하여 두 개체가 되는 무성생식도 한다.

단세포 진핵생물인 짚신벌레는 분열 횟수가 유한해서 700회 정도 분열하면 죽는다. 그런데 중간에 다른 짚신벌레와 접합해서 유전자를 교환하면 새로운 짚신벌레가 태어나면서 분열 횟수가 초기화되어 다시 700회의 세포분열을 할 수 있다. 유전자 교환으로 새 생명이 시작하는 것이다. 접합이 먼저 나타난 것인지, 죽음이 먼저 나타난 것인지는 알 수 없다. 아마도 진화역사에서 유성생식과 죽음은 동시적으로 나타났을 것이다. 성(sex)이 없는 원핵생물은 세포분열을 무한 반복하기 때문에 늙어서 죽는 일은 없다.

성(性, sex)을 제일 간단히 정의하면 서로 다른 두 개체의 유전자가 결합하는 것이다. 이렇게 정의하면 유전자를 교환하는 세균도 섹스를 하는 것이 되고, 바이러스는 다른 생물과 섹스를 하는 것이 된다. 그래서 유성생식을 '절반의 유전체를 가진 두 생식세포의 결합'으로 좁게 정의한다.

성은 왜 항상 두 가지뿐인지에 대한 명쾌한 답은 없다. 모두 같은 성을 가지고 있다면 누구나 서로 짝짓기를 할 수 있고, 만약 셋 이상의 성을 가지게 된다면 지금처럼 둘만 있을 때보다는 서로 다른 성을 찾을 수 있는 범위가 늘어날 텐데, 생물진화는 성을 두 가지만 만들었다.

생물역사에서 암수라는 성이 만들어졌을 때 처음부터 수컷 개체와 암컷 개체가 만들어진 것은 아니고 생식세포로서의 수컷 배우자와 암컷 배우자가 먼저 나타났다. 개체의 성(sex)은 어떤 생식세포를 생산하느냐에 따라 결정된다.

유성생식은 암수 배우자의 크기와 형태가 서로 같은지 다른지에 따라 동형접합(同形接合, isogamy)과 이형접합(異形接合, anisogamy)으로 나뉜다. Isogamy는 iso(equal, 같은)와 gamy(marriage, 결혼)의 합성어로 암수 배우자가 동일한 것이고, iso 앞에 부정형 접두어 'an-'을 붙이면 '동일하지 않다'는 의미가 되어 두 배우자가 다른 이형접합이 된다. 동형접합은 단세포진핵생물에서, 이형접합은 다세포진핵생물에서 나타난다. 이형접합에서 배우자는 크기에 따라 소배우자(microgamete)와 대배우자(macrogamete)로 나뉜다.

이형접합의 대부분은 난접합(卵接合, oogamy)이다. Oogamy

는 oo(난卵)와 gamy(접합)의 합성어로, 두 배우자가 크기가 다를 뿐만 아니라 형태도 다른 경우이다. 난접합에서 소배우자를 정자(精子, sperm), 대배우자를 난자(卵子, 알세포, ovum, egg cell)라고 한다. 난자는 영양분을 풍부하게 가지는 대신 이동성이 떨어지고, 정자는 몸집이 작아지는 대신 이동성이 좋아진다. 결국 정자는 유전자를 운반하는 기능만 하고, 난자는 유전자를 결합시키고 자손을 키우는 역할을 하게 되었다. 정자를 생산하는 개체는 웅성(雄性, 수컷, male), 난자를 생산하는 개체는 자성(雌性, 암컷, female)이라고 한다.

배우자가 만들어지는 과정을 배우자발생(gametogenesis)이라고 한다. 배우자는 유사분열이나 감수분열을 통해 생성된다. 유사분열로 배우자를 만드는 생물의 생활주기 중에는 반수체 다세포의 배우체(配偶體, gametophyte) 시기가 있다. 조류(藻類, algae), 진균(fungus), 식물 등이 해당한다. 동물의 생활주기에서는 배우체 시기가 없고, 생식선(gonad: testis, ovary)에서 감수분열을 해서 배우자를 만든다.

배우체는 자신의 일부를 떨어져 나가게 해 배우자로 만들기도 하고, 배우자낭(配偶子囊, gametangium)을 만들어 배우자를 생산하기도 한다. 배우자낭은 배우자가 생기는 세포나 자루 모양의 구조물을 말한다.

암수분화가 없는 종에서는 1개의 배우자낭에서 다수의 동형 또는 이형의 배우자들을 만든다. 암수가 분화된 종에서 수

배우자낭은 소배우자낭(microgametangium) 혹은 장정기(藏精器, antheridium)라고 한다. 암배우자낭은 종에 따라 대배우자낭(macrogametangium), 장란기(藏卵器, archegonium), 생란기(生卵器, oogonium), 조낭기(造囊器, ascogonium) 등으로 명명된다.

장정기는 편모를 가지는 정자(精子, 정충, sperm)를 만든다. 보통 다수($2n$)의 정자가 형성된다. 운동성이 없는 부동정자(不動精子, spermatia)를 생산하는 수배우자낭은 부동정자낭(不動精子囊, spermatangium)이라고 한다. 부동정자낭은 홍조류와 진균에서 보인다. 정자는 물의 막을 따라 난자 쪽으로 유영하며, 부동정자는 물의 흐름에 따라 이동한다.

조낭기는 자낭균류에 있고, 장란기는 선태식물, 양치식물, 겉씨식물에 있으며, 생란기는 차축조류와 지의류에서 보인다. 현화식물에서는 밑씨(ovule) 안에 있는 배낭(embryo sac)이 암배우자낭에 해당한다. 동물의 난소에 있는 원시생식세포도 영어로 oogonium이라고 하는데, 번역은 난원세포(卵原細胞)라고 한다. 암배우자낭은 보통 1개의 암배우자(난자)를 만든다. 난자는 보통 방출되지 않고 암배우자낭에 있는 상태에서 수정한다.

접합자의 운명은 생물계통에 따라 다르다. 홍조류, 녹조류, 갈조류의 접합자는 유사분열로 포자체(胞子體, sporophyte)로 자란다. 차축조류는 접합자가 곧바로 감수분열을 하여 배우체로 성장한다. 진균의 접합자는 감수분열로 포자가 되어 산포된다. 식물과 동물의 접합자는 유사분열로 배아(胚芽, embryo)로 자란다. 식물은 배(胚, embryo)가 있다고 해서 유배식물(有胚植物, embryophyte)이라고 한다. 유배식물과 식물은 사실상 동의어이다.

수정
두 배우자가 결합하여 접합자가 형성된다

수정(受精, fertilization)은 두 배우자가 결합하여 접합자(zygote)가 형성되는 것이다. Fertilization은 비료를 뿌려 토지를 비옥하게 한다는 의미여서 수컷은 능동적이고 암컷은 수동적이라는 것을 암시하기 때문에, 융합을 의미하는 conception이란 용어를 사용하기도 한다. 우리말 수정, 수태(受胎), 임신(妊娠), 잉태(孕胎) 등은 모두 같은 의미이다.

정자(精子, sperm)는 네덜란드 과학자 레이우엔훅(Antonie van Leeuwenhoek, 1632~1723)이 처음 발견했고, 난자(卵子, ovum, egg cell)는 독일 생물학자 폰 베어(Karl Ernst von Baer, 1792~1876)가 발견했다. 폰 베어는 또 성게와 멍게에서 정자와 난자의 결합을 처음으로 기술했고, 현재 정자라는 의미로 쓰이는 spermatozoon(복수형: spermatozoa)이라는 말도 그리스어로 씨를 뜻하는 sperma와 생명체를 뜻하는 zoon을 결합해서 그가 만든 것이다. 난자를 의미하는 ovum은 라틴어로 계란을 뜻하며, 영어 egg는 새(bird)를 뜻하는 awi에서 유래했다.

수정이 일어나는 곳이 암컷의 체내인지 아닌지에 따라 체내수정(體內受精, internal fertilization)과 체외수정(體外受精, external fertilization)으로 구분하며, 체내수정이든 체외수정이든 모두 정자가 난자를 향해 헤엄쳐 갈 수 있는 액체 환경에서 이루어진다. 체외수정을 하는 경우 정자와 난자가 만나도록 시기를 맞추는 것이 중요한데, 집단적으로 산란(産卵, spawning)을 하는 종도 있고, 교미행동을 통해 정자와 난자를 동시에 방출하는 종도 있다. 동물의 역사에서 체내수정의 진화는 많은 계통에서 나타났는데, 체내수정은 체외수정에 비해 훨씬 적은 수의 배우자를 생산하지만 접합자의 생존율이 높다.

포유류 암컷이 난소주기에 관계없이 성행위를 하는 것은 영장류에 한정되고, 대부분은 특정 계절에 짝짓기를 한다. 계절의 변화에 따라 달리 분비되는 호르몬에 의해 생식주기가 결정되기 때문인데, 대개 겨울이나 봄에 짝짓기를 하여 연중 가장 좋은 시기에 출산과 새끼양육이 이루어지도록 한다. 예를 들어 암컷 양(羊)의 발정기는 가을과 초겨울에 나타나며, 임신 기간은 5개월이다. 따라서 대부분의 새끼 양은 생존할 가능성이 제일 높은 초봄에 태어난다.

포유류 수컷은 보통 언제라도 교미를 할 수 있으나, 암컷은 발정주기가 있어 비교적 짧은 기간인 하루에서 사흘 사이에 몰아서 수컷을 받아들인다. 1900년 영국 생물학자 히프(Walter Heape, 1855~1929)는 암컷이 적극적으로 교미에 나서는 기간을 발정기(estrus)라고 했다. Estrus는 말파리(horse fly)를 뜻하는 그리스어 oistros에서 기원했다. 히프가 말파리와 암컷의 발정상태를 연결한 것은, 이 파리의 유충은 포유류 몸에서 발생하는데 말파리가 소에서 발생하면 소를 광란상태로 몰아가는 데서 착안했다. 여성호르몬을 뜻하는 에스트로겐(estrogen)이 여기에서 유래한 말이다.

인간에서 난자가 되는 난모세포(卵母細胞, oocyte)는 난포(卵胞, follicle)에 있고, 난포는 난소(卵巢, ovary)에 있다. 난포 하나에 난모세포가 하나씩 있다. 난포와 난모세포는 태아 때 최대로 만들어지며, 생후 나이가 들면서 점차 줄어들어 사춘기에는 46만 개가 된다. 사춘기가 지나면 월경주기마다 20개의 난포가 성장하다가 그중 1개만 최종단계까지 성숙하여 배란된다. 같이 성장하던 나머지 난포는 소멸된다.

배란되는 난자의 숫자는 포유류마다 달라, 새끼를 하나만 출산하는 포유류는 1개의 난자만을 내보내지만, 한 번에 여럿을 낳는 포유류는 다수의 난자를 내보낸다. 모든 포유류에서 난자는 출생 이전에 이미 만들어져 있던 것이 순차적으로 배란되는 것이기 때문에 모체의 나이가 많을수록 노화된 난자가 생산된다.

여성의 월경주기는 배란을 중심으로 난포기와 황체기로 나

넌다. 난포기(follicular phase)는 난포가 성숙해서 난모세포를 배란하는 시기이고, 황체기(luteal phase)는 난모세포가 빠져나간 뒤에 난포가 황체(黃體, corpus luteum)가 되어 활동하는 시기이다. 황체는 프로게스테론(progesterone)을 분비하여 자궁내막을 두껍고 푹신하게 만든다. 만일 난자가 수정되지 못하면 황체는 소멸되고 프로게스테론은 줄어들면서 자궁내막의 표면이 탈락되어 배출된다.

생리주기의 기본 구조는 모든 포유동물이 동일하지만, 고양이나 토끼 같은 경우는 교미행위가 배란을 유도한다. 이들은 교미하지 않으면 난포기만 있을 뿐이다. 이런 배란은 유도된 배란이라 하고, 인간처럼 교미와 관계없이 배란되는 것은 자동배란이라고 한다.

임신하면 태반에서 분비하는 사람융모막생식선자극호르몬(human chorionic gonadotropin, hCG)이 모체혈액에 들어가 난소의 황체가 계속 프로게스테론을 분비하도록 한다. 프로게스테론(progesterone)은 말 그대로 임신(gestation)을 위한(pro) 호르몬으로 임신의 준비와 유지에 중요한데, 20주까지는 난소의 황체에서 분비하고 이후에는 태반에서 분비한다.

난자(卵子, ovum)라는 용어는 사실 매우 막연한 개념이다. 수정 이전의 난모세포 혹은 수정된 난자까지도 의미하는가 하면, 배란된 난모세포를 의미하기도 한다. 가장 정밀한 정의는 '성숙한 난모세포(oocyte)로 정자와 수정할 수 있는 암컷 배우자'라는 것이다. 이 정의에 따르면, 수정은 감수분열이 완료되기 전에 일어나고 수정된 후에야 비로소 감수분열이 완성되기 때문에 수정되는 세포는 난자라기보다는 난모세포이다. 포유류 난자 혹은 난모세포의 핵은 2배체이며, 수정이 되어 정자를 받아들인 후에야 비로소 감수분열을 완수하여 반수체가 된 다음 정자의 핵과 합해진다. 난자를 형성하는 감수분열은 세포질을 절반으로 나누기보다는 한쪽으로 몰아준다. 그래서 난모세포는 성장할수록 물질을 보존하고 축적하기 때문에 사람의 경우 30μm에서 120μm로 4배가 커진다. 일반적인 체세포의 크기인 10~20μm와 비교하면 매우 크고, 조류의 난자에 있는 난황은 거의 없지만 수정 후 배아의 성장에 필요한 물질은 가지고 있다.

포유류 난자는 투명대(zona pellucida)와 부챗살관(corona radiata)이 둘러싸고 있다. 투명대는 세포외기질이 투명한 띠를 이루고 있는 것으로, 마치 세포막 바깥에 있는 세포벽처럼 난자를 보호하고 접근해 오는 정자들 중 적당한 것을 선택하여 활성화시킨다. 부챗살관은 난포세포들이 배란 시 난자와 함께 방출되어 투명대를 완전히 둘러싼 것인데, 모양이 마치 관(冠, corona)에서 빛이 부챗살처럼 나오는 것처럼 보인다.

난포가 성숙하면 난모세포의 세포막 밖에 투명대가 형성되고 일차감수분열(감수1분열)에 돌입한다. 일차감수분열 결과 이차난모세포(secondary oocyte)와 일차극체(primary polar body)

가 형성된다. 이 두 세포는 여전히 투명대 안에 같이 붙어 있다. 이차난모세포가 이차감수분열(감수2분열)에 진입하여 중기에 머무르고 있을 때 배란된다. 배란 후 정자가 투명대를 뚫고 이차난모세포막과 융합하면 이차감수분열을 재개하고 곧 완료한다. 딸세포 중 하나는 세포질이 거의 없는 이차극체(second polar body)가 되고, 일차극체도 감수분열을 완료하여 2개의 이차극체가 된다. 결국 일차난모세포는 두 단계에 걸쳐 감수분열을 한 끝에 하나의 난자(n)와 3개의 극체(n)가 된다. 극체 3개는 퇴화되어 파편이 투명대에 흡수된다. 극체가 퇴화되지 않고 정자와 결합하면 이란성 쌍둥이가 생길 수도 있다.

정자는 성숙하면서 점차 세포질을 잃고 세포질이 없는 운동성 세포가 된다. 정자는 머리와 꼬리로 나누어지는데, 사람 정자의 머리 크기는 3×5μm이며 꼬리 길이는 50μm이다. 머리에는 핵과 첨체(尖體, acrosome)가 있다. 핵에는 응축된 DNA가 있으며, 첨체는 머리끝에 뚜껑 모양으로 있는데 난자를 둘러싸고 있는 부챗살관과 투명대를 용해시키는 효소를 함유하고 있다. 꼬리는 편모(鞭毛, flagellum)이다. 편모는 미세소관(microtubule)과 디네인(dynein)으로 구성되며, 머리와 꼬리 사이에 있는 미토콘드리아에서 만든 ATP에서 에너지를 얻는다.

난관(卵管, oviduct)은 난소와 자궁 사이를 연결하는 기관이다. 나팔관(喇叭管), 수란관(輸卵管), 자궁관, fallopian tube, uterine tube 등도 모두 같은 말이다. 사람 난관은 10cm 길이의 나팔처럼 생긴 근육질 조직으로 안에는 액체가 채워져 있고 부분적으로 섬모가 있다. 난관은 세 부분으로 나뉘는데, 자궁 쪽부터 잘록(isthmus)-팽대(ampulla)-깔때기(infundibulum)라 한다. 잘록은 좁은 곳이고, 팽대는 팽창되어 넓은 곳, 깔때기는 난소에서 난자를 받아들이는 곳이다. 깔때기로 들어온 난자는 팽대부로 이동되어 정자를 기다린다.

난소와 난관은 서로 직접 연결되어 있지 않고 둘 다 복강을 향해 열려 있어서, 난소에서 난자를 튕겨 보내면 난관의 깔때기는 난소 주변을 움직이다가 난자를 포획한다. 일반적인 포유류의 난소는 주머니 조직에 싸여 있고 작은 구멍이 난관을 향해 있지만, 영장류는 주머니가 없어 난자가 깔때기에 포획되지 못하면 복강 내로 소실될 수도 있다. 이때 수정되면 배아가 복강에서 자라기도 한다.

사정된 정자가 자궁경부에 진입했다고 하더라도 난자가 있는 곳까지 가야 한다. 정자가 자궁경부에서 난관까지 이동하는 데는 자궁과 난관의 수축이 결정적인 역할을 하지만, 정자 자신도 난자를 향해 움직인다.

정자의 이동방향은 주류성(走流性, rheotaxis), 주열성(走熱性, thermotaxis), 주화성(走化性, chemotaxis) 등에 의해 결정된다. 난관에서 분비되는 액체는 자궁으로 흐르는데, 정자는 이 흐름을 감지하여 마치 강물을 거슬러 올라가는 연어처럼 흐름에 역행한다. 여성 생식관에서 흐르는 물의 방향이 난자의 위치를 알려주는 신호 역할을 한다. 이를 주류성이라 한다.

　자궁경부에서 난관까지는 빠르면 30분, 늦으면 6일 걸리는데, 빨리 도착한 정자가 수정되는 것은 아니다. 금방 사정된 정자는 미숙하여 난자를 수정시킬 수 없고, 여성 생식관에 머물면서 수정능을 획득해야 하므로, 30분 내에 난관의 팽대부에 도달하는 빠른 정자는 수정에 성공하지 못한다. 잘록관의 상피 세포에 포획되었다가 수정능을 획득하고 풀려나온 정자만이 팽대부에 있는 난자와 결합한다. 팽대부는 잘록관보다 온도가 2°C 높은데, 수정능을 획득한 정자만이 온도 차이를 감지하고 따뜻한 팽대부로 헤엄쳐 간다. 이를 주열성이라고 한다. 팽대부에 도달한 정자는 난자가 분비하는 화학물질을 감지하는 주화성을 이용하여 난자에게 접근한다.

　한 번의 사정으로 2~3억 개의 정자가 여성 생식기에 들어가지만 200개만이 팽대부에 도착하며 이 중 하나만 수정된다. 그렇다고 사정되는 정자 수가 200개만 있으면 수정이 되지 않는다. 불임치료 목적으로 정자를 자궁 안에 주입하는 경우에도 운동성 있는 정자가 최소한 100만 개는 있어야 한다. 임신을 위해서는 많은 정자가 필요하고 숫자가 적을수록 임신 가능성이 떨어진다. 수정을 위해서는 정자들의 경쟁이 필수적인 것 같다.

　난자는 배란 후 12시간 안에 수정된다. 24시간이 지나면 수정능력이 없어진다. 대부분의 정자는 여성 생식관에서 48시간

이상 생존하지 못하지만, 사정 후 자궁경부에 며칠 있다가 난관에 도달하는 정자도 간혹 있어서 사정 후 6일에 수정이 되는 경우도 있다. 곤충의 암컷 생식기는 정자를 상당 기간 동안, 어떤 종에서는 1년 이상 보관할 수 있는 주머니인 수정낭(spermatheca)을 가지고 있어 암컷은 적당한 시기에 수정낭에서 정자를 방출하여 수정을 하지만, 포유류에서는 수정되지 않은 정자들은 6일 이내에 죽고, 난자도 수정되지 않으면 죽는다. 잔해는 여성 생식관에 흡수된다.

인간의 수정 과정에 소요되는 시간은 24시간이다. 정자가 난자를 둘러싼 부챗살관에 도착한 때부터 부챗살관과 투명대를 관통하고 정자와 난자의 세포막이 융합할 때까지의 시간이다. 수정이 완료되면 접합자 혹은 수정란이라고 한다. 수정란의 대부분은 염색체가 너무 많거나 적은 이수성(異數性, aneuploidy)이어서 배아단계에서 죽고 일부만이 생존한다. 이수성은 주로 난모세포의 감수분열 오류에 의한 것이다.

수정된 시점에서 난모세포의 핵은 여전히 2배체이며, 수정된 후에야 감수분열이 완성되고 반수체가 되어 정자의 핵과 만난다. 또 만나자마자 바로 세포분열에 진입하여 2개의 세포가 된다. 따라서 2세포기의 핵이 전체 유전체를 가지고 있는 첫 번째 핵이 된다.

배반포
수정 후 6~10일 사이의 배아

인간의 접합자는 정핵과 난핵이 결합하는 동시에 각각 DNA를 복제한 다음 유사분열을 하여 2세포기가 된다. 세포막이 결합한 순간부터 2세포기가 되는 데 30시간이 소요된다. 이후 12~24시간 간격으로 난할(卵割, cleavage)이라고 하는 일련의 빠른 유사분열을 한다. 난할에 의해 형성된 세포들은 할구(割球, blastomere)라고 한다. 일반적인 유사분열에서는 세포가 성장하여 새로운 세포질이 형성되기 때문에 딸세포의 크기가 모세포의 크기와 동일하지만, 난할에서는 세포질의 성장 없이 분할되기 때문에 분할이 거듭될수록 세포들이 계속 작아진다. 세포의 성장은 나중에 모체로부터 영양분이 공급될 때 이루어진다.

수정 3일째에 16세포기가 되는데, 이를 상실배(桑實胚, 오디배, morula)라고 한다. 뽕나무 열매인 오디 모양으로 생긴 배아(胚芽)라는 의미로, 오디 알들이 촘촘히 겹쳐 있는 것처럼 세포들이 꽉 차 있다. Morula는 오디를 의미하는 라틴어 morum에서 유래했고, 한자어 상실(桑實)도 오디라는 말이다.

오디배에서 안쪽에 위치하는 세포를 속세포덩이(inner cell mass, ICM), 바깥쪽에 있는 세포를 바깥세포덩이(outer cell mass)라고 한다. Mass는 물리학에서 질량이지만, 의학에서는 집단이라는 의미이다. 속세포덩이, 내세포집단, 내세포덩어리, 내부세포괴(內部細胞塊) 등은 모두 같은 말이다.

오디배의 속세포덩이는 장차 배아로 발달하기 때문에 배아모체(胚芽母體, embryoblast)가 되고, 바깥세포덩이는 영양막(營養膜, trophoblast)이 된다. Trophoblast는 영양(feed)이라는 의미의 그리스어 tropho와 싹이라는 의미의 그리스어 blastos가 결합된 말로 영양을 공급하는 것이라는 뜻이다. 오디배의 바깥을 둘러싸는 막을 형성하기 때문에 영양막으로 번역한다. 영양막세포들은 배아가 되지는 않고 배아에 영양분을 공급하는 역할을 하며, 나중에 태반으로 발달한다.

오디배를 구성하는 16개의 세포들이 배아가 될지 영양막이 될지는 세포의 위치에 따라 결정된다. 안쪽 세포들은 자기들끼리 신호를 주고받아 배아가 되고, 바깥세포는 모체와 신호를 주고받아 영양막이 된다. 오디배가 배아모체와 영양막으로 분화하는 것은 수정란 최초의 분화이다. 이후에는 배아세포들은 영양막으로 분화할 수 없으므로 전형성능(totipotency)을 잃게 된다.

오디배는 수정 4일에 자궁으로 운반된다. 자궁으로 이동하지 않고 난관에서 발생이 진행되면 자궁외임신이 된다. 오디배가 자궁에 오면 투명대의 액체가 안으로 들어가 공간을 형성한다. 이것을 배반포(胚盤胞, blastocyst)라고 한다. Blastocyst는 싹이라는 뜻의 blastos에 물주머니라는 의미의 cyst가 합해진

말이다. 번역어인 배반포, 포배(胞胚), 주머니배 등은 모두 같은 말이다. 배반포는 보통 수정 6일에서 10일 사이의 배아를 지칭한다.

　인체에는 물이나 공기가 차 있는 공간(space)이 많으며, cavity, cyst, sac 등으로 불린다. Cyst와 sac은 주머니 같은 구조를 의미하는데 둘 사이에 해부학적으로 확실한 구분은 없으며, 우리말로는 모두 낭(囊), 낭포(囊胞), 물혹, 주머니 등으로 번역한다. 한자 포(胞)는 둥글게 둘러싸인 기관을 명명할 때, 반(盤)은 쟁반같이 생긴 기관을 명명할 때 사용된다. Cavity(강腔)는 속이 빈 공간이나 잠재적인 공간을 뜻한다.

　수정 5일에 배반포의 중앙에 액체가 점점 많아지면 배아모체는 한쪽으로 치우쳐 위치하게 되고, 영양막세포들은 납작해져서 배반포의 벽을 형성한다. 배반포는 이틀 동안 자궁분비물 속에 잠겨 있으면서 투명대가 사라진다. 배반포에서 투명대가 소실되면 배아는 자궁분비물에서 영양공급을 받아 빠르게 성장한다.

　수정 6일째 배반포는 자궁내막에 부착되고 급격히 증식하여, 배아모체는 상배엽(上胚葉, 배아덩이위판, epiblast)과 하배엽(下胚葉, 배아덩이아래판, hypoblast)으로 분화하고, 영양막은 세포영양막(cytotrophoblast)과 융합영양막(syncytiotrophoblast)으로 분화한다.

　수정 1주말(7일)에 배반포는 자궁내막에 얕게 착상되어 있는 상태이고, 크기는 0.1mm가 된다.

두겹배아원반
납작한 원반 모양, 두 겹의 배아모체

발생 6~7일에 배반포의 배아모체와 영양막은 다음과 같이 각각 두 층이 된다.
(1) 배아모체: 상배엽(上胚葉, 배아덩이위판, epiblast)과 하배엽(下胚葉, 배아덩이아래판, hypoblast)
(2) 영양막: 세포영양막(cytotrophoblast)과 융합영양막(syncytiotrophoblast)

이때 배아모체는 납작한 원반처럼 보이기 때문에 두겹배아원반(bilaminar embryonic disc)이라고 한다. 의학에서 원반(디스크, disc)은 보통 척추 사이에 있는 연골을 의미하지만, 이 시기의 배아도 그런 모양으로 생겼다. 넓은 판이나 층 모양을 하는 구조물을 지칭하는 Lamina는 판(板), 층(層, 겹)으로 번역하고, 접두어 'bi-'는 숫자 2를 뜻하기 때문에, bilaminar는 두겹, 두층, 두판으로 번역한다. 접두어 'epi-'는 위쪽을 뜻하고, 'hypo-'는 아래를 뜻하기 때문에, epiblast는 상배엽(上胚葉, 위판)으로, hypoblast는 하배엽(下胚葉, 아래판)으로 번역한다. 배아모체에서 유래했다는 것을 밝히기 위해 배아덩이위판과 배아덩이아래판이라고 하면 의미가 명확해진다.

두 층의 영양막 중 안쪽 배아와 접한 세포는 세포영양막이고, 바깥층은 융합영양막이다. Cytotrophoblast의 'cyto'는 세포라는 의미로, 세포영양막세포들은 유사분열을 활발히 하여 새로운 세포를 만든다. 이 세포들이 점차 커지면서 융합하여 융합영양막이 된다. Syncytiotrophoblast의 'syn'은 함께(together)라는 의미인데, 세포영양막세포들이 서로 융합한 것이어서 이렇게 명명되었다. 융합영양막은 손가락 같은 돌기를 만들어 자궁내막의 결합조직을 파고들어간다.

발생 8일에 상배엽의 일부 세포가 양막모세포(amnioblast)로 분화하여 양막(amnion)과 양막강(amniotic cavity)을 만든다.

발생 9일에는 하배엽 아래쪽에 일차난황낭(primary yolk sac)이 형성된다. 일차난황낭은 배반포의 내부공간이 변한 것이다. 결과적으로 배아의 위쪽과 아래쪽으로 각각 양막강과 일차난황낭이라는 두 공간이 생기고 배아는 그 사이에 위치하게 된다. 일차난황낭이 형성됨과 동시에 배아밖중배엽(extraembryonic mesoderm)이라는 결합조직이 만들어져 양막과 일차난황낭을 둘러싼다.

두겹배아원반, 양막, 일차난황낭은 모두 배아밖중배엽으로 둘러싸이게 되고, 배아밖중배엽 바깥으로는 세포영양막과 접하게 된다. 융합영양막에서는 액포(液胞, vacuole)가 나타나 서로 모여 공간(lacuna)을 만든다. 이 공간은 영양막공간(trophoblastic lacuna)이라 한다. Lacuna는 작은 공간을 의미하는데, 방, 칸, 공간, 열공 등으로 번역한다.

영양막공간에 모이는 액체를 배아영양(embryotroph)이라고 하는데, 마치 태아를 위한 피웅덩이와 같다. 자궁내막의 동맥에서 나온 혈액이 영양막공간에 들어가 배아에게 영양분을 공급하고 자궁내막의 정맥을 통해 나간다. 이렇게 자궁내막의 혈관과 영양막공간이 연결되면서 원시자궁태반순환(primordial uteroplacental circulation)이 확립된다.

발생 10일에 배반포는 자궁내막에 완전히 파묻히고, 발생 11~12일에는 배반포가 착상한 부위는 자궁내막상피로 완전히 덮인다. 발생 2주말(14일)에 배반포가 착상 및 침투한 자궁점막 표면이 정상으로 회복되면 착상이 끝난 것으로 본다.

발생 12일에 영양막공간들이 융합하여 스펀지처럼 보이는 방그물(lacunar network)을 만들고 세포영양막세포가 국소적으로 증식하기 시작한다. 배아밖중배엽에서는 체강공간들이 나타나서 배아밖체강(extraembryonic coelomic space)이 만들어지기 시작한다.

발생 13일에 세포영양막에서 국소적으로 증식한 세포들이 융합영양막 속으로 뚫고 들어가 세포기둥을 이룬다. 이 기둥을 일차융모(一次絨毛, primary villi)라고 한다. Villus(복수형: villi)는 실이나 손가락처럼 튀어나온 구조를 말한다. 한자 융(絨)은 보풀이 있는 직물을 뜻하고, 융모(絨毛)는 보풀이나 머리털 같은 구조를 지칭한다.

세포영양막에서 융모가 만들어지면 영양막은 융모막(chorion)으로 불린다. Chorion은 그리스어로 피부를 뜻하는 khorion에서 유래했는데, 원래는 고대 로마 의학자 갈레노스(Galenos, 129~216)가 태아를 둘러싸는 막이라는 의미로 사용했던 말이다. 융모가 있어서 융모막(絨毛膜)으로 번역한다.

융모는 영양막공간 사이사이에 위치하기 때문에 영양막공간은 이제 융모사이공간(intervillous space)으로 불린다. 모체의 혈액은 자궁내막의 나선동맥(spiral artery)으로 왔다가 나선정맥(spiral vein)으로 나가는데, 융모를 구성하는 세포영양막세포가 나선동맥을 침식(invasion)하여 동맥혈이 융모사이공간에 흘러오게 만든다.

배아덩이의 하배엽의 일부 세포는 배아밖체강의 내부를 따라 이동하여 배아밖체강 안에서 새로운 공간을 만든다. 이것은 이차난황낭(secondary yolk sac)이 된다. 배아밖체강이 점차 커지면서 세포영양막과 접하는 배아밖중배엽은 융모막판(chorionic plate)이 되고, 배아밖체강은 융모막공간이라고 불린다.

융모막공간은 계속 커져 양막, 두겹배아원반, 이차난황낭을 모두 둘러싸게 되고, 일차난황낭은 쪼그라져서 사라진다. 융모막공간이 더욱 커지면서 배아밖중배엽은 융모막판과 연결줄기(connecting stalk)만 남게 된다. 연결줄기는 융모막판과 배아를 연결하는 구조물이다. 이차난황낭은 작아지고 일부는 연결줄기 속으로 들어가 요막(allantois)이 된다. 발생 5주에 연결줄기에 혈관이 발생하면 연결줄기는 탯줄(제대臍帶, umbilical cord)이 되고, 발생 20주에 이차난황낭은 없어진다.

융모막(영양막)은 사람융모막생식선자극호르몬(human chorionic gonadotropin, hCG)을 생산하며, 이 호르몬은 자궁태반순환을 통해 모체의 혈액으로 들어간다. 모체에 들어간 hCG는 임신기간 동안 난소에 있는 황체의 활성을 유지시켜 에스트로겐과 프로게스테론이 계속 분비되도록 한다. 발생 14일에는 hCG가 모체의 혈액검사에서 검출될 정도로 충분히 생산되기 때문에 임신을 확인하는 검사로 이용된다. 발생 3주에는 융모막공간이 초음파로 확인 가능한 5mm 정도가 되는데, 이를 임신낭(gestational sac, G-sac)이라고 한다.

낭배형성
발생 3주, 두 겹에서 세 겹으로 몸의 형태 발생이 시작

발생 3주(15~21일)에 낭배(囊胚, 창자배, gastrula)가 형성된다. 낭(囊)은 물주머니라는 뜻이다. Gastrula라는 용어는 독일 생물학자 헤켈(Ernst Haeckel, 1834~1919)이 1871년 그리스어로 위(stomach)를 뜻하는 gaster에 작다는 뜻의 어미 '-ula'

를 붙여 만든 것으로 작은 배(little belly)라는 의미이다. 우리말 창자배는 이런 의미를 살려 번역한 것이고, 낭배(囊胚)는 이 시기 배아의 모양이 물주머니처럼 생겼다며 만든 말이다.

낭배형성(gastrulation) 때 두겹배아원반이 세겹배아원반으로 전환된다. 이 세 겹의 종자층이 모든 조직(組織, tissue)을 만들기 때문에 몸의 형태발생(morphogenesis)은 낭배형성에 의해 시작된다고 할 수 있다.

낭배형성의 첫 징후는 발생 15일에 두겹배아원반의 위판에 원시선(primitive streak)이 형성되는 것이다. 원시선은 위판세포가 증식하고 배아원반의 정중면으로 이주하여 만들어지는 것인데, 원시선이 나타나면 배아의 머리와 꼬리, 등과 배, 우측과 좌측을 확인할 수 있다.

원시선은 세포가 더해지면서 길어지고, 머리쪽에서 원시결절(primitive node)이 만들어진다. 원시선에서 위판세포가 안쪽으로 이주하는 함입(invagination)으로 원시고랑(primitive groove)이 만들어지고, 원시결절에서는 원시오목(primitive pit)이 만들어진다.

원시선에서 함입된 세포들은 중간엽(mesenchyme)을 형성하고, 두겹배아원반의 아래판세포들을 대체한다. 그러면 세 겹의 배아가 완성되는데, 세겹배아를 구성하는 세포들은 모두 두겹배아원반의 위판에서 유래한 것이다. 이 시기의 배아를 구성하는 세포 유형은 외피세포(epithelium)와 중간엽세포(mesenchymal cell)로 구분되는데, 외피세포가 중간엽세포로 전환되기도 하고 중간엽세포가 외피세포로 전환되기도 한다. 외피세포는 세포끼리 밀착하여 하나의 층을 이루는 반면, 중간엽세포는 세포끼리의 결합이 약하여 광범위하게 이주한다. 중배엽조직은 중간엽세포에서 유래하며, 외배엽과 내배엽세포는 외피세포에서 유래한다.

일부 중간엽세포는 중배엽세포의 운명을 획득하고 원시오목에서 머리쪽으로 이동하여 척삭돌기(notochordal process)를 만든다. 척삭돌기는 외배엽과 내배엽 사이에 있으면서 머리쪽으로 척삭앞판(prechordal plate)까지 자란다. 척삭앞판은 머리쪽 끝에 내배엽세포와 외배엽세포가 직접 맞닿아 있는 곳으로, 입인두막(oropharyngeal membrane)의 내배엽이 두꺼워진 것이다. 원시선의 꼬리쪽에는 장차 항문이 될 배설강막(cloacal membrane)이 생긴다.

척삭돌기는 납작한 척삭판(notochordal plate)을 형성하고, 척삭판의 주름이 접히면서 척삭(notochord)이 만들어진다. 척삭은 발생 15일에 척삭돌기로 시작해서 발생 23~30일에 완성된다. 완성된 척삭은 입인두막에서 원시결절까지 뻗어 있다.

초기 배아에서 척삭은 배아발달을 총지휘하는 신호전달중추로 작용한다. 발생 중인 척삭은 그 위에 놓인 외배엽을 두텁게 만들고 신경판(neural plate)의 형성을 유도한다. 척삭이 길어지면서 신경판은 넓어지고 머리쪽으로 입인두막까지 길어진다. 나중에는 신경판은 척삭보다 더 길어진다.

발생 18일에는 신경판은 그 중심축을 따라 함입되어 세로로 정중면에 신경고랑(neural groove)을 만들며, 신경고랑의 양쪽 옆면은 신경주름(neural fold)이 된다. 발생 3주말(21일)에 양쪽의 신경주름이 서로 모여 융합하면서 신경관(neural tube)이 된다. 신경관은 신경주름이 서로 융합했던 부위에서 표면외배엽과 분리된다. 판(板, plate)은 편평한 구조, 고랑(구溝, 홈, groove)은 오목하게 내려앉은 것, 주름(fold)은 양쪽에 봉긋하게 솟아오른 가장자리, 관(管, tube)은 길고 속이 빈 구조를 지칭하는 용어이다.

중간엽세포는 척삭 옆에 축옆중배엽(paraxial mesoderm)을 만든다. 축옆(paraxial)이란 축(axis)에 평행하다는 의미이다. 척삭이라는 축을 중심으로 양옆에 평행하게 축옆중배엽이 세로 기둥 모양으로 형성된다. 축옆중배엽의 가쪽에는 중배엽이 얇은 조직층을 형성하여 가쪽중배엽(lateral mesoderm)이 되고, 축옆중배엽과 가쪽중배엽을 연결하는 중간 지점에 중간중배엽(intermediate mesoderm)이 생긴다. 결국 배아원반의 가운데 층에는 중앙에 척삭이 있고, 이 옆으로 축옆중배엽, 중간중배엽, 가쪽중배엽이 형성된다.

기관발생
발생 3~8주, 조직과 기관의 형성

발생 3주에서 8주까지의 시기는 3개의 배엽 각각이 고유의 조직과 기관을 형성하기 때문에 기관발생기(period of organogenesis)라고 한다. 그래서 발생 8주말에는 배아의 주요 기관계통이 모두 형성되고, 외형상 중요 특징을 알아볼 수 있게 된다. 기관발생기 이전에 배아에 어떤 손상이 가해지면 배아는 죽게 된다. 기관발생기에 배아에게 손상이 가해지면 죽기도 하지만, 기형이나 결함을 초래하는 경우가 많다.

발생 3주초에 외배엽 층은 머리쪽이 꼬리쪽보다 더 넓은 납작한 원반 모양을 하는데, 신경관(neural tube)이 표피외배엽과 분리될 때 신경주름에 있던 일부 세포는 신경능선(neural crest)을 형성한다. 능선(稜線, crest)은 돌출구조를 말한다.

신경능선은 뇌신경능선(cranial neural crest)과 몸통신경능선(trunk neural crest)으로 나뉜다. 뇌신경능선세포는 머리와 얼굴뼈대, 뇌신경절세포, 신경아교세포, 멜라닌세포, 치아상아질 등을 만들고, 몸통신경능선은 다음 두 경로를 따라 이동하여 분화한다.

(1) 등쪽 경로: 진피층을 통해 이동하여 표피 외배엽으로 들어가 멜라닌세포를 만든다.

(2) 배쪽 경로: 각 체절을 통해 이동하여 감각신경절, 교감신

경세포, 장신경세포, 말이집세포, 부신수질세포 등을 만든다.

신경관이 닫히는 시기에 배아의 머리에서 외배엽이 두꺼워져 기원판이 형성된다. 기원판(紀元板, placode)은 외배엽의 일부가 판(板, plate)처럼 두꺼워진 것인데, 신경판(neural plate)도 외배엽이 두꺼워져 형성된 판으로 일종의 커다란 기원판이라고도 할 수 있지만, 기원판이라고 하면 보통 신경판을 제외한 것을 말하며 주로 머리에 나타나기 때문에 머리기원판(cranial placode)이라고 한다. 머리기원판은 감각기관과 감각신경절을 형성하므로 신경원기원판(neurogenic placode)이라고도 한다. 머리기원판의 종류는 다음과 같다.

(1) 삼차신경기원판(trigeminal placode)

(2) 귀기원판(otic placode)

(3) 수정체기원판(lens placode)

(4) 후각기원판(olfactory placode)

(5) 인두위기원판(epipharyngeal placode)

삼차신경기원판은 삼차신경절(trigeminal ganglion)을 만들고, 귀기원판은 내이(內耳)를, 수정체기원판은 수정체를, 후각기원판은 코와 후각상피를, 인두위기원판은 뇌신경VII, IX, X의 신경절(ganglia)을 만든다.

기관발생기 동안 외배엽층은 다음과 같은 기관과 구조물을 만든다.
  (1) 중추신경계와 말초신경계
  (2) 감각상피(귀, 코, 눈)
  (3) 표피와 피부부속기관
  (4) 뇌하수체, 젖샘
  (5) 치아에나멜

중배엽층은 발생 3~4주에 활발하게 만들어져 중앙부터 가쪽으로 척삭, 축옆중배엽, 중간중배엽, 가쪽중배엽의 순서로 형성된다. 발생 20일에 축옆중배엽은 분절을 만들기 시작하는데, 처음에는 귀기원판의 바로 뒤쪽에서 시작하여 매일 3쌍이 생기며, 발생 5주말에는 42~44쌍의 분절이 나타나 마치 염주가 일직선으로 늘어선 것처럼 체절(體節, 몸분절, somite)을 이룬다. 최종적으로 4쌍의 뒤통수체절, 8쌍의 목체절, 12쌍의 가슴체절, 5쌍의 허리체절, 5쌍의 엉치체절, 8~10쌍의 꼬리체절이 생긴다. 나중에 체절들은 몸통뼈대(axial skeleton)와 이곳에 부착하는 근육 및 인접한 피부의 진피를 만든다.

중간중배엽에서는 생식선과 신장이 만들어지고, 가쪽중배엽은 커지면서 발생 18일에 다음 두 층으로 나뉜다.
  (1) 벽중배엽(parietal mesoderm): 양막을 덮고 있는 중배엽과 연속됨
  (2) 장중배엽(visceral mesoderm): 난황낭을 덮고 있는 중배

엽과 연속됨

의학에서 두 층으로 구성된 구조물을 구분할 때 벽(parietal)-장(visceral) 개념을 적용하는 경우, 내장(viscera) 쪽에 있으면 '장(visceral)'이라고 하고, 바깥쪽이면 '벽(parietal)'이라고 한다. 벽(wall)은 바깥쪽(outer surface)과 같은 의미이다.

벽중배엽과 장중배엽 두 층은 배아의 양옆에서 배아밖체강(융모막공간)의 일부를 배아 안쪽으로 끌어들여 배아안체강(intraembryonic cavity)을 만들면서 장막(漿膜, serosa)이 된다. 장중배엽은 심장을 만들고, 내배엽과 함께 소화관의 벽을 형성한다. 벽중배엽은 팔다리의 뼈와 진피를 만들며, 외배엽과 함께 가쪽몸통벽접힘(lateral body wall fold)을 형성한다. 가쪽몸통벽접힘이 서로 융합되면 몸통의 복벽(腹壁, abdominal wall)이 된다.

원시선은 발생 4주초까지 활발하게 중배엽을 만들지만 점차 생성속도가 줄어들어 4주말에는 퇴화되어 사라진다. 원시선의 잔유물이 남게 되면 신생아의 엉치꼬리기형종(sacrococcygeal teratoma)으로 나타난다. 이 종양은 다능성인 원시선세포에서 기원하기 때문에 그 안에 미분화한 세 배엽에서 유래한 모든 조직이 섞여 있다.

발생 4주초의 배아는 평평한 원반 모양인데, 입인두막(oropharyngeal membrane)과 배설강막(cloacal membrane)이 만들어지면서 배아는 옆으로 성장하는 속도보다 세로축의 성장속도가 더 빨라진다. 그러면 배아접힘(embryonal folding)이 나타난다. 접힘(folding)은 머리꼬리접힘(cephalocaudal folding)과 가쪽접힘(lateral folding)의 양 방향에서 일어난다. 머리꼬리접힘은 주로 뇌와 신경관이 급속하게 길어지기 때문에 나타나며, 가쪽접힘은 가쪽중배엽이 급속히 성장하여 복부 쪽에서 덮기 때문에 나타난다. 머리꼬리접힘으로 머리-척추-꼬리가 C자형이 되고, 가쪽접힘으로 원통 모양이 된다. 그래서 배아는 원통의 C자 형태가 된다.

발생 22~23일에 가쪽몸통벽접힘이 서로 붙으면 배아의 몸통은 연결줄기(connecting stalk)를 제외하고 외피로 완전히 덮이게 된다. 또 가쪽접힘으로 요막의 일부가 배아의 몸 안으로 함입되어 배설강(cloaca)을 형성한다. 그래서 발생 5주(29~35일)에는 난황관, 요막, 배꼽혈관이 배꼽에 고정된다.

배아가 외피로 모두 덮이면 배아는 완전히 양막으로 둘러싸이게 되고, 내배엽층은 배아의 몸통 속으로 함입되어 장관(腸管, 창자관, gut tube)을 형성한다. 내배엽층은 초기에 원장(原腸, 원시창자, archenteron, primitive gut)의 상피, 난황관, 요막의 상피를 만들고 발생이 진행되면서 다음의 근원이 된다.

(1) 소화기관
(2) 호흡기관상피
(3) 갑상선, 부갑상선
(4) 간과 췌장의 실질

(5) 방광과 요도 상피

 장관은 전장(前腸, foregut), 중장(中腸, midgut), 후장(後腸, hindgut)의 세 부분으로 나뉘는데, 중장은 난황관(vitelline duct)을 통해 난황낭과 연결되어 있다. 입인두막이 발생 4주에 파열되고 배설강막도 발생 7주에 파열되면, 양수가 배아의 입에서 창자를 통과하여 항문으로 배설되게 된다.
 발생 4주말(28일)이면 신경관이 완성되고, 인체의 주요 세 축인 전-후(머리-꼬리), 등-배, 좌-우가 결정되어 몸 체계(body plan)가 완성된다. 세포의 이동, 분화, 성장을 통해 배아 모양은 단순한 구형이나 판 모양에서 다층이며 길쭉한 구조로 변환된다. 마치 올챙이가 웅크리고 있는 모습이나 새우의 모습과 흡사하며, 척추동물의 주요 특징을 식별할 수 있게 된다. 이때 인간 배아는 작은 꼬리가 있는 것처럼 보이고, 꼬리가 있는 다른 척추동물의 배아와 비슷해 보인다.
 배아의 몸 체계가 완성되고 축이 형성된다는 것은 대칭성이 깨지는 것으로, 머리와 꼬리가 발생함으로써 전후대칭이 없어지고, 등과 배 축이 형성되면 등배대칭이 없어진다. 좌우대칭은 전체적으로는 유지되지만 내장의 좌우대칭은 배아시기에 없어진다.
 배아발생 동안 새로이 형성되는 모든 체세포는 같은 유전체를 갖지만, 세포들은 비대칭적 세포분열을 통해 서로 다른 운명을 맞이한다. 세포가 특정 운명으로 확정되는 과정을 분화(分化, differentiation)라고 한다. 분화된 세포들은 발현되는 유전자가 각기 다르지만, 발현되지 않는 유전자는 없어지는 것이 아니라 발현될 잠재성은 가지고 있다.

삼배엽
현존하는 동물의 99% 이상은 삼배엽동물

특정 역할을 하는 세포집단을 조직(組織, tissue)이라고 하는데, 조직은 배엽에서 만들어진다. 배엽(胚葉, germ layer)이란 배아초기에 형성되는 세포의 층이다. 배엽층(胚葉層)이나 종자층(種子層)도 같은 말이다. Germ layer의 germ은 발아(發芽, 싹, germination)를 의미하는데, 같은 어원을 가진 germ cell(생식세포)과 혼동하지 말아야 한다.

동물 발생에서 배엽이 없으면 조직도 없다. 해면동물은 배엽도 없고 조직도 없다. 해면동물을 제외한 모든 동물은 배엽과 조직이 발달하는데, 배엽이 두 층으로 분화하는지 세 층으로 분화하는지에 따라 이배엽동물(diploblastic animal)과 삼배엽동물(triploblastic animal)로 분류한다. 이배엽은 외배엽과 내배엽이고, 삼배엽은 중배엽이 추가된 것이다. 외배엽은 외피를 만들고, 내배엽은 소화관을 만들며, 중배엽은 근골격과 순환계를 만든다. 삼배엽동물은 중배엽에서 유래하는 근골격과 순환계가 있어서 이배엽동물에 비해 체구가 크고 운동성이 좋다. 현존하는 동물의 99% 이상은 삼배엽동물이다.

척추동물이 처음 나타날 때 외배엽의 일부가 신경능선세포로 분화했다. 신경능선세포는 많은 조직과 기관을 만들기 때문에 근본적으로 아주 중요하여 제4배엽(the fourth germ layer)이라고도 한다. 머리와 얼굴 구조를 비롯하여 척추동물이 보여주는 여러 특징 가운데는 신경능선세포에서 유래한 것이 많다. 다른 삼배엽동물에서 뼈와 근육은 모두 중배엽에서 유래하는데, 척추동물에서는 머리의 뼈와 근육은 신경능선에서 유래하고, 나머지 몸통과 팔다리의 뼈와 근육만 중배엽에서 유래한다.

모든 동물의 접합자는 난할을 통해 포배(胞胚, blastula)가 된다. 싹(sprout)이라는 의미의 blasto에 작다는 의미의 '-ula'가 합해진 단어이다. 포배는 포유류의 배반포(blastocyst)에 해당하며, 조류에서는 배반엽(blastoderm)에 해당한다. 그런데 blastula나 blastocyst나 우리말 번역어는 포배, 배반포 등으로 서로 구별 없이 사용한다.

말랑말랑한 공을 손가락으로 누르면 움푹 들어가는 것처럼 포배의 일부가 함몰되어 공간이 만들어진다. 낭배(囊胚, gastrula)가 이렇게 형성된다. 해면동물을 제외한 모든 동물의 배아는 낭배를 형성하고, 낭배에서 배엽이 만들어진다.

삼배엽동물은 낭배에 원구(原口, blastopore)가 나타난다. 원구는 양막류(amniote)의 원시선에 해당한다. 발생이 진행되었을 때 원구가 입이 되면 선구동물(先口動物, protostomia)이라 하고 항문이 되면 후구동물(後口動物, deuterostomia)이라고 한다. Protostomia는 '첫 번째(proto) 입(stoma)'이라는 뜻이고, deuterostomia는 '두 번째(deuteros) 입(stoma)'이라는 의미이다. 입과 항문 중에서 선구동물은 입이 먼저 발생하고, 후구동물은 항문이 먼저 발생한다. 척삭동물(脊索動物, Chordata), 반삭동물(半索動物, Hemichordata), 극피동물(棘皮動物, Echinodermata)의 세 가지 문(門, phylum)만 후구동물이고, 연체동물과 절지동물을 포함하는 모든 삼배엽동물은 선구동물에 속한다.

포배의 중앙에 있는 공간은 포배강(blastocoel)이라 하고 낭배의 중앙에 생기는 공간은 낭배강(gastrocoel)이라고 하는데, 낭배강은 나중에 장(腸)이 되기 때문에 원장(archenteron)이라고도 불린다. 삼배엽동물은 포배강의 중배엽에서 만들어지는 체강이 소화관을 둘러싸고 소화관은 둥그렇게 되면서 중앙으로 이동하기 때문에, 소화관은 내부로부터 피부에 이르기까지 순차적으로 내배엽-중배엽-외배엽이 된다.

체강(體腔, coelom, body cavity)은 안에 액체가 있으면서 다른 기관들을 감싸고 있어서 기관들을 서로 분리하는 구획을 만들고 기관들이 부드럽게 움직일 수 있게 하는 역할을 한다. Coelom이란 말은 공간(cavity)을 의미하는 그리스어 koilos에서 유래했다. 중배엽에서 형성되는 공간은 진체강(眞體腔, coelom)이라고 한다. 진정한 체강이라는 뜻으로, 체강이라고 하면 보통 진체강을 말한다. 삼배엽동물과 체강동물(體腔動物, Coelomata)은 같은 의미이다. 척추동물에는 복부체강(ventral cavity)과 등쪽체강(dorsal cavity) 2개가 있다. 복부체강은 내장을 둘러싸는 공간이며, 등쪽체강은 중추신경을 둘러싸는 뇌척수액이 있는 공간이다.

포유류 발생에서는 배아 안팎으로 체강이 형성된다. 배아밖체강(extraembryonic coelom)은 배아밖중배엽에서 형성되며 융모막공간이 된다. 배아안체강은 사람 발생의 경우 4주에 시작되는 가쪽접힘에 의해 배아밖체강(융모막공간)의 일부가 배아 몸체 안으로 들어오면서 형성된다. 이렇게 형성된 체강은 복부체강(ventral cavity)이라 한다. 복부체강을 형성하는 막은 장막(漿膜, serosa, serous membrane)이라고 하며, 인체에는 복막(peritoneum), 흉막(pleura), 심막(pericardium) 등이 있다.

배외막
배아의 기관 역할을 하는 막

배아를 둘러싸는 막을 배외막(胚外膜, extraembryonic membrane)이라고 한다. 배아의 바깥에 있는 막이라는 의미이며, 태반 포유류에서는 태아막(fetal membrane)이라고 한다. 배외막은 배아를 보호하고, 배아가 기관을 형성하기 전에 배아의 기관(폐, 장, 간, 신장) 역할을 한다. 종류는 다음 네 가지가 있으며, 각각은 안에 액체가 있어 일정한 공간을 만든다.

(1) 양막(羊膜, amnion)

(2) 요막(尿膜, allantois)

(3) 난황낭(卵黃囊, yolk sac)

(4) 장막(漿膜, serosa)

배외막은 양막류(羊膜類, Amniota)와 유시류(有翅類, 날개 달린 곤충, Pterygota)에서 나타난다. 양막류는 척추동물에 속하고 곤충은 무척추동물로 서로 전혀 다른 계통이지만, 배외막의 생김새와 발생 과정이 많이 닮았다. 배외막은 육지라는 공통 환경에서 독립적으로 진화한 상사기관(相似器官, analogous organ)이다. 양막류와 곤충에서 공통적으로 관찰되는 구조는 난황막, 양막, 장막이고, 곤충은 요막이 없다.

척추동물은 양막의 유무에 따라 다음 두 종류로 나뉘는데, 양막류에는 네 가지 배외막이 있고, 무양막류에는 배외막이 없다.

(1) 무양막류(無羊膜類, Anamnia): 어류, 양서류

(2) 양막류(羊膜類, Amniota): 파충류, 조류, 포유류

양막류의 배아를 둘러싼 배외막을 다시 단단한 껍질이 둘러

싸고 있다. 경골어류가 육지에 진출해 형성했던 첫 분기인 양서류는 물을 떠날 수가 없었지만, 고생대 석탄기에 양막동물이 나타나 껍질이 있는 알을 생산하면서 건조한 육지에 완전히 적응했다. 같은 시기에 식물에서는 종자식물인 겉씨식물이 나타났다. 이 같은 종자(種子, seed)와 양막란(羊膜卵, amniotic egg)은 식물과 척추동물이 물에서 벗어나게 하는 동일한 영향을 미쳤다.

양막(羊膜)으로 번역된 amnion은 '희생양의 피를 담는 그릇'을 뜻하는 그리스어에서 유래한 말이다. 양막 안쪽으로 양수가 채워지면 양막낭(amniotic sac)이라 불리는데, 이것은 배아를 완전히 둘러싸 배아를 보호한다. 양막에는 혈관이 없다. 난황낭, 요막, 장막은 혈관이 있어서 외부와 물질교환을 하는데, 난황낭은 영양을 공급하고, 요막은 노폐물을 저장하며, 장막은 이 세 가지 막을 모두 감싸면서 가스교환을 담당한다.

파충류와 조류, 단공류, 유대류는 융모가 없는 밋밋한 장막을 가지고 있으며, 태반류는 장막 대신 융모막(絨毛膜, chorion)이 발달한다. 배외막 중 가장 바깥 막은 종에 따라 장막이나 융모막일 수 있어서 이에 대한 이름도 serosa와 chorion이 서로 혼용된다. 인체에서 장막(漿膜, serosa)은 보통 내장을 둘러싸는 막을 의미한다.

닭은 교미를 하지 않았을 때도 알을 낳는다. 닭뿐만 아니라 양막류의 모든 암컷은 수정되지 않은 알을 배출하는 배란(排卵,

ovulation)을 한다. 단지 우리가 접하는 닭은 자주 배란하도록 개량된 품종이고 수컷과 분리시켜 키우기 때문에 닭의 무수정란이 우리 눈에 유독 잘 띄는 것이다. 파충류 암컷도 무수정란을 낳는다. 포유류 암컷도 마찬가지인데, 다만 포유류 난자는 작아서 눈에 보이지 않을 뿐이다.

인간 여성의 생리(生理, 월경, menstruation)도 정기적인 배란의 결과인데, 포유류의 규칙적인 생리는 박쥐와 영장류를 제외하면 드문 현상이다. 생리는 자궁이 착상을 미리 대비했다가 수정이 되지 않으면 배출되는 것으로, 두터워진 자궁 내벽을 배출하지 않고 체내로 흡수하는 포유류도 있다. 교미행위가 있을 때만 배란을 하는 포유류도 있다. 이들은 배란 후 자궁내막이 두꺼워졌다가 자궁에 아무것도 없다는 것이 지각되면 증식된 조직이 배출된다.

난황(卵黃)으로 번역된 yolk는 '노랗다(yellow)'는 의미로 원래는 계란의 노른자위를 가리키는 말이다. 영어 yolk 대신 사용되는 vitellus는 라틴어로 계란 노른자위를 뜻한다. 난황(卵黃, yolk, vitellus)은 양막류가 나타나기 이전에 출현했다. 난황은 난생(卵生, oviparity) 동물(어류, 파충류, 조류)의 난소에서 알이 성장하는 동안 형성되는 영양물질이다. 성분은 동물에 따라 다르다.

난황의 양과 분포상태로 알을 분류할 때 난황이 알의 한쪽으로 치우쳐 있으면 단황란(端黃卵, telolecithal egg)라고 하며, 조류를 포함하여 대부분이 여기에 속한다. 알에서 난황이 쏠려 있는 쪽을 식물극(植物極, vegetal pole), 반대쪽을 동물극(動物極, animal pole)이라고 한다. 수정란의 핵은 동물극에 있으며, 핵 주변의 세포질을 배반(胚盤, blastodisc, germinal disc)이라고 한다. 배반은 난할을 통해 배반엽(blastoderm)이 된다. 계란에서 수정란인 경우 배반엽은 5만 개의 세포로 이루어져 있고, 미수정란인 경우는 1개의 세포로 구성되는데, 세포 숫자는 계란의 크기나 색깔에 영향을 미치지 않아 육안으로 구별하기 어렵다.

파충류나 조류의 암컷이 낳는 알은 수정란이나 무수정란 모두 난황을 가지고 있다. 수정되어 부계유전자가 작동하기 전에 이미 부화에 필요한 것을 갖춘 상태의 알을 낳는 것인데, 포유류의 난황은 수정된 후, 즉 부계유전자가 작동한 이후에 형성된다. 포유류의 난황낭(yolk sac)에는 계란의 난황(yolk)은 없지만 배아에 영양물질을 공급하는 역할을 하고, 발생초기에 혈액과 혈관을 생성한다. 쥐의 배아에서 난황낭을 제거하면 순환계가 생성되지 않아 모두 죽는다.

태반
배아와 모체 양쪽에서 만들어지는 기관

자궁은 경부(cervix)와 몸통(body) 두 부분으로 나뉜다. 자궁몸통의 벽(wall)은 자궁내막(자궁속막, endometrium), 자궁근육층(myometrium), 장막(漿膜, 자궁바깥막, serosa, perimetrium)의 세 층으로 구분된다. 자궁내막으로 번역되는 endometrium은 endo(내부)와 metra(어머니)가 결합한 말이다. 자궁내막의 두께는 4~5mm이며, 기능층(functional layer)과 바닥층(basal layer)으로 구분된다. 기능층은 황체기 때 증식했다가 매달 퇴화되어 월경으로 배출되는 부분으로, 임신하면 탈락막(脫落膜, decidua)으로 바뀐다. 분만 시 탈락된다고 해서 이런 이름이 붙었다.

배아가 자궁내막에 침투하고 태반을 만들어 모체로부터 산소와 영양분을 받을 수 있게 되는 것을 착상(着床, implantation)이라고 하며, 배반포단계에서 이루어진다. 착상 시작단계에서 배반포의 영양막세포는 L-셀렉틴(L-selectin)을 발현시켜 자궁상피의 탄수화물수용체(carbohydrate receptor)에 작용하여 배반포를 자궁내막에 부착시킨다. 대부분의 포유류는 배반포가 살짝 자궁에 붙어 있지만, 인간을 비롯한 대형유인원에서는 융합영양막이 자궁내막을 파고들어가 착상한다.

융합영양막은 세포영양막세포들이 융합하여 만들어진 세포로, 많은 핵을 가지고 있으며 세포질은 여러 세포가 융합된 것이어서 세포 하나의 길이가 13cm가량 된다. 융합영양막은 융합체(합포체, syncytium, symplasm)의 일종으로, 영양막에서 발현되는 신시틴-1(syncytin-1)이라는 단백질이 세포끼리 융합시켜 형성된다. Syncytin은 syn(함께)과 cyto(세포)가 결합된 말이다. 신시틴-1은 염색체7번의 ERVW-1유전자(endogenous retrovirus group W envelope member 1)에 의해 형성된다. 이 유전자는 에이즈를 유발하는 HIV의 유전자와 많은 점이 닮았다. HIV 같은 바이러스는 기존 숙주세포에서 새로운 숙주세포로 가기 위해 숙주세포들을 이어 붙이는 단백질을 만드는데, 1억 년 전 HIV와 유사한 레트로바이러스(retrovirus)가 포유류 조상의 생식세포(germ cell)에 들어가 신시틴-1을 만들게 되면서 태반이 나타났을 것으로 추정한다.

태반(胎盤, placenta)은 배아와 모체 두 개체 양쪽에서 만들어지는 기관이다. 태반을 구성하는 모체부분은 자궁내막의 탈락막이고, 배아부분은 배아밖중배엽(융모막판)과 영양막이다. 배아는 탈락막 안에 착상되는데, 탈락막은 착상부위에 따라 일부는 태반을 구성하고, 태반을 구성하지 못하는 부분은 태아가 커지면서 서로 융합해서 자궁 안을 폐쇄시킨다.

배아가 착상되면 영양막과 모체조직 사이에 작용과 반작용이 나타난다. 착상을 막 시작한 쥐의 배아세포 안에 모체세포가 먹힌 것이 관찰되기도 한다. 자궁내막세포는 세포사멸(apoptosis)을 함으로써 배반포의 침투를 촉진하고, 탈락막세포(decidual cell)는 모체-배아의 면역반응을 억제한다. 한편 탈락막기질세포(decidual stromal cell)는 태반이 자궁에 너무 깊이 침투하지 않도록 제한하여 모체의 면역계가 태아를 공격하는 것을 막는다. 또 태반은 호르몬을 분비해 모체와 배아의 생리를 동시에 조절한다. 호르몬은 배아의 생존을 위해 모체를 조종하는 수단이 되기도 하는데, 모체의 인슐린저항성을 유도해서 혈당을 높여 태아에게 혈당을 공급한다. 이에 대한 반작용으로 모체는 인슐린을 더 많이 만들고 호르몬의 수용체를 바꾸어 고혈당에 대처한다.

사람에서 태반은 태아가 성장하면서 발생 18주(임신 20주)까지는 같이 커지고 이후에는 주로 태아가 커진다. 성숙한 태반의 융모사이공간에는 모체혈액이 150cc 정도 있으며 분당 3~4회 주기로 교환된다. 정상적으로는 태아와 모체의 혈액이 섞이지 않지만, 융모막을 비롯한 태반막에 간혹 발생하는 미세한 결함으로 태아혈액이 모체순환에 흘러들어갈 수 있다. 만삭일 때의 태반은 길이 18cm, 두께 2.5cm의 원판 모양이며 무게는 500g으로 태아 체중의 1/6 정도이고, 탯줄은 지름 1.5cm, 길이 55cm이다. 탯줄에는 2개의 동맥과 1개의 정맥이 있는데, 동맥이 자라는 속도가 빨라 정맥 주위를 감기 때문에 구불구불한 모양이 된다.

분만 직후 자궁은 크기가 감소하면서 태반이 주름지게 되어 탈락막 중 가장 약한 해면층(decidua spongiosa)이 분리되어 나온다. 자궁 내에 남아 있던 탈락막은 분만 2~3일에 배출된다. 포유류 암컷은 출산 후 반출된 태반을 먹는다. 암컷의 태반섭취는 포유류에서 매우 흔하며, 아비가 되는 수컷이 먹는 경우도 종종 있다.

세포사멸
배아발생에 필수적이다

　세포의 죽음에는 괴사(壞死, necrosis)와 자살(自殺, apoptosis) 두 종류가 있다. 괴사는 수동적인 죽음이고, 자살은 스스로 택하는 죽음이다. 세포자살로 번역되는 apoptosis는 그리스어 apo(멀어짐)와 ptosis(떨어짐)가 결합된 말로, 세포자멸사, 세포소멸, 세포사멸 등으로도 번역된다. 괴사에 의한 죽음은 손상이 발생하면서 나타나는 순간적인 것일 수 있지만, 세포사멸은 몇 시간 동안 일련의 과정을 거치는 프로그램에 의한 계획된 죽음이다. 그래서 세포사멸을 세포예정사(programmed cell death)라고도 한다.

　세포사멸은 배아에서부터 출생 후 사망할 때까지 나타난다. 이때 사멸하는 세포는 주변에 세포분열을 지시하는 신호를 보내고 죽는데, 세포괴사와는 다르게 죽은 세포의 내용물이 주변으로 방출되지 않고 깨끗하게 제거되며 사멸한 빈자리는 새로 분열한 세포들로 채워진다. 세포집단이 있을 때 시간에 따른 세포 수의 성장률은 세포분열 속도와 세포사멸 속도의 차이에 의해 결정되며, 세포분열이 활발한 조직일수록 세포사멸이 활발하다. 새로운 생명이 나오기 위해서는 항상 과잉의 세포들이 만들어졌다가 일부만 선택되고 나머지는 버려진다.

　예쁜꼬마선충은 전체 세포가 959개이다. 배아기에 1,090개의 세포가 만들어졌다가 131개는 죽는다. 죽을 운명인 131개의 세포 과반은 태어나자마자 죽는다. 죽을 운명인 세포 중에서는 뉴런이 많은 숫자를 차지한다. 죽도록 예정된 131개의 세포가 죽지 않는 돌연변이가 발견되었는데, 이들 대부분은 부화기에 이르기까지 생존하지 못한다. 죽어야 하는데 죽지 않은 뉴런의 일부가 비정상적인 시냅스를 만들기 때문이다.

척추동물의 사지(四肢)가 만들어질 때는 손발가락 사이의 조직이 세포사멸로 없어지면서 손발가락이 분리된다. 심장발생에서 하나의 관(tube)에서 2개의 심방과 2개의 심실이 만들어질 때도 세포사멸을 동반한다. 뇌가 발달하는 동안에는 필요 이상으로 많은 뉴런이 생겼다가 뉴런이 죽으면서 뇌가 형성된다. 곤충과 양서류같이 변태를 하는 동물은 변태시기에 특히 뉴런이 세포사멸을 많이 한다.

식물의 물관부(xylem)를 구성하는 세포들은 어느 정도 성장하면 세포사멸을 한다. 그러면 세포질은 없어지고 세포벽으로만 구성된 빈 공간이 되어 물을 운반하는 기능을 한다. 씨앗의 껍질과 가시(spine)도 마찬가지로 죽어서 기능을 한다. 나무껍질의 코르크세포는 세포벽에 코르크질(suberin)이 침착되면 죽어서 코르크가 되는데, 영양가가 없기 때문에 동물이 먹지 않아 나무를 보호하는 기능을 한다.

줄기세포
분화가 비가역적인 것은 아니다

배아발생에서 세포분화가 완료되면 발생이 끝나는 조직도 있고, 새로운 세포가 꾸준히 생산되는 조직도 있다. 뉴런, 골격근섬유, 심근세포 등은 일단 분화된 다음에는 유사분열이나 증식을 하지 않기 때문에 한번 손상되면 복구되지 않는다. 즉 재생(再生, regeneration)이 되지 않는다.

간(肝, liver)은 재생이 잘되는 조직이어서 절반을 떼어 간이식을 해주고도 본인은 이전처럼 살 수 있다. 프로메테우스가 인간에게 불을 준 죄로 코카서스산의 바위에 묶여 독수리에게 간을 쪼이면 다음 날에는 간이 재생되어 똑같은 형벌이 반복된다는 그리스 신화는 고대인들도 간의 재생을 알고 있었다는 것을 의미한다.

간처럼 줄기세포가 아니라 이미 분화가 완료된 세포가 유사분열을 하여 재생되는 조직도 있고, 소화관, 피부상피조직, 조혈세포들처럼 줄기세포에서 세포가 생성되는 조직도 있다. 동물 가운데 가장 극적인 재생은 히드라(hydra)와 플라나리아(planaria)에서 보이는데, 신체 일부 조각만으로도 전신(全身)을 재생할 수 있다. 이러한 전신재생은 미분화줄기세포들이 전신에 분포하기 때문에 가능하다. 전신재생은 아니지만 지렁이는 꼬리를 재생할 수 있고, 메뚜기나 귀뚜라미 같은 불완전변태 곤충은 절단된 다리를 재생할 수 있다. 포유류는 진화의 길목 어딘가에서 이런 능력을 잃었다.

헤켈이 진화에 대해 설명하면서 모든 생물의 조상이 되는 단세포생물을 가리켜 독일어로 Stammzelle라고 했는데, 이것을 영어로 번역한 것이 stem cell이다. 우리는 줄기세포로 번역한다. 현재 줄기세포란 '스스로 분열해서 자신과 동일한 세포를 만들고, 특정 기능을 하는 세포로 분화가 가능한 세포'로 정의된다. 즉 줄기세포는 자기증식(self-renewal)과 분화능력(potency, differentiation potential)을 동시에 가지고 있어서, 분열하여 2개의 딸세포가 되면 하나는 자기와 동일한 특성을 유지하고, 다른 세포는 분화경로를 간다.

줄기세포는 분화능(differentiation capacity)의 관점에서 다음과 같이 분류할 수 있다.

(1) 전능(全能, totipotent, omnipotent)
(2) 만능(萬能, pluripotent)
(3) 다분화능(多分化能, multipotent)
(4) 제한된 다분화능(limited-multipotent, oligopotent)
(5) 이분화능(二分化能, bipotent)
(6) 단일분화능(單一分化能, unipotent)

접두어의 의미는 toti=whole, pluri=many, multi=several, oligo=few, bi=two, uni=one이며, 이를 우리말로 전능, 만능,

다분화능 등으로 번역하는데 다르게 번역하는 경우도 많아 서로 헷갈린다.

대부분의 동물에서 완전한 배아를 형성할 수 있는 유일한 줄기세포는 수정란과 초기 할구이다. 그래서 임신초기에 할구들이 나눠지면 일란성 쌍둥이가 발생한다. 이를 전능성이라고 한다. 식물의 모든 체세포는 동물 수정란과 같은 전능성이 있다. 식물세포는 동물세포와는 달리 일단 분화가 된 상태에서도 가역성이 있어서 한 개의 체세포에서 완전한 개체가 형성될 수 있다.

배아모체(embryoblast)나 상배엽(上胚葉, 배아덩이위판, epiblast)에서 분리한 세포들은 온전한 배아로 발생하기 때문에, 여기에서 추출하여 배양한 세포인 배아줄기세포(embryonic stem cell, ES cell)는 신체를 구성하는 모든 세포로 발달할 수 있는 만능 줄기세포이다. 태반을 만들 수는 없기 때문에 전능은 아니다.

다분화능은 보다 제한적인 형성능력을 말하며, 골수에 있는 조혈모세포(造血母細胞, 조혈줄기세포, hematopoietic stem cell)가 해당된다. 단일분화능 세포는 분화능이 없는 최종 성숙세포이거나 정원세포(精原細胞, spermatogonia)처럼 정자로만 분화하는 줄기세포이다.

줄기세포와 분화세포 사이에 있는 중간단계의 세포는 전구세포(前驅細胞, progenitor, precursor, blast cell)라고 하는데, 번역어는 동일해도 progenitor와 precursor의 의미는 다르다. Progenitor cell은 분화방향이 정해져 있어서(committed) 분화능이 제한되기는 하지만 다분화능을 가진 줄기세포를 의미하고, precursor cell(blast cell)은 줄기세포의 능력을 거의 잃은 단일분화능 세포를 말한다.

자연계에서 분화 과정은 비가역적이지만 유전자발현이 불안정한 상태에서는 미분화상태로 되돌아가기도 한다. 분화의 가역성을 보여주는 가장 극적인 실험은 체세포핵이식(somatic cell nuclear transfer)이다. 이미 분화가 끝난 성체 체세포의 핵을 난자의 핵과 대체하여 대리모에게 착상시켜 출산시키는 것이다. 이렇게 발생한 생물은 체세포를 분리한 생물과 동일한 유전체를 가지므로 클론(clone, 복제집단)이라 불린다.

처음으로 성공한 체세포핵이식은 개구리 배아를 이용한 실험이었고, 포유류에서는 1996년 돌리(Dolly)라는 양이 최초로 개체 클로닝으로 출산되었다. 돌리의 경우 이식된 체세포는 젖샘세포로부터 분리되었다. 이렇게 유전적으로 동일한 개체들을 만드는 과정을 클로닝(cloning)이라 한다. 자연 상태에서 클론은 단일부모로부터 자손이 생기는 무성생식에서만 나타난다.

체세포의 핵이 난자의 세포질에 노출되면 이식된 핵의 유전자들이 마치 수정란 핵의 유전자와 같이 행동하는 것을 보면, 배아와 성체의 핵들은 동등하고 이들의 행동은 세포질에 존재하는 요소에 의해 결정된다고 할 수 있다. 그러나 포배(배반포)기 세포로부터 분리된 핵의 이식은 성공률이 높고 성체세포에서 분리된 핵은 성공률이 매우 낮은 것을 보면 완전히 동등한 것은 아닌 것 같다.

2004년 황우석(1953~)은 환자맞춤 줄기세포를 얻기 위해 환자의 체세포에서 핵을 추출하여 기증받은 난자에 이식하고 시험관에서 배아를 포배기까지 발달시켜 만능 줄기세포를 배양했다고 《사이언스》에 발표했다. 세계 최초로 인간복제배아에서 줄기세포를 만든 것이다. 그런데 배양된 줄기세포만을 가지고 이것이 수정란에서 발달한 배아에서 만든 것인지 복제배아에서 만든 것인지 구별하는 방법은 없다. 두 줄기세포를 구분할 수 있는 유일한 방법은 복제배아를 만들 때 핵을 추출했던 세포의 DNA와 복제배아줄기세포의 DNA를 비교해 일치한다는 것을 보여주는 것인데, 황우석은 이런 자료를 제시하지 못했고 결국 《사이언스》 논문은 취소되었다.

배아줄기세포를 만드는 것은 배아를 죽이는 것이기 때문에 생명윤리의 논란이 된다. 대안은 황우석이 했던 것처럼 복제배아줄기세포를 만드는 것인데, 이것은 난자제공자의 난소를 주사기로 찔러야 하고 또 난자를 최대한 많이 확보하려고 호르몬주사를 미리 맞아야 하므로 난자제공자의 건강을 해칠 수 있는 위험성이 있다. 이런 문제 외에도 황우석의 경우 논문에는 자발적으로 기증받은 난자를 사용했다고 했지만, 조사 결과 사용된 난자는 매매된 것이었다. 또 실험실의 여성 연구원 2명이 난자를 제공했다는 사실도 밝혀졌다. 인간복제배아에서 줄기세포를 만드는 데는 황우석의 경우처럼 많은 어려움이 있다.

이러한 문제들을 말끔하게 해결할 수 있는 줄기세포가 유도만능줄기세포(induced pluripotent stem cell, iPS cell)이다. 분화된 세포로부터 만능 줄기세포를 생산하는 것인데, 분화가 끝난 일반세포를 재프로그래밍하여 배아줄기세포와 유사한 세포를 만들기 때문에 역분화 줄기세포라고도 한다. 일본 의학자 야마나카(山中伸彌, 1962~)가 2006년 처음 만들었다. 배아줄기세포는 만능성을 유지하는 유전자를 발현시키는데, 야마나카는 이 유전자를 생쥐의 피부세포에 넣어 만능 줄기세포를 만들었다. 2007년에는 성인 피부세포에서도 유도만능줄기세포를 만들었다. 이렇게 기증자와 유전적으로 동일한 줄기세포를 생산할 수 있다면 재생의학(regenerative medicine)이 목표로 하는 손상된 조직의 복구가 가능해진다. 이는 복제배아나 복제인간을 만들지 않기 때문에 치료적 복제(therapeutic cloning)라고 한다.

배아줄기세포와 유도만능줄기세포로부터 실제 기관과 유사한 오가노이드(organoid)라는 조직도 만들 수 있다. 오가노이드는 줄기세포를 배양 또는 재조합해 인간의 특정 장기와 유사하게 만든 조직으로 '유사 장기', '미니 장기'로도 불린다. 지금까지 만들어진 가장 복잡한 조직은 눈(안배), 장, 신장, 간,

뇌 등이다. 오가노이드는 완두콩과 같은 크기이며 1년 이상 배양이 가능한데, 배아의 기관형성 과정을 실제로 모사하고 있기 때문에 환자의 세포를 시험관에서 조직으로 키우는 것이 가능해질 것으로 전망된다. 그러면 환자 각자에게 맞춤형 세포이식을 할 수 있고 조직교체도 가능해질 것이다.

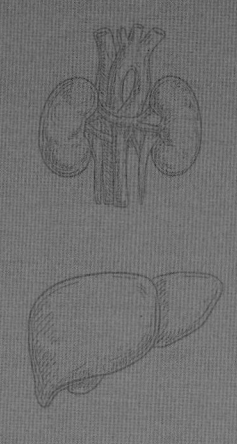
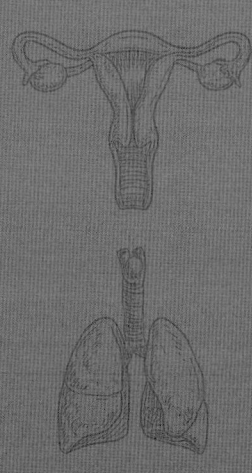

II

기관

동물 ∞ 척삭 ∞ 뼈 ∞ 머리 ∞ 턱 ∞ 치아 ∞ 인두활 ∞ 사지 ∞ 내온성 ∞ 유방 ∞ 영장류 ∞ 뇌 ∞ 심혈관 ∞ 신장 ∞ 생식기 ∞ 소화기 ∞ 호흡기 ∞ 근육 ∞ 피부 ∞ 얼굴 ∞ 감각기관

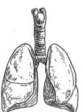

아리스토텔레스에 따르면 가장 좋은 것은 영원히 죽지 않는 것이다. 하지만 모든 개체는 죽을 운명이어서 차선책은 자손을 보는 것이다. 자손을 보기 위해서는 먹기, 숨쉬기, 짝짓기 등을 위한 신체부위가 필요한데, 이런 기능을 하는 신체부분을 아리스토텔레스는 도구(organon)라고 했다. 영어 organ은 여기에서 유래했고, 장기(臟器) 혹은 기관(器官)으로 번역한다.

인간 배아발생에서 기관은 배아나이 3~8주에 만들어진다. 이 시기에 배아의 모든 중요한 구조가 형성되고 8주말이 되면 사람 모습이 되기 때문에 9주부터는 태아(胎兒)라고 불린다. 인체의 기관은 79개 정도인데, 생명유지에 필수적인 기관은 뇌, 심장, 폐, 간, 신장 등 다섯 가지이다. 생명을 자손 번식의 수단으로 생각하는 관점에서는 생식기관이 더 중요한 필수 기관이 된다.

식물은 배(embryo)의 형태가 성체와는 완전히 다르다. 종자(seed)가 발아하여 유식물(幼植物, seedling)이 될 때 기본 기관인 잎, 줄기, 뿌리, 꽃 등이 나타나지 않고 성장하면서 나타난다. 성체가 된 다음에도 기관들을 무한히 새로 교체한다. 작년에 떨어진 잎은 죽고 올해 새로 난 잎은 작년에 있었던 잎과 동일한 기능을 한다. 조직이 이렇게 정기적으로 교체되는 현상은 동물에서는 드물다.

동물
다세포, 입과 항문, 신경과 근육을 지닌 생물

영어 animal은 영혼을 의미하는 라틴어 anima(아니마)에서 유래했으며, 일본에서 메이지유신 이후 동물(動物)로 번역되었다. 현재 동물은 다음과 같이 정의된다.

(1) 다세포 진핵생물
(2) 입과 항문을 포함한 소화계를 가진 종속영양생물
(3) 신경조직과 근육조직이 있는 생물

과거 생물학자들은 동물을 단세포동물과 다세포동물로 구분하여 단세포동물은 원생동물(protozoa)이라고 하고 다세포동물은 후생동물(metazoa)이라고 했다. 그러나 분자계통학(molecular phylogeny)으로 진화의 경로를 추정할 수 있게 되면서 원생동물과 후생동물이 하나의 계통을 이루지 않는다는 사실을 알게 되었다. 먼저 나타나고 나중에 나타났다는 의미의 원생(原生, proto)과 후생(後生, meta) 개념은 잘못된 것으로 판명되었으며, 현재 원생동물은 원생생물(protist)로 분류되고, 후생동물은 동물과 같은 의미로 사용되고 있다.

동물을 고등동물(高等動物, higher animal)과 하등동물(下等動物, lower animal)로 분류하는 경우도 있었다. 고등동물은 조직과 기관이 분화가 잘된 그룹을 말하는데, 상대적인 개념이어서 무척추동물에 대해 척추동물을 고등동물이라고 하는 경우도 있고, 척추동물 내에서는 조류와 포유류를 고등동물이라고 하고 나머지는 하등동물로 분류한다. 포유류 내에서는 영장류를 고등동물이라고 하고 나머지는 하등동물이라고 한다. 이처럼 하등동물-고등동물이라는 분류는 사용하는 사람에 따라 범주가 달라지는 매우 주관적인 분류이다.

동물이 어떻게 출현했는지에 대해 가장 인정받는 가설은 헤켈(Ernst Haeckel, 1834~1919)이 제안한 '편모충 집락 가설'이다. 1987년 영국 진화생물학자 캐벌리어-스미스(Thomas Cavalier-Smith, 1942~2021)는 동물과 진균(fungus)이 매우 유사함을 밝히고 동물과 진균을 합해서 후편모류(後鞭毛類, opisthokont)라고 명명했다. Konto는 막대(편모)라는 뜻이고 opistho는 후

(後)라는 뜻으로, 정자(sperm)처럼 '편모가 운동방향의 뒤에 있는 생물'이라는 의미다. 동물과 가장 가까운 후편모류는 원생생물인 입금편모충류(立襟鞭毛蟲類, 깃편모충류, 동정편모충류, choanoflagellate)이다. Choano는 옷깃을, flagellum은 편모를 의미한다. 입금(立襟)이란 1960~70년대 우리나라 남자 고등학생의 교복 칼라같이 서 있는 칼라(standing collar)라는 뜻으로, 깃, 동정(同正), 칼라(collar) 등과 같은 말이다. 입금편모충류가 꼭 그렇게 생겼는데, 옷깃 모양의 원통 구조물이 하나의 편모를 둘러싸고 있는 모습이다. 현대 과학자들은 동물의 기원은 8억 년 전에 출현한 편모가 깃으로 둘러싸인 단세포생물이었을 것으로 추정한다.

현존하는 동물계(kingdom Animalia)는 35가지 문(門, phylum)으로 분류한다. 이 중 가장 기초적인 동물은 해면동물(海綿動物, sponges, Porifera)로, 조직분화가 없어 측생동물(parazoa)이라고 한다. 원생생물에서 후생동물로 진화하는 과정에서 옆길로 발달한 동물이라는 의미이다. 측(側)으로 번역하는 para는 '옆(near)'이라는 의미이다.

해면동물을 제외한 34가지 문에 속하는 동물은 조직이 있기 때문에 진정후생동물(眞正後生動物, eumetazoa)이라고 한다. '진정한(eu) 후생동물'이라는 뜻이다. 진정후생동물계를 구성하는 34가지 문은 배아발생의 유사점과 차이점을 기준으로 분류하는데, 다음 네 가지 특징이 중요하다.

(1) 배엽(胚葉, germ layer)이 2개인가, 3개인가?
(2) 입과 항문이 언제 어디서 발생하는가?
(3) 초기 난할(卵割, cleavage) 패턴이 어떠한가?
(4) 척삭(脊索, notochord)이 있는가, 없는가?

동물 발생 과정은 동물 진화의 역사를 밝혀줄 단서를 제공한다. 독일 생물학자 폰 베어(Karl Ernst von Baer, 1792~1876)는 네 가지 발생학 법칙을 발견했는데, 제1법칙은 '큰 범위의 동물 집단에 공통적인 형질이 작은 범위의 동물 집단에서 특화된 형질보다 더 이른 시기에 나타난다'는 것이다. 즉 발생초기에 발현하는 특징일수록 발생후기에 발현하는 것보다 더 넓고 많은 동물그룹에서 공유된다는 것이다. 다윈(Charles Darwin, 1809~1882)은 폰 베어의 법칙을 진화적인 관점에서 '배아구조의 유사성은 공통조상으로부터 유래했다는 것을 보여주는 것'이라고 해석했다.

폰 베어와 다윈보다 한 세대 후배인 헤켈은 폰 베어가 발견한 배아의 유사성을 근거로 배아발생과 진화 사이의 연관을 연구하고 '개체발생(個體發生, ontogeny)은 계통발생(系統發生, phylogeny)을 반복한다'는 법칙을 발표했다. 배아발생은 진화역사를 반복한다는 의미이다. 예를 들면 인간 배아에서 아가미처럼 생긴 인두활이 발생하는 것을 어류를 닮은 조상이 있었다고 해석하는 것이다. 헤켈의 이 법칙은 아주 유명한 생물 발생 법칙이지만, 현재 과학계에서는 틀린 것으로 간주한다. 조상의 개체발생 끝부분에 새로운 단계가 계속 추가되면서 변화가 일어나고 이로 인해 조상의 개체발생이 발생초기에 압축되어 나타난다는 잘못된 전제에 기초하고 있기 때문이다. 사실 인간의 배아는 물고기 배아와 비슷한 점이 있기는 하지만 물고기 모습을 보이는 단계는 없다. 조류 배아발생 과정에서도 시조새처럼 보이는 단계는 없다.

척삭
배아 몸통의 기둥 역할

척삭동물(脊索動物, 척색동물, Chordata)은 발생 시에 척삭(notochord)이 만들어지는 동물로 정의된다. Chordata는 영국 생물학자 밸푸어(Francis Maitland Balfour, 1851~1882)가 끈을 의미하는 chorde에서 만들었다. 척삭동물의 하위계급으로 다음 세 가지 아문(亞門, subphylum)이 있다.
 (1) 미삭동물아문(尾索動物亞門, Urochordata)
 (2) 두삭동물아문(頭索動物亞門, Cephalochordata)
 (3) 척추동물아문(脊椎動物亞門, Vertebrata)

척삭동물의 발생학 연구에 사용되는 모델동물인 멍게는 미삭동물아문에 속한다. 멍게는 유생단계일 때는 머리에 뇌라고도 할 수 있는 큰 신경구조가 있으며 몸통은 올챙이처럼 생겼고 헤엄쳐 이동하지만, 성체는 고착생활을 하고 뇌가 없다. 최초의 척삭동물은 캄브리아기(5억 4천만~4억 8천만 년 전)에 출현했다. 모든 척삭동물은 다음과 같은 구조물을 가진다.

(1) 척삭(脊索, notochord)

(2) 신경삭(神經索, nerve cord)

(3) 인두활(인두궁咽頭弓, pharyngeal arch)

(4) 꼬리(tail)

사람 배아에서 척삭은 배아나이 2주말(14일)에 나타나 18일에 완성된다. 척삭세포는 액체로 채워진 액포(vacuole)를 가지고 있다. 식물세포의 액포와 유사한데, 액포 속의 탄수화물 함량이 높아 삼투압으로 물이 안으로 들어오게 되어 액포의 압력이 상승한다. 척삭은 이러한 척삭세포들을 섬유성막으로 둘러싼 반경질체(semirigid body)이다. 척삭세포는 원주방향에서는 강한 저항을 받기 때문에 압력이 장축으로 작용하여 세로 방향으로 확장되면서 단단한 막대 모양의 구조가 된다. 마치 기다랗게 소시지 모양으로 부풀린 풍선같이 생겼다. 척삭은 나중에 척추몸통이 발생하면 퇴화되어 사라지는데, 일부는 척추 사이에서 디스크의 수핵(髓核, 속질핵, nucleus pulposus)을 형성한다. 이 수핵은 섬유륜(섬유테, anulus fibrosus)이라고 부르는 원형으로 배열된 섬유로 둘러싸여 척추사이원반(추간판, 디스크, intervertebral disc)이 된다.

척추동물에서 척삭은 배아시기에 일시적으로만 나타난다. 척추동물의 배아초기에 척삭은 몸통의 세로기둥 역할을 하여 전후(前後) 축을 확립하고 배아가 움직일 수 있도록 할 뿐만 아니라 주변에 신호를 보내 근육과 신경관을 발달시킨다. 예외적으로 성체시기에도 척삭을 가지고 있는 먹장어에서 척삭은 유체골격(hydrostatic skeleton) 역할을 하여 몸을 뻣뻣하게 유지하고 근육이 부착하여 힘을 발휘하게 한다.

척삭동물의 배아단계에서 척삭의 등쪽에 있는 외배엽에서는 신경삭이 만들어진다. 신경삭은 속이 비어 있고, 나중에 뇌와 척수로 이루어진 중추신경계로 발달한다. 척삭동물이 아닌 동물에서 발달하는 신경삭은 복부 쪽에 있어서 복부신경삭(ventral nerve cord)이라고 불린다. 복부신경삭은 곤충에서 보이는 복부신경절(ventral ganglion)의 일련구조를 말하며 척추동물의 척수에 해당한다. 신경삭과 달리 복부신경삭은 속이 차 있다. 신경삭이 등쪽에 있으며 속이 빈 것은 척삭동물에만 있는 특징이다.

모든 척삭동물 배아의 목에는 홈(groove)으로 분리된 일련의 인두활이 발생한다. 인두활의 안과 밖이 구멍으로 연결되면 인두열(咽頭裂, pharyngeal slit)이라고 하는데, 입으로 들어온 물은 소화관 전체를 통과하지 않고 인두열을 통해 바깥으로 나갈 수 있다. 무척추척삭동물에서 인두열은 부유물을 걸러 먹는 역할을 한다. 인두활은 어류에서는 아가미로 발달하고, 사지동물에서는 머리, 귀, 목의 구조물을 형성한다.

척삭동물 배아는 소화관의 끝인 항문 뒤쪽으로 늘어진 꼬리가 발달한다. 비록 배아발생 과정에서 축소되기는 하지만, 많은 종의 성체가 꼬리를 가지고 있다. 척삭동물의 꼬리는 골격 구조와 근육이 발달하여 수생동물이 물속에서 앞으로 나아가는 추진력을 얻는 구조이지만, 사지동물에서는 퇴화되는 종이 많다. 개구리는 변태 과정에서 꼬리가 사라지고, 조류에서는 꼬리 본체가 퇴화하여 작아졌다.

척삭동물이 아닌 다른 동물은 소화관이 몸길이 전체에 걸쳐 있다. 무척추동물의 몸통 후방에서 길게 나온 구조물을 꼬리라고 부르는 경우도 있지만, 엄밀한 의미의 꼬리는 항문보다 뒤쪽에 생기는 구조물을 말하며 척삭동물에만 있다. 절지동물에 속하는 곤충은 복부 끝부분을 말단절(terminalia)이라고 하는데, 여기에는 항문과 생식기가 있고, 환형동물에 속하는 지렁이의 몸통 전방에는 입이 있으며 후방 말단에는 항문이 있다. 그러나 척삭동물인 뱀은 몸통 전체 길이의 후방 1/7 지점에 항문이 있고, 어류는 뒷지느러미 바로 앞에 항문이 있는데, 항문 뒤쪽으로는 꼬리가 된다.

뼈
척추동물에만 있다

동물에서 몸통구조를 유지하는 기관을 골격(骨格, skeleton)이라고 하며, 다음 세 종류가 있다.

(1) 내골격(內骨格, endoskeleton)

(2) 외골격(外骨格, exoskeleton)

(3) 유체골격(流體骨格, hydroskeleton)

척추동물은 내골격을 가지고 있고, 무척추동물은 외골격이거나 유체골격이다. 척추동물에서의 유체골격은 배아시기에 일시적으로 나타나는 척삭이 유일하다. 용불용설(用不用說)로 유명한 프랑스 자연학자 라마르크(Jean-Baptiste Lamarck, 1744~1829)는 동물을 척추의 유무에 따라 두 갈래로 나누고, 척추가 없는 동물은 무척추동물(invertebrate)이라고 명명했다. 현대생물학에서 무척추동물이라는 개념은 척추동물을 제외한 나머지 분류군을 묶은 것으로, 이들의 크기와 생김새는 매우 다양하여 척추가 없다는 것 외에 공통된 특징이 없기 때문에 계통분류학적으로는 측계통군(paraphyletic group)으로 간주한다.

내골격은 뼈(bone)로 되어 있다. 뼈의 생화학적 성분은 수분 20%, 유기질 35%, 무기질 45%이다. 유기질의 주요 성분은 콜라겐이며, 무기질의 주요 성분은 인산칼슘(인회석, $Ca_3(PO_4)_2$)

이다. 만약 화석에서 인산칼슘염이 발견된다면 척추동물의 뼈라고 추정할 수 있을 정도로 척추동물만이 가지고 있는 무기질이다. 콜라겐은 탄력성과 강도를 겸비한 단백질이다. 강철과 시멘트로 만들어진 건물이 강력함과 탄력성을 동시에 가지고 있듯이, 뼈는 시멘트와 같은 인산칼슘과 강철 같은 콜라겐이 있어 튼튼하고 유연한 큰 몸체를 만들 수 있다. 모든 척추동물은 몸통이 육안으로 볼 수 있을 정도의 크기인데, 만약 동물이 거대한 몸체를 가지면 모두 척추동물이다.

뼈는 척추동물에서만 나타난다. 척추동물(脊椎動物, Vertebrata)은 캄브리아기(5억 4천만~4억 8천만 년 전)에 척삭동물의 한 계통에서 진화했는데, Vertebrata라는 단어는 헤켈이 척추관절을 의미하는 라틴어에서 만들었다. 척추(脊椎, vertebra, spine)는 척주를 구성하는 뼈이고, 척주(脊柱, vertebral column)는 척추뼈와 연골로 구성된 기둥을 지칭하는 용어다. 척추와 같은 말로 등뼈, 등골, 척추뼈, 척추골 등이 있다. 한자 척(脊)은 등마루, 추(椎)는 쇠몽치라는 뜻으로 모두 등뼈를 의미한다. 척추 1개는 원통형 몸체(centrum)와 여기에 붙은 척추고리(vertebral arch)로 구성되며, 위아래 척추의 고리가 붙어서 가운데 구멍(foramen)을 만들고 이 구멍으로 척수가 지나간다.

뼈가 형성되는 골화(骨化, 뼈형성, ossification)에는 다음 두 가지 방법이 있다.

(1) 막내골화(intramembranous ossification)

(2) 연골내골화(endochondral ossification)

막내골화는 배아의 중간엽조직세포들이 밀집한 막(膜, membrane)에서 만들어지기 때문에 그렇게 명명되었으며, 골화가 진피(dermis)에서 진행되기 때문에 이렇게 만들어진 뼈는 진피골(dermal bone)이라 불린다. 연골내골화는 연골이 먼저 만들어지고 연골에 칼슘이 침착되면서 뼈가 만들어진다. 이렇게 만들어진 뼈는 연골성뼈(endochondral bone)라고 불린다. 대체로 진피골은 머리뼈처럼 납작하게 생겼고, 연골성뼈는 팔다리뼈처럼 장골(長骨, 긴뼈, long bone)인 경우가 많다.

연골세포는 확산작용을 통해서 영양분을 받아들이기 때문에 순환계 발달이 미숙한 배아초기에 뼈대구조를 만들 수 있다. 연골세포는 어떻게 진화했는지 뚜렷하게 밝혀지지 않았지만, 뼈는 연골에 칼슘이 침착되면서 진화했다. 근육이 수축하려면 칼슘이 필요하고 활동에 필요한 에너지원으로 ATP에 인산염(Pi)이 떨어졌다 붙었다 하는 반응을 이용하기 때문에 칼슘과 인이 뼈의 진화에 결정적인 역할을 했을 수 있다. 실제로 뼈는 골격을 유지하는 기능 외에 칼슘과 인의 저장창고 역할도 한다.

연골어류의 내골격은 뼈가 아닌 연골로 되어 있는데, 연골은 단순히 무기질로 변화되기를 기다리는 흐물흐물한 조직은 아니다. 연골은 뼈보다 가벼워 수생동물에게는 헤엄칠 때 지탱해야 하는 몸무게가 줄어들기 때문에 이점이 되고, 무기질화되면 뼈와 같이 아주 강한 조직이 된다. 무는 힘이 강력한 상어의 턱이 전적으로 무기질화한 연골로만 되어 있다. 연골어류의 연골은 포유류의 연골과는 달리 뼈와 유사하게 칼슘이 풍부한 섬유가 많고 그 섬유들이 연골 안에서 프리즘처럼 뻗어 나간다. 연골어류의 골격은 마치 경주용 자동차의 차체가 철이 아닌 가벼운 유리섬유로 된 것과 유사하다.

모든 척추동물의 몸통은 좌우대칭이며, 머리, 몸통, 꼬리 세 부분으로 구분된다. 머리에는 뇌와 감각기관이 모여 있으며, 입이 맨 앞에 있다. 뇌는 두개골(cranium) 안에 있다. 곤충도 뇌가 머리에 있지만 입은 보통 배쪽으로(hypognathous) 향해 있다. 척추동물의 몸통은 등과 배(복부)로 구분되며, 등에는 중추신경이 길게 관(tube) 모양으로 있고, 배에는 체강(體腔, coelom)이 있다. 체강 안에는 심장, 폐, 소화관, 신장, 생식기 등의 내장기관이 있다.

좌우대칭동물에서 몸의 전후 축을 따라 반복적으로 나타나는 분절구조를 체절(體節, somite, segment)이라고 하는데, 척추동물도 척추가 반복되는 체절동물에 속한다. 척추동물의 척추들은 동일한 호메오유전자(homeotic gene)에 의해 조절된다. 호메오유전자는 염색체에 상자(box)처럼 모여 있어 보통 호메오상자(homeobox)유전자라고 불린다. 간단히 Hox(혹스)라고 한다. Hox는 초파리에서 처음 발견되었다. 초파리의 체절은 '머리-흉부체절-복부체절-생식기'의 순서인데, 더듬이(안테나,

antenna)는 머리에 발생하고, 다리는 흉부체절에 발생한다. 흉부체절이 3개이므로 다리는 3쌍이 발생한다. 미국 생물학자 루이스(Edward B. Lewis, 1918~2004)는 초파리의 다리에 더듬이가 발생하는 기형이 유전자돌연변이에 의한 것이라는 것을 밝히고 이를 호메오유전자라고 명명했다. 이보다 100년 전에 영국 생물학자 베이트슨(William Bateson, 1861~1926)이 몸체 일부가 적절치 않은 위치에 자라는 기형을 기술하면서 이것을 호메오현상(homeosis)이라고 처음 명명했었는데, 루이스가 그 이유를 밝힌 것이다. 호메오현상이란 동일한(homologous) 것이 엉뚱한 곳에 나타난다는 의미이다.

 Hox는 몸통 축에 따라 체절구조를 형성하는 마스터키 혹은 연장도구(tool kit)와 같은 역할을 하는데, 모든 동물에서 동일한 DNA서열을 공유한다. Hox는 염색체에 군집(cluster)을 이뤄 모여 있어서 앞에서부터 끝까지 연결하면 맨 앞에 있는 유전자는 머리를, 다음 유전자는 목, 그다음은 가슴, 맨 마지막은 꼬리를 만든다. 사지동물의 Hox는 4개의 군집으로 구성된다. 사람의 Hox는 39개가 밝혀졌는데, 군집 HoxA, HoxB, HoxC, HoxD로 분류하며 각각 염색체7, 17, 12, 2에 있다.

 척추동물의 골격은 축골격(axial skeleton)과 부속지골격(appendicular skeleton)으로 구분된다. 축골격은 몸통 중앙에 있고, 부속지골격은 몸통 좌우에 쌍으로 있다. 축골격은 두개골, 척추, 늑골(갈비뼈), 흉골 등인데, 척추는 갈비뼈와 관절을 형성한다. 흉골(胸骨, 복장뼈, 가슴뼈)은 어류에는 없고 사지동물에서만 나타나며 갈비뼈 앞에 붙는다. 그러면 '척추-갈비뼈-흉골'이 몸통을 둘러싸는 구조를 형성한다.

부속지는 지느러미, 사지(四肢, 팔다리), 날개, 견대(肩帶, 흉대, pectoral girdle), 요대(腰帶, pelvic girdle) 등이다. 대(帶, girdle)는 부속지를 축골격에 이어주는 역할을 하는 것이다. 경골어류의 견대는 두개골에 붙어 있고, 요대는 축골격에 연결되지 않는다. 사지동물의 골격이 경골어류와 다른 점은 사지가 견대와 요대를 통해 척추와 연결된다는 것이다.

사지동물에서 척추의 어디에 사지가 연결되는가에 따라 척추는 여러 부분으로 나뉜다. 머리가 견대에서 분리되면서 생긴 목에 있는 것은 경추(頸椎, cervical vertebra)라고 하고, 요대와 연결된 척추는 천추(薦椎, sacral vertebra)라고 하며, 꼬리는 미추(尾椎, caudal vertebra)라고 한다. 경추와 천추 사이에 있는 몸통척추는 배추(背椎, dorsal vertebra)라고 하고 여기에만 갈비뼈가 붙는다. 천추는 융합되는 경우가 많아 천골(薦骨, sacrum)이라 불린다.

양막류는 특수화된 2개의 경추가 있다. 첫 번째 경추는 환추(環椎, 고리뼈, atlas)라고 하며, 고리 모양으로 생겼다. 그리스 신화에서 아틀라스가 세상을 떠받치듯 양막류의 환추도 후두골과 관절을 이루어 머리를 떠받치고 있으면서 머리가 살짝 끄덕이도록 한다. 두 번째 경추는 축추(軸椎, 중쇠뼈, axis)라고 하며, 머리를 좌우로도 돌릴 수 있게 한다. 양막류의 종류에 따라 경추는 적게는 2개에서 많게는 20개 이상이 되기도 한다. 포유류의 경추는 7개이다.

양막류는 배추에 늑골이 연결되어 있으며, 대부분의 양막류는 늑골을 움직이는 근육으로 호흡을 한다. 배추는 포유류에서 횡격막이 생기면서 늑골이 연결된 흉추(胸椎, thoracic vertebra)와 늑골이 없는 요추(腰椎, lumbar vertebra)로 분화되었다. 그래서 흉추는 갈비뼈와 함께 흉곽을 형성하여 심장과 폐를 보호하고, 요추는 뒷다리의 운동력을 몸통에 전달하는 역할이 강화되었다.

뱀은 다리가 없고 흉대와 요대도 없다. 척추는 수가 많고, 많게는 수백 개인 종도 있다. 척추 크기는 다른 사지동물들보다 짧고 넓어서 기복이 심한 지형을 측면파동을 이용해서 빠르게 이동할 수 있다. 늑골은 척주의 견고성과 측면 스트레스에 대한 저항력을 높인다.

포유류의 척추는 7개의 경추, 갈비뼈가 붙어 있는 12개의 흉추, 5개의 요추, 이어서 천추와 꼬리가 있는 분절구조이다. 사람은 꼬리뼈가 융합되어 미골이 되지만, 배아시기에 꼬리는 발생 4주에 생기고 5~6주에는 뚜렷하게 보인다. 이때 꼬리에는 10~12개의 척추뼈가 있다. 7~8주에는 꼬리에서 뼈가 들어 있는 부분은 몸 안으로 들어가고, 8주말이면 꼬리는 완전히 사라진다.

머리
머리는 몸통의 좌우대칭성과 동시에 나타났다

동물 진화에서 머리의 출현은 몸통의 대칭성과 관련이 있다. 대칭성(對稱性, symmetry)이란 대상을 특정 방식으로 변환해도 처음 상태와 구별할 수 없는 것으로, 생물에서는 구형대칭(spherical symmetry), 방사대칭(radial symmetry), 좌우대칭(bilateral symmetry)이 있다. 구형대칭은 공 같은 것인데, 구균(球菌, cocci)에서 보인다. 방사대칭이란 피자 조각처럼 2개 이상의 면에 의해 절반으로 나뉠 수 있는 것으로, 대부분의 식물에서 보이고, 동물 중에는 자포동물과 같은 이배엽동물에서 보인다. 좌우대칭은 삼배엽동물에서 보이는데, 현존하는 동물의 99% 이상은 좌우대칭이고, 특히 육상동물은 모두 좌우대칭이다.

자포동물(刺胞動物, Cnidaria)은 몸에 찌르는 자포(刺胞, cnidae)를 가지고 있어서 이렇게 명명되었으며, 해파리, 산호, 말미잘 등이 있다. 자포동물의 신경계는 중추신경이 없는 산만신경계이다. 방사대칭동물은 모든 방향에서 동일하게 환경을 접하므로 먹이에 접근하기 위해 방향을 조절할 필요가 없어서 중추신경을 가짐으로써 얻는 대가가 별로 없다.

동물 진화에서 좌우대칭과 두화(頭化, cephalization)는 동시에 나타났다. 두화란 감각기관, 중추신경, 음식섭취기관 등이 모두 머리에 모여 있는 것으로, 먹이를 찾고 먹는 것과 포식자로부터 도망가는 것 등이 빠른 신경망을 통해 가능하도록 진화한 것이다. 머리(head)란 뇌라는 중추신경이 있는 곳이다. 뇌로 이루어진 중추신경은 삼배엽동물에서 처음 나타났다. 모든 삼배엽동물은 좌우대칭이다. 그래서 삼배엽동물(三胚葉動物, triploblastic animal)과 좌우대칭동물(左右對稱動物, Bilateria)은 같은 말이다. 이들은 체강이 있는 동물이기 때문에 체강동물(體腔動物, Coelomata)과도 같은 말이다.

가장 두화가 잘된 동물은 곤충, 두족류, 척추동물이다. 두족류는 무척추동물 중 가장 복잡한 뇌를 가지고 있으며, 체중에 대한 뇌의 상대적인 크기가 척추동물인 어류나 파충류보다 더 크다. 진화계통수를 보면 척추동물이 두족류나 곤충과 갈라진 시기보다 척추동물이 두화가 덜 된 극피동물과 갈라진 시기가 더 최근이다. 마찬가지로 두족류와 곤충은 서로보다는 그보다 덜 두화된 분류군들과 더 가깝다. 이로 미루어볼 때 두화는 적어도 세 가지 큰 분지에서 독립적으로 진화한 것이다.

배아발생 과정에서 두화는 극성(極性, polarity)과 함께 나타난다. 몸의 양쪽 끝에서 방출되는 물질은 종축(縱軸)을 따라 화학신호 기울기를 만들고, 이 기울기에 따라 몸의 각 부분들이 다르게 발생하는 것이다. 좌우대칭동물의 신체구조는 전후축(anterior-posterior axis)과 등배축(dorsal-ventral axis)이 서로 직각을 이루는 좌표계처럼 정확하다. 그래서 신체구조를 설명할 때 앞(전前, anterior)은 머리쪽, 뒤(후後, posterior)는 꼬리쪽을 의미한다. 생물체 면(面)이 중력 방향과 수직 방향에 따라 양쪽이 다를 때 배복성(背腹性, dorsiventrality)이라고 한다. 지면에 있는 쪽을 복부(腹部, 배, ventral), 그와 반대쪽에 있는 면을 배부(背部, 등, dorsal)라고 한다. 한자 배(背)는 등을, 복(腹)은 배를 의미한다. 한자 배(背)와 우리말 배는 동음이의어(同音異義語)로 혼동된다.

척추동물의 머리 골격은 두개골(頭蓋骨, skull, cranium)이라고 한다. 두개(頭蓋)나 두골(頭骨)도 같은 의미이다. 척추동물에서 두화는 몸통 앞쪽에 있던 분절들이 결합하는 진화였기 때문에 두개골은 다수의 뼈들이 결합되어 있다. 두개골은 뇌와 감각기관(후각, 시각, 청각, 평형감각)이 있는 신경두개(neurocranium, braincase)와 인두를 둘러싸는 내장두개(viscerocranium)로 나뉜다. 그런데 두개골이라고 하면 뇌를 둘러싸는 신경두개만을 의미하는 경우도 많다. 곤충의 머리는 편의상 사람의 두개에서 사용하는 명칭을 붙이고 두개골이라는 용어도 사용하지만, 성분은 피부와 마찬가지로 큐티클이다.

무악류와 연골어류의 두개골은 연골로 되어 있고, 뼈로 된 두개골은 경골어류에서 처음 나타난다. 경골어류의 머리는 두개골덮개(skull roof), 주둥이(snout), 아가미뚜껑(operculum), 뺨(cheek) 등으로 구성된다. 두개골덮개는 뇌, 눈, 비공(鼻孔)을 덮는 부분이고, 주둥이는 위턱부터 눈까지, 뺨은 눈부터 아가미덮개 사이를 말한다. 턱(chin)은 아래턱(lower jaw)에 의해 형성된다. 영어 chin은 아래턱에서 가장 앞으로 튀어나온 부분을 말한다. 영어 jaw와 chin은 의미가 다르지만, 우리말로는 모두 턱으로 번역한다.

경골어류의 두개골은 느슨하게 결합되어 있는 반면, 사지동물의 두개골은 뼈가 서로 융합되면서 강해지고, 어류에 비해 앞쪽이 좀 더 길어져 안와(眼窩, orbit)가 조금 뒤에 위치한다. 사지동물의 두개골에는 방형골(quadrate bone)이 있다. 방형골은 두개골의 인골(鱗骨, 비늘골, squamosal bone)과 연결되어 있고, 아래턱의 관절골(articular bone)과 함께 턱관절을 형성한다.

사지동물에서 양막류(羊膜類, Amniota)가 분기하면서 두개골에 측두창(側頭窓, 측두부 구멍, temporal fenestra)이 생겼다. 사람 얼굴에 관골(광대뼈)과 측두골의 돌기가 만나 활(arch) 모양을 이루는 광대활(zygomatic arch)이 있는데, 측두골과 광대활 사이의 공간을 측두창이라고 한다. 측두창의 구멍이 1개면 단궁류(單弓類, synapsid), 2개면 이궁류(二弓類, diapsid)라고 한다. 초기 양막류는 무궁류(無弓類, anapsid)였는데, 후손으로 단궁류와 이궁류를 남기고 이미 모두 멸종했다. 무궁류의 두개골은 안와 뒤편의 측두부가 완전히 진피골로 덮여 있다.

턱이 있는 모든 척추동물에는 하악내전근(adductor mandibulae)이 있다. 내전(內轉, adduction)이란 몸통 중앙 쪽으로 움직이는 것을 의미하고, mandibulae는 하악(下顎, mandible)을 뜻하는 라틴어로, 하악내전은 하악을 두개골 쪽으로 당기는 것이다. 즉 아래턱을 다무는 것이다. 이 근육은 언제나 눈(eye) 바로 뒤편의 두개골 옆에 고정된 상태로 아래턱을 세게 잡아당긴다. 양막류는 이 근육이 측두창이라는 공간을 확보하게 되면서 더 커지고 길어져 기능이 정교해지고 더 큰 힘을 발휘할 수 있게 되었다. 이제 턱과 이빨을 이용하여 먹이를 포획할 뿐만 아니라 자르고 찢고 갈아 먹는 것이 가능해졌다. 섭식방법이 어류의 흡입(suction)에서 양막류의 저작(mastication)으로 변한 것이다. 하악내전근은 포유류에서는 관자근(temporalis), 교근(masseter), 익상근(pterygoideus)으로 분화한다.

현존하는 이궁류로는 파충류와 조류가 있는데, 계통분류학적으로는 다음 세 그룹으로 나뉜다.

(1) 인룡류(鱗龍類, Lepidosauria)

(2) 거북류(Testudine)

(3) 조룡류(祖龍類, Archosauria)

인룡류(鱗龍類, Lepidosauria)란 '비늘이 있는 파충류'라는 뜻이다. 유린류(有鱗類, Squamata: 뱀, 도마뱀)가 여기에 속한다. 뱀의 두개골은 운동성 두개골이며, 몸통이 극도로 길어져 내장이 이동하여 재배열되었다. 운동성 두개골(kinetic skull)이란 아래턱뿐만 아니라 다른 두개골 관절이 움직이는 것을 말하는데, 보통 위턱과 신경두개의 관절운동이 가능하다. 흡입섭식

(suction feeding)을 하는 어류가 운동성 두개골을 가지고 있고 사지동물은 두개골이 융합되는 경향이 있지만, 뱀은 예외적으로 두개골의 가동성(可動性)이 크게 발달해 큰 먹이를 삼킬 수 있다.

거북류(Testudine)는 2개의 등껍질을 가진다. 바깥층은 케라틴이며 안쪽은 척추가 융합된 뼈다. 초기 거북은 턱에 이빨이 있었지만, 현생 거북은 이빨이 없고 턱에 있는 각질화된 판으로 먹이를 단단하게 잡는다. 현존하는 거북은 측두창이 없는데 이궁형 형질이 거북 진화 초기에 사라진 것이고, 유전학적으로는 이궁류로 분류된다.

조룡류(祖龍類, Archosauria)란 '지배 파충류'라는 의미이며, 공룡, 익룡, 악어, 조류 등이 속한다. 조룡류는 다른 파충류와 많이 달라, 심장은 2심방 2심실이며 부모양육이 발달했다. 다른 파충류는 2심방 불완전2심실이며 새끼를 양육하는 습성은 없다. 골반구조도 다른 파충류와 달라서, 보통 파충류는 다리를 옆으로 뻗어 기어다니지만, 조룡류는 다리를 아래로 꼿꼿이 펼 수 있어서 배와 꼬리가 땅에서 완전히 떨어져 곧추서서 보행한다. 공룡은 척추동물 중 처음으로 이족보행(bipedalism)을 했다. 중생대가 끝나면서 조룡류 중에서 공룡과 익룡은 멸종하고 악어와 조류만 살아남았다.

이궁류는 초기에 분화한 많은 종류가 현재까지 살아남는 데 성공하여 다양한 파충류 집단을 형성했고, 일부는 조류로 진화했다. 이는 각 파충류 집단들이 서로 다른 생태적 지위를 찾아 냈기 때문이다. 반면 단궁류는 비슷한 생활방식을 영위하느라 서로 경쟁하다가 새로운 종이 오래된 종을 멸종시키면서 진화했고, 현재 포유류만 남았다.

포유류의 머리에 있는 뼈로는 두개골(cranium), 하악골(mandible), 이소골(耳小骨, ear ossicle)이 있는데, 악관절(顎關節, 턱관절)과 이소골만 움직이고 나머지 두개골 결합은 완전히 붙었다. 또 이차구개(二次口蓋, 이차입천장, secondary palate)가 발달하면서 두개골의 가동성은 완전히 없어진다. 포유류의 두개골은 이소골을 제외하면 뇌두개(신경두개, neurocranium)와 안면두개(facial cranium)로 나뉜다. 뇌두개는 뇌를 둘러싸는 것으로 다음과 같은 종류가 있다.

(1) 전두골(前頭骨, 이마뼈, frontal bone)

(2) 측두골(側頭骨, 관자뼈, temporal bone)

(3) 두정골(頭頂骨, 마루뼈, parietal bone)

(4) 후두골(後頭骨, 뒤통수뼈, occipital bone)

(5) 접형골(蝶形骨, 나비뼈, sphenoid bone)

(6) 사골(篩骨, 벌집뼈, ethmoid bone)

측두골은 발생학적으로 다음 세 부분이 융합해서 이루어진다.

(1) 인부(鱗部, 비늘부분, squamous part)

(2) 고실부(鼓室部, 고막틀부분, tympanic part)

(3) 암양부(巖樣部, 바위부분, 바위꼭지부분, petromastoid part)

비늘부분이란 비늘처럼 편평하고 얇은 부분을 말하는데, 아래턱뼈와 턱관절을 이루고 광대뼈와 함께 광대활(zygomatic arch)을 형성한다. 고실부는 외이도를 형성한다. 바위부분은 돌처럼 두껍고 단단한 부분으로, 안에는 중이와 내이가 있고, 아래쪽에서는 둘째인두활에서 유래한 붓돌기(styloid process)와 융합한다. 포유류가 아닌 경우 측두골은 인골(비늘골, squamosal bone), 고실골(tympanic bone), 귀주변골(periotic bone) 등과 같이 별개의 뼈로 분리되기도 한다.

안면두개는 내장두개(viscerocranium)에 해당하며, 다음과 같은 종류가 있다.

(1) 비골(鼻骨, 코뼈, nasal bone)

(2) 누골(淚骨, 눈물뼈, lacrimal bone)

(3) 관골(顴骨, 광대뼈, zygomatic bone)

(4) 서골(鋤骨, 보습뼈, vomer)

(5) 상악골(上顎骨, 위턱뼈, maxilla)

(6) 구개골(口蓋骨, 입천장뼈, palatine bone)

(7) 하비갑개(下鼻甲介, 코선반뼈, inferior nasal concha)

(8) 하악골(下顎骨, 아래턱뼈, mandible)

(9) 설골(舌骨, 목뿔뼈, hyoid bone)

두개골을 만드는 중간엽이 어디에서 유래했는지에 따라 분류하면, 두정골, 후두골, 측두골의 바위부분(petrous part)은 축옆중배엽의 체절에서 만들어지고, 전두골, 측두골의 비늘부분(squamous part), 접형골, 사골은 신경능선세포에서 만들어진다. 관골을 비롯한 안면두개는 첫째와 둘째인두활의 신경능선세포로부터 만들어진다. 골화(骨化, ossification) 방식에 따라 뇌두개를 분류하면, 뇌를 위에서 둥그렇게 둘러싸는 부분(calvaria, skull cap)은 진피골(dermal bone)이고, 뇌를 밑에서 떠받들고 있는 두개골 바닥(cranial base)은 연골성뼈(endochondral bone)이다.

사람은 출생 시 두개골들이 분리되어 있다. 뼈가 만나는 접합선은 봉합(suture)이라고 하고, 봉합이 넓어진 곳은 천문(泉門, 숫구멍, fontanelle)이라고 한다. 봉합과 천문이 있기 때문에 태아가 산도(産道)를 통과할 때 두개골이 겹쳐지는 것이 가능하고, 출생 후 두개골은 원래 위치로 돌아가 크고 둥근 모양이 된다. 봉합과 천문은 출생 후 상당 기간 동안 벌어진 상태로 있기 때문에 두개골은 성장이 가능하고 뇌가 성장하는 것을 수용할 수 있다. 두개골 용적은 5~7세가 되면 성인과 거의 같은 정도가 되지만, 봉합은 성인이 될 때까지 열린 채로 있다.

턱
척추동물의 진화에서 지느러미 다음으로 중요한 혁신

척추동물은 무악강, 연골어강, 경골어강, 양서강, 파충강, 조강, 포유강 등 일곱 가지 강(綱, class)으로 분류한다. 무악강(無顎綱, 무악류)을 제외하면 나머지는 모두 턱뼈가 있는 유악류(有顎類, jawed vertebrate)이다. 악구류(顎口類)라고도 한다.

최초의 척추동물이었던 무악류는 대부분 오래전 이미 멸종했고, 현재는 먹장어(꼼장어)와 칠성장어가 속한 원구류(圓口類, Cyclostomata)만 생존해 있다. 이들은 턱이 없어 입이 둥그렇게 열려 있다. 척추동물의 턱(jaw)은 실루리아기(4억 4천만~4억 2천만 년 전)에 처음 나타났는데, 척추동물의 진화에서 지느러미 다음에 나타난 중요한 혁신이었다. 유악류의 턱은 위아래로 나뉘고, 아래턱이 마치 마주 보는 엄지와 같이 꽉 쥐는 역할을 하면서 이빨과 함께 경첩같이 작용하여 음식을 단단히 잡을 수 있게 한다.

상악(上顎, 위턱, upper jaw)은 maxilla라고 하고, 하악(下顎, 아래턱, lower jaw)은 mandible이라고 한다. 영어 maxilla는 턱(jaw)이라는 의미의 라틴어에서, mandible은 씹다(chew)라는 뜻의 라틴어에서 유래했다. 포유류에서 maxilla는 위턱, mandible은 아래턱을 의미하는데, 종에 따라 위아래 구분 없이 크고 움직이면 mandible이라고 하고, 작고 움직이지 않으면

maxilla라고 하는 경우가 많다. 조류는 위아래 턱이 모두 움직이기 때문에 위아래 턱 모두 영어로 mandible이라고 한다. 무척추동물인 곤충에서 턱은 큰턱(mandible)과 작은턱(maxilla)으로 구분된다. 큰턱은 쌍으로 있고 음식을 으깨는 데 쓰이며, 작은턱은 큰턱의 뒤에 있으면서 보조하는 역할을 한다. 보통 곤충에서 턱이라고 하면 큰턱만을 의미하는 경우가 많다.

조류와 포유류가 아닌 척추동물의 아래턱은 2개 이상의 뼈로 구성되는데, 치아를 가진 하악골은 치골(齒骨, 이빨뼈, dentary)이라고 한다. 치골은 아래턱에 있는 많은 뼈 중 앞쪽에 있는 비교적 가느다란 뼈로, 포유류에서는 특히 발달하여 아래턱(mandible)과 같은 의미로 쓰인다.

모든 척삭동물은 배아시기에 인두활이 7개 정도 발생한다. 유악류에서는 첫째인두활이 반으로 접혀 위턱과 아래턱이 된다. 포유류의 위턱은 두개골과 완전히 결합되어 있어서 움직이지 못하고 아래턱만 움직일 수 있는데, 처음 발생한 턱은 위턱이나 아래턱 모두 두개골과 직접 연결되지 않고 인대를 통해 머리 아래쪽에 고정되었기 때문에 먹잇감을 사냥할 때 입을 앞으로 내밀 수 있었다.

첫 유악동물인 판피류(板皮類, Placoderm)는 멸종했지만, 두 번째로 나타난 유악동물인 연골어류(軟骨魚類, Chondrichthye)는 현존하고 있다. 세 번째로 나타난 유악동물은 경골어류(硬骨魚類, Osteichthye)이다. 경골(硬骨)이란 연골(軟骨)에 대비되는 것으로 골(骨, 뼈, bone)과 같은 말이다. 경골어류는 연골어류에는 없는 연골성뼈, 폐, 부레 등이 있어 연골어류보다는 사지동물에 더 가깝다. 진화역사에서도 경골어류는 모든 사지동물의 조상이 된다.

경골어류의 턱은 구강턱(oral jaw)과 인두턱(pharyngeal jaw) 2개이다. 구강턱은 먹이를 잡고 무는 기능을 하고, 인두턱은 먹이를 구강에서 위(胃)로 이동시키는 기능을 한다. 구강턱은 첫째인두활이 변형된 것이고, 인두턱은 다섯째인두활이 변형된 것이다. 구강턱의 아래턱은 치골(dentary, mandible), 각골(angular), 관절골(articular bone) 등으로 구성되며, 맨 뒤에 있는 관절골은 두개골의 방형골(quadrate bone)과 관절을 형성한다. 위턱은 위턱뼈(maxilla)와 앞위턱뼈(premaxilla)로 구성되는데, 앞위턱뼈는 두개골에 붙어 있지 않아 앞으로 돌출할 수 있고, 위턱뼈는 설악(舌顎, hyomandibula)을 통해 두개골과 붙어 있다. 치아는 위턱뼈와 앞위턱뼈에 모두 있으며, 아래턱에서는 주로 치골에 있다. 치아는 인두턱에도 있기 때문에 경골어류는 구강 안쪽으로 치아가 매우 많다.

사지동물의 턱관절은 상악의 방형골(quadrate bone)과 하악의 관절골(articular bone)이 만나 형성한다. 주둥이는 앞으로 더 나오고 턱의 힘도 강해져 몸부림치는 먹잇감을 꽉 잡을 수 있게 되었다. 뱀은 독특하게 두개골이 가동성이 크고 좌우 아래턱뼈들은 오직 근육과 피부로만 관절을 이루고 있어서 턱을 더 벌릴 수 있다. 조류와 거북류의 턱뼈는 케라틴 덮개(sheath of keratin)로 덮여 부리(beak)로 변형되었다.

　포유류는 아래턱의 치골에 더 많은 근육이 붙으면서 이 뼈는 점점 강해지고 커지며 뒤쪽으로 길어지기 시작했다. 그 결과 다른 아래턱뼈들은 작아지고 결국은 없어지거나, 관절골(articular bone)이 이소골의 망치뼈가 된 것처럼 다른 기능으로 전화되었다. 사지동물에서 관절골과 턱관절을 이루던 두개골의 방형골(quadrate bone)은 포유류에서는 모루뼈(incus)가 되었고, 관절골과 방형골로 된 턱관절 대신 치골은 직접 두개골인 측두골의 비늘부분(squamous part)과 결합해 포유류 고유의 턱관절을 형성했다. 측두골의 비늘부분은 사지동물에서 방형골에 연결되었던 인골(鱗骨, 비늘골, squamosal bone)에 해당한다. 척추동물의 화석을 발견했을 때 아래턱뼈와 인골 두 가지가 갖추어져 있으면 포유류라고 분류한다. 이 기준에 따르면 최초의 포유류는 중생대 트리아스기(2억 1천만 년 전)에 나타났다.

치아
외피에서 진화, 피부나 비늘과 가깝다

　치아(齒牙, 이빨, tooth)는 척추동물의 턱에 나타나는 단단한 칼슘 성분의 구조(structure)이다. 치아는 뼈처럼 단단하고 무기질 성분도 비슷하지만, 뼈는 중배엽에서 발생하는 반면 치아는 외피에서 진화한 것으로 피부나 비늘과 가깝다. 치아도 뼈와 마찬가지로 척추동물에게만 있다. 무척추동물도 치아라고 불리는 구조가 있지만 척추동물의 치아와는 달리 큐티클 성분이다. 곤충의 큰턱(mandible)에 있는 단단한 부분도 치아라고 하며 모스경도(Mohs hardness) 3 정도로 강하지만, 척추동물 치아 성분인 사기질(에나멜)의 모스경도 6~7에는 미치지 못한다.

최초의 척추동물인 갑주어(甲冑魚, Ostracoderm)는 갑옷(ostrakon)과 같은 피부를 가진 무악류였다. 피부가 타일 모양의 골판비늘로 되어 있는데, 이 비늘의 성분이 사기질과 상아질이었다. 갑주어를 포함한 무악류 대부분은 이미 멸종했고, 먹장어와 칠성장어 같은 원구류(圓口類)만 생존해 있다. 칠성장어는 입이 둥근 빨판과 같이 생겼는데 근육이 발달하여 그것을 숙주에 고정시키고 기생생활을 한다. 혀에는 뿔모양치아(horny tooth)가 있어서 이것으로 숙주 피부에 구멍을 뚫는데, 이것은 구강상피가 두껍게 각화된 것이며 상아질은 없다. 먹장어도 동일하게 근육이 발달한 입과 뿔모양치아를 가지고 있다.

최초의 유악류였던 판피류(板皮類, Placoderm)도 갑주어와 마찬가지로 피부가 단단한 골판비늘로 되어 있다. 이 비늘은 사기질과 상아질로 되어 있을 뿐만 아니라 치수(pulp)도 있으며, 비늘 밑에는 뼈가 있고 이것이 진피(眞皮, dermis)에 파묻히

듯 부착해 있다. 판피류는 최초의 유악류이자 최초로 치아를 가진 척추동물로서, 치아는 피부에 있던 골판비늘 일부가 턱뼈에 이동한 것이었다.

현존하는 연골어류의 비늘과 치아는 판피류의 것과 비슷하다. 연골어류의 피부는 진피에서 유래한 방패비늘(placoid scale)이며, 턱에서는 변형되어 치아를 형성한다. 치아는 구강상피와 턱연골 사이의 진피에서 발생하여 턱으로 이동하면서 성숙한 것이다. 치아는 턱에서 기능을 하다가 턱을 타고 입 밖으로 나오면서 느슨해지고 탈락된다.

유악류의 위아래 턱에 있는 치아들은 모두 비슷하게 생겼다. 치아들은 모두 날카롭고 뾰족한 부분이 인두를 향해 휘어 있어서 먹이를 덩어리째 붙잡아 소화관으로 보내는 기능을 한다. 먹잇감이 버둥거리거나 딱딱하면 치아가 부러지거나 헐거워질 수 있는데, 치아는 평생에 걸쳐 교체된다. 경골어류는 구강턱과 인두턱에 모두 치아를 가지고 있어서 어떤 경골어류는 입과 목구멍에 수천 개의 치아가 있다.

양서류의 치아는 크기가 작고 없는 경우도 있다. 파충류는 성체가 된 후에도 몸집이 계속 커질 수 있는데, 성장하면서 턱의 크기는 계속 변하고 오래된 치아는 빠진다. 새로운 치아는 오래된 치아 안에서 발달하여 빠진 치아를 대체한다. 파충류 치아는 원뿔형 말뚝같이 동일한 구조가 반복되는 것이 일반적이지만 종에 따라 다양할 수 있다. 살무사가 가지고 있는 큰 송곳니(엄니, fang)는 움직일 수도 있다. 입을 닫고 있을 때는 막으로 된 주머니 안에 있다가 입을 벌리고 공격할 때는 송곳니에 연결된 뼈와 근육이 레버 역할을 하여 송곳니를 일으켜 세운다. 송곳니에는 독을 내보내는 홈이 있어 먹이에 송곳니를 찔러 넣고 독을 주입한다.

어류와 파충류의 치아는 턱 자체보다는 턱 안쪽에 있는 구강의 천장이나 바닥에 위치하고 숫자도 많지만, 포유류의 치아는 숫자가 훨씬 줄어든 대신 턱 중앙에 위치하여 위아래 치아가 서로 상보적인 위치에 고정된다. 조류는 턱이 부리(beak)로 변형되면서 치아가 없어지고 모래주머니(gizzard)가 음식을 잘게 자르는 역할을 한다.

척추동물은 치아의 수에 따라 다수치아(多數齒牙, polydont)와 소수치아(少數齒牙, oligodont)로 분류한다. 어류나 파충류는 다수치아이고, 포유류는 소수치아이다. 치아의 모양에 따라서는 모든 치아가 같은 모양이면 동형치아(同形齒牙, homodont), 모양이 다르면 이형치아(異形齒牙, heterodont)라고 한다. 포유류는 이형치아이며 다른 척추동물은 동형치아로 분류하지만, 살무사 같은 일부 종에는 송곳니와 같은 이형치아가 있고 어류에서도 모든 치아가 완전히 동일한 모양은 아니다.

포유류는 종마다 다양한 치열을 가지고 있지만 같은 종에서는 항상 같은 치열을 갖고, 치아의 종류에는 다음 네 가지가 있다.

(1) 절치(切齒, 앞니, incisor)

(2) 견치(犬齒, 송곳니, canine)

(3) 소구치(小臼齒, 작은어금니, premolar)

(4) 대구치(大臼齒, 어금니, molar)

앞니는 음식을 자르는 기능을 하며, 송곳니는 찌르고 찢으며, 작은어금니는 잘게 썰고, 어금니는 으깨는 역할을 한다. 어금니는 윗니의 돌출된 부분(cusp)과 아랫니의 오목한 부분(fossa)이 교합(咬合, occlusion)을 이룬다. 포유류가 아닌 다른 척추동물의 치아는 계속 빠지고 교체되기 때문에 교합을 이루기가 어렵다. 그런 치아를 가진 턱관절의 움직임은 단순한 경첩운동으로 제한되고, 치아는 먹이를 획득하는 기능만 한다. 교합을 이루는 포유류의 치아는 먹이를 잡을 뿐만 아니라, 음식을 찢고 부수는 역할도 하고, 자기 새끼를 운반할 수도 있다.

포유류의 치아는 다음 네 가지 조직으로 구성된다.

(1) 법랑질(琺瑯質, 사기질, 에나멜, enamel)

(2) 상아질(象牙質, dentin)

(3) 백악질(白堊質, 시멘트질, cementum)

(4) 치수(齒髓, dental pulp)

에나멜은 무기질이 95%로 척추동물의 구성성분 중 가장 강하고, 상아질은 무기질이 75%로 무기질이 45%인 뼈보다 강하다. 사람 배아나이 6주에 구강상피에서 치아판(dental lamina)이 형성되고, 10주에는 신경능선에서 유래한 중간엽(mesenchyme)이 치아유두(치아꼭지, dental papilla)를 형성한다. 이후 치아판은 치아의 사기질을 만들며, 치아유두에서는 상아질, 시멘트질, 치수가 형성된다.

치아를 갱신하는 현상을 환치(換齒, replacement of teeth)라고 한다. 평생 환치가 없으면 일생치아(一生齒牙, monophyodont)라고 하고, 한 번만 갱신하면 이생치아(二生齒牙, diphyodont), 여러 번 갱신하면 다생치아(多生齒牙, polyphyodont)라고 한다. 이생치아로 번역한 diphyodont는 diphues(double)와 odontos(tooth)가 결합된 용어로 2세트의 치아라는 의미인데, 평생 1회 교체한다는 의미로 일환치(一換齒)라고 번역하기도 한다.

조류와 포유류를 제외한 대부분의 척추동물은 다생치아이다. 상어는 평생 35,000개의 치아를 교체하고, 어류는 일생 동안 보통 100회, 파충류는 25회 정도 치아교환을 한다. 조류는 치아가 없다. 오리너구리와 코끼리 같은 일부 포유류는 평생 1세트의 치아만 가지는 일생치아이지만, 대부분의 포유류는 이생치아이다. 이생치아는 유치(乳齒, 젖니, milk tooth)라고 하는 탈락치(deciduous tooth)가 먼저 났다가 나중에 영구치(永久齒, 간니, permanent tooth)로 하나씩 교체된다. 영구치는 성치(成齒, adult tooth)라고도 한다. 사람 발생에서는 간니의 싹이 이미 배아나이 3개월에 젖니의 혀면(lingual side)에 위치한다. 이 싹은 생후 6년까지는 가만히 있다가 그 후 자라기 시작하여 젖니의 바닥면을 밀어내 젖니가 탈락되게 한다.

포유류의 영구치는 한번 손상되면 재생이 불가능하다. 예외적으로 쥐를 비롯한 설치류의 앞니는 아주 크고 끌과 비슷한 모양인데, 포유류치고는 이례적으로 계속 자란다. 절치 앞부분의 치관(齒冠, crown)은 에나멜로 덮여 있으며, 뒷부분은 상아질로 되어 있다. 쥐가 먹이를 갉아먹으면 상대적으로 무른 상아질 부분만 닳으면서 절치가 날카로워진다.

입으로 음식을 잘게 부수는 것을 저작(咀嚼, 씹기, mastication)이라고 한다. 저작에는 턱과 저작근(咀嚼筋, 씹기근육, muscle of mastication)이 관여하는데, 측두창은 큰 저작근이 작동할 수 있도록 통로를 제공한다. 포유류는 강하고 정교한 저작근인 측두근(temporalis muscle), 교근(masseter muscle), 내익상근(medial pterygoid muscle)이 발달하여 턱을 위아래뿐만 아니라 옆쪽으로도 정교하게 움직여 저작한다. 턱이 벌어지게 하는 데는 주로 중력이 작용하고, 보조적으로 턱목뿔근(mylohyoid muscle)처럼 하악골과 설골(舌骨, 목뿔뼈, hyoid bone)을 연결하는 근육이 작용한다.

저작은 기본적으로 턱과 저작근의 작용이지만, 다음과 같은 포유류의 구강 구조는 저작을 효율적으로 하게 한다.

(1) 입천장, 입술, 볼이 형성하는 구강 벽
(2) 큰 침샘에 의한 다량의 침 분비

(3) 앞니, 송곳니, 작은어금니, 큰어금니 등 네 가지로 분화된 치열

(4) 혀에 의한 음식물 조작

혀를 제외한 나머지 구조는 포유류에만 있다. 입천장은 구강과 비강을 구분해주며, 입술과 볼을 형성하는 얼굴근육과 함께 구강을 폐쇄공간으로 만든다. 그러면 음식을 입안에 가두어 놓고 위아래 치아로 잘게 부술 수 있게 된다. 치아의 모양과 역할이 네 가지로 분화한 것도 포유류만의 특징이고, 3개의 침샘(귀밑샘, 혀밑샘, 턱밑샘), 특히 커다란 귀밑샘 역시 포유류만의 특징으로 다량의 침을 분비한다.

포유류는 무엇을 먹는가에 따라 식충동물(insectivore), 육식동물(carnivore), 잡식동물(omnivore), 초식동물(herbivore) 등으로 구분한다. 육식동물은 턱관절이 치아와 나란히 위치하기 때문에 고기를 자를 때 턱을 가위처럼 다물 수 있고, 측두근이 발달되어 있어서 먹잇감을 강력한 힘으로 재빨리 물어 꼼짝 못하게 만든 후 먹는다. 반면 초식동물은 턱관절이 치열보다 위에 위치하여 호두까기처럼 위와 아래 치아가 동시에 서로 잘 닿도록 하고, 교근이 크고 강력하여 어금니로 질긴 식물을 분쇄하거나 으깨어 먹는다. 그러나 포유류 대부분은 기회주의적 식단을 갖는다. 여우와 같은 육식동물은 먹이원이 고갈되면 열매나 곡물을 먹고, 초식동물인 소도 동물성 사료를 주면 먹으

며, 영장류, 돼지, 설치류, 곰 등은 원래 잡식성이다.

인두활
활처럼 굽은, 소화관·호흡기 역할 인두의 모태

모든 척추동물에는 소화관과 호흡기의 이중 역할을 하는 인두(咽頭, pharynx)가 있다. 곤충과 같은 무척추동물에서 나타나는 인두는 소화관 역할만을 한다. 척추동물의 인두는 배아시기에 발생하는 인두활에서 유래한다. 인두활(pharyngeal arch)은 활(궁弓, arch)처럼 굽은 모양이어서 이렇게 명명되었다. 인두활, 인두궁(咽頭弓), 인두굽이 등은 모두 같은 말이다.

인두활은 모든 척삭동물의 배아시기에 나타난다. 무척추 척삭동물의 인두활은 안팎이 뚫려 있어 인두열(咽頭裂, pharyngeal slit)이라고 하고, 어류에서는 아가미로 발달하므로 아가미활(branchial arch)이라고 한다. 양막류에서는 인두활에 틈(slit)이 생기지 않아 두툼한 막대 모양이며, 활과 활 사이가 움푹 파였다. 파인 부분은 인두고랑(인두홈, pharyngeal cleft, groove)이라고 한다. 인두고랑은 안쪽에서는 인두낭(咽頭囊, pharyngeal pouch)이 되고, 인두고랑과 인두낭은 맞붙어 인두막(咽頭膜, pharyngeal membrane)이 된다.

인두활의 개수는 종마다 다른데, 보통 6개이거나 그보다 많다. 사람 배아의 인두활은 좌우 5쌍이 나타난다. 인두활이 5개이므로, 인두고랑, 인두낭, 인두막은 각각 4쌍이 있게 된다. 인두활은 배아나이 4주초에 나타나기 시작해서 4~5주가 되면 5쌍이 뚜렷해진다. 인두활 5개는 입에서부터 아래쪽으로 첫째, 둘째, 셋째, 넷째, 여섯째인두활이라고 명명한다. 다섯째인두활은 흔적만 있고 여기에서 발달하는 구조물은 없다.

인두활은 외배엽, 중간엽, 내배엽으로 구성된다. 중간엽은 중배엽(축옆중배엽, 가쪽중배엽)과 신경능선세포에서 유래한다. 신경능선세포들은 머리에서 이주해 온 세포로, 뼈와 신경을 만들고, 본래 그 자리에 있던 중배엽에서는 근육과 진피를 만든다. 전형적인 인두활에는 다음 구조들이 포함된다.

(1) 인두활동맥(pharyngeal arch artery)

(2) 연골막대(cartilaginous rod)

(3) 근육성분

(4) 감각신경과 운동신경

인두활동맥은 인두활이 형성될 때마다 대동맥주머니(aortic sac)에서 자라 들어오는 동맥으로 대동맥활(대동맥궁, aortic arch)이라고도 한다. 인두활마다 뼈대를 형성하는 연골막대가 있고 각각의 고유한 동맥, 근육, 신경, 진피가 있어서, 동일한 인두활에서 유래한 구조들은 동일한 동맥과 신경의 지배를 받는다. 발생 과정에서 특정 인두활에 있던 근육세포가 다른 곳으로 이동하면 신경세포도 따라 이동하기 때문에, 첫째활에서 유래한 근육은 5번뇌신경(삼차신경, trigeminal nerve), 둘째활은 7번뇌신경(안면신경, 얼굴신경, facial nerve), 셋째활은 9번뇌신경(설인신경, 혀인두신경, glossopharyngeal nerve), 넷째와 여섯째활은 10번뇌신경(미주신경, vagus nerve)의 지배를 받는다.

첫째인두활은 인두활 중 가장 크며 위턱융기(maxillary process)와 아래턱융기(mandibular process)로 나뉜다. Process는 과정이라는 뜻이지만, 튀어나온 구조물을 지칭하는 용어이기도 하다. 이런 경우 돌기, 융기 등으로 번역하며, process 대신 prominence라는 용어를 사용하기도 한다. 위턱융기의 중간엽에서는 상악골(위턱뼈, maxilla), 관골(광대뼈, zygomatic bone), 측두골(관자뼈, temporal bone)의 비늘부분 등이 형성된다. 첫째활의 연골막대는 메켈연골(Meckel's cartilage)인데 아래턱융기에 있다. 메켈연골은 발생이 진행되면서 대부분이 퇴화하고 뒤쪽 끝부분만 남아 중이(中耳)의 망치뼈(malleus)와 모루뼈(incus)를 형성한다. 아래턱뼈(mandible)는 메켈연골을 둘러싸는 중간엽조직에서 형성된다.

첫째활에서 만들어지는 근육은 측두근(側頭筋, 관자근, temporalis muscle), 교근(咬筋, 깨물근, masseter muscle), 내익상근(內翼狀筋, 안쪽날개근, medial pterygoid muscle)으로 구성되는 저작근(咀嚼筋, 씹기근육, muscle of mastication)이다. 이들 근육은 모두 삼차신경(5번뇌신경)의 아래턱가지(mandibular branch of trigeminal nerve)의 신경지배를 받는다.

둘째활은 설궁(舌弓, hyoid arch)이라고도 한다. 설골(목뿔뼈, hyoid bone)을 만들기 때문이다. 유악어류에서 둘째활의 배쪽 부분은 설골을 만들고, 등쪽 부분은 설악(舌顎, 설골하악골, hyomandibula)을 만든다. 설악은 어류에서 두개골(내이가 있는 곳)에 위턱을 고정하는 커다란 막대 모양 뼈이다. 사지동물은 위턱이 두개골과 융합되기 때문에 설악은 등자뼈(stapes)가 된다. 포유류의 설골은 U자 모양의 작은 뼈인데, 가운데는 몸통이라 하고, 뒤쪽은 큰뿔, 몸통과 큰뿔 사이에서 약간 위로 튀어나온 부분은 작은뿔이라고 하며, 아래턱뼈의 약간 뒤쪽에 위치하면서 위쪽으로는 혀, 아래턱뼈와 근육으로 연결되고 아래쪽으로는 갑상연골과 근육으로 연결되어 있다.

둘째활의 연골은 라이커트연골(Reichert cartilage)이다. 연골 이름은 이를 발견한 독일 발생학자 라이헤르트(Karl Bogislaus Reichert, 1811~1883)의 이름에서 유래했다. 그는 인두활의 발생을 연구하여 포유류의 망치뼈와 모루뼈가 파충류와 조류의 관절뼈(acticular bone)와 방형골(方形骨, quadrate bone)에서 유래했다는 것을 밝혔다. 포유류의 라이커트연골에서는 등자뼈(stapes), 붓돌기(styloid process), 설골몸통의 윗부분과 작은뿔이 형성된다. 둘째활에서 만들어지는 근육은 얼굴표정근육(muscle of facial expression)이고, 이들 근육은 안면신경(7번뇌신경)의 지배를 받는다.

셋째활에서 뼈는 설골몸통의 아랫부분과 큰뿔이 만들어지고, 근육은 붓인두근(stylopharyngeus)이며 혀인두신경(9번뇌신경)의 지배를 받는다. 넷째활과 여섯째활의 연골 성분은 합쳐져 갑상연골(thyroid cartilage)을 비롯한 후두연골을 만들고, 넷째활의 근육은 윤상갑상근(반지방패근, cricothyroid muscle)과 인두수축근(constrictor of pharynx)이며 미주신경 위후두가지(superior pharyngeal branch of vagus nerve)의 지배를 받는다. 여섯째활의 근육은 후두내근(喉頭內筋, 후두속근육, intrinsic muscle of larynx)이며, 미주신경 되돌이후두가지(recurrent laryngeal branch of vagus nerve)의 지배를 받는다. 후두내근은 성대의 모양과 위치를 변화시켜 목소리를 만드는 근육들이다.

혀(설舌, tongue)는 아래턱뼈로 둘러싸인 입안 바닥부분에 위치하는 근육으로 이루어진 기관이다. 모든 척추동물은 혀를 가지고 있다. 어류의 혀는 뻣뻣하고 잘 움직이지 못하는 상태로 구강 바닥에 붙어 있는 반면, 사지동물의 혀는 튼튼하고 움직일 수가 있어서 입안에서 음식을 처리하여 인두로 내려보내고, 미각(味覺), 발성(發聲) 등의 기능을 한다.

포유류의 혀는 앞2/3와 뒤1/3로 나뉘는데, 앞부분은 혀몸통(설체舌體, body of tongue), 뒷부분은 설근(舌根, 혀뿌리, root of tongue)이라 한다. 배아발생에서 몸통은 첫째인두활에서 유래하며, 설근은 둘째, 셋째, 넷째인두활에서 유래한다. 그래서 혀 감각신경은 몸통에는 삼차신경이 분포하고, 설근에는 설인신경이 분포한다. 도롱뇽은 혀를 마치 끈에 매달린 총알처럼 발사해서 먹이를 끈적거리는 혀에 붙인 다음 쏠 때만큼이나 빠르게 혀를 회수하는데, 발사체 혀끝에 있는 작은 2개의 뼈는 포유류의 망치뼈와 모루뼈와 동일하게 첫째인두활에서 유래한다.

사람 배아에는 인두낭이 4쌍 있는데, 인두낭을 덮는 내배엽 상피에서 여러 기관이 발생한다. 첫째낭은 고실(鼓室, tympanic cavity)과 인두관(귀관, 유스타키오관, auditory tube)을 만들고, 둘째낭은 구개편도(목구멍편도, palatine tonsil), 셋째낭은 흉선(thymus)과 아래부갑상선(inferior parathyroid gland), 넷째낭은 위부갑상선(superior parathyroid gland)을 만든다.

인두고랑도 4쌍이 있는데, 둘째고랑만 외이도(external auditory meatus)를 형성하고 나머지는 사라진다. 경누공(頸瘻孔, 목샛길, cervical fistula)은 인두고랑이 사라지지 않고 출생 후에도 남아 있는 출생결함이다. 인두고랑과 인두낭이 맞붙어 형성되는 인두막도 4쌍이 있는데, 첫째막은 고막(tympanic membrane)으로 발달하고 나머지는 인두고랑이 사라지면서 같이 모두 없어진다. 인두고랑은 7주말까지 모두 소멸되어 목은 매끈하고 평탄한 모습이 된다.

사지
지느러미를 만들던 유전자가 사지를 만든다

모든 척추동물의 몸통은 원통형으로 생겼다. 어뢰(魚雷, torpedo)와 같은 원통형 물체는 물살을 뚫고 지나갈 때 불안정하고 흔들거리면서 예상치 못한 방향으로 회전하는 경향이 있어서 움직임을 안정시키려면 운동방향과 평행한 지느러미를 만드는데, 초기 척추동물은 체구가 커지고 헤엄칠 수 있게 되면서 몸통 지느러미를 발달시켰을 것이다. 현존하는 가장 원시적인 척추동물로 간주되는 먹장어와 칠성장어의 몸통에도 이런 지느러미가 있다.

사지동물(四肢動物, 네발동물, tetrapod)에는 양서류, 파충류, 조류, 포유류 등 네 그룹이 있는데, 모두 경골어류의 후손들이다. 어류 지느러미(fin)에 있는 뼈 가시(bony spine)는 진피에서 발생하고, 사지동물 사지(四肢)의 뼈(bone)는 연골에서 발생한다는 차이가 있지만, 전혀 새로운 구조는 아니고 지느러미를 만들던 유전자가 사지를 만들고 발가락을 새롭게 추가한 것이다.

현존하는 경골어류는 지느러미 모양을 기준으로 조기류와 육기류로 나눈다. 조기류(條鰭類)로 번역된 Actinopterygii(ray-finned fish)의 actino는 빛살(ray)을 의미하고 pteryx는 지느러미(날개, wing, fin)라는 뜻이다. 지느러미가 부챗살이 펼쳐진 것처럼 생겼다는 의미이다. 한자어 조기(條鰭)는 나뭇

가지(줄기[條])와 지느러미[鰭]를 의미한다. 조기류는 줄기지느러미 어류라고도 한다. 육기류(肉鰭類)로 번역된 Sarcopterygii(lobe-finned fish)의 sarx는 살(flesh)이라는 뜻이다. 지느러미에 근육이 있다는 의미이다. 한자어 육기(肉鰭)는 근육[肉]지느러미[鰭]라는 뜻이다. 지느러미가 나뭇잎처럼 생겨서 엽상(葉狀)지느러미 어류라고도 한다.

경골어류 지느러미의 뼈 가시를 대체한 사지 뼈가 나타난 시기는 데본기(4억~3억 6천만 년 전)이다. 데본기에 경골어류는 바다뿐만 아니라 여러 담수 종이 있을 정도로 다양했다. 그래서 데본기는 어류시대라고 불린다. 담수서식처는 물이 쉽게 증발하여 불안정하기 때문에 이곳에서 공기로 호흡을 하고 이동이 가능한 다양한 어류종이 나타나 육상생활에 적응한 것으로 보인다. 현존하는 말뚝망둥어는 육지에서 1~3일을 살 수 있고, 아프리카 폐어(肺魚, lungfish)는 물이 마르는 건조기에는 몸에서 점액질을 분비하여 고치를 만들고 그 안에서 공기호흡하면서 수개월 동안 머물 수 있다.

육지를 처음 걸었던 경골어류는 육기류였는데, 해안 습지에서 살면서 지느러미로 헤엄도 치고 물에 젖은 땅을 걸었을 것이다. 경골어류가 다리를 갖게 된 지 얼마 되지 않아 두 계통으로 나뉘었다. 하나는 물을 완전히 떠나지 못한 양서류(兩棲類, amphibian)가 되었고, 다른 하나는 물을 완전히 떠날 수 있는 양막류(羊膜類, amniote)가 되었다. 양서류에 속하는 도롱뇽은 몸을 좌우 옆으로 구부리는 동작으로 걸어 다니는데, 어류의 동작인 몸을 좌우로 구부리는 것과 사지의 움직임을 결합시켜 이동하는 것이다. 아마 초기 사지동물이 이렇게 걸었을 것이다.

사지동물이 육상에 적응하는 데에는 사지보다는 폐와 심장의 변화가 더욱 중요했다. 혈액순환이 폐순환과 체순환으로 분리되는 이중순환(double circulation)이 되고 공기호흡하는 폐를 형성한 것이 결정적이었다. 어류는 아가미로 보내는 혈액이나 몸통으로 보내는 혈액의 압력이 동일하지만, 육상동물은 폐로 가는 혈액은 몸통으로 보내는 혈액보다 압력이 낮아야 한다. 폐의 모세혈관은 공기와 접해 있어 압력이 높으면 터져버리기 때문이다.

수중동물은 부력이 작용하기 때문에 몸통을 옆으로 흔드는 것만으로도 이동이 가능하다. 그러나 공기는 물보다 밀도가 800배 낮아 이 같은 부력이 작용하지 않으므로, 움직이려면 스스로 에너지를 더 많이 투자해야 한다. 그래서 골격과 근육은 더 단단해지는 방향으로 진화하게 된다. 또 어류는 입을 벌리기만 해도 흡입이 일어나 먹이가 입안으로 들어가지만, 지상에서는 그런 전략이 불가능하기 때문에 먹이를 입으로 직접 잡아야 한다. 두개골은 뼈들이 융합되면서 강력해지고, 주둥이는 좀 더 앞으로 나오면서 먹이를 턱과 치아로 꽉 잡을 수 있게 되었다. 목이 생기면서 정지한 상태에서 먹이를 탐색할 수도 있게 되었다.

사지동물이 육상에서 이동하려면 어류처럼 파닥거리는 동작만으로는 불가능하다. 사지와 연결된 대(帶, girdle)가 발달해야 하는데, 견대(肩帶, pectoral girdle)는 근육으로 척추와 연결되고, 요대(腰帶, pelvic girdle)는 관절로 척추와 연결되어 뒷다리의 힘을 척추에 전달한다. 사지의 무릎관절 면도 커져 사지가 체중을 지탱할 뿐만 아니라 다리근육에서 발생하는 힘을 몸통에 효과적으로 전달할 수 있게 되었다. 뒷다리 무릎에서는 두 인대가 서로 교차하는 십자인대가 발달했는데, 십자인대는 2개의 팽팽한 고무 밴드와 같은 역할을 하면서 무릎을 어느 정도는 비틀 수 있지만 무릎이 지나치게 많이 돌아가지 않도록 죄어준다.

　사지는 조류에서는 날개로 변형되었고, 고래에서는 다시 지느러미가 되었으며, 영장류에서는 팔이 되었고, 일부 파충류는 사지가 없어졌다. 사지는 이렇게 여러 모양으로 변형되었지만, 개구리 다리부터 새의 날개, 고래 지느러미, 돼지 다리, 사람 팔다리까지 모두 비슷한 골격배열을 하고 있다. 견대와 요대에서 팔다리가 시작되는 곳에 1개의 장골(長骨)이 있고, 다음에는 2개의 장골, 손발목뼈와 손발가락뼈가 순차적으로 있다. 크기, 모양, 숫자는 종마다 다르지만, 모두 '장골 1개-장골 2개-작은 손발목뼈들-손발가락뼈'라는 배열은 같다. 손발가락은 5개를 넘는 경우가 드물기 때문에 오지(五指, pentadactyl)라고 한다.

　사지동물이 네 다리를 모두 이동에 사용하면 사족보행(四足

步行, quadrupedalism)이라 하고, 두 다리만 사용하면 이족보행(二足步行, bipedalism)이라 한다. 조룡류(공룡, 악어, 조류)와 인간이 이족보행을 한다. 이족보행 중 척추를 위로 꼿꼿이 세우고 두 발을 교대로 내딛는 방식을 직립이족보행(直立二足步行, erect bipedalism)이라고 해서 인류를 규정하는 특징으로 간주하지만, 펭귄도 그렇게 걷는다.

대부분의 포유류와 조류는 발목이 땅에서 들린 채 발가락으로 서 있는 지행(趾行, digitigrade)을 한다. 지(趾)는 발가락을 뜻하고, digit는 손가락 혹은 발가락을 뜻하며, grade는 걷다(walk)라는 의미이다. 사람이 까치발을 하고 걸으면 지행이 된다. 지행의 극단은 발굽으로 걷는 것으로, 유제류(有蹄類, ungulate)의 보행이다. 발굽이란 초식동물의 크고 단단한 발톱인데, 이것으로 보행하면 보폭이 커진다. 발굽이 2개 짝수면 우제류(偶蹄類, artiodactyl), 1개 홀수면 기제류(奇蹄類, perissodactyl)라고 한다. 우(偶, artio)는 짝수, 기(奇, perisso)는 홀수, 제(蹄, ungulate)는 발톱을 의미하고, dactyl은 발가락을 뜻한다. 소와 양을 비롯한 모든 반추동물과 돼지는 우제류에, 말은 기제류에 속한다. 우제류의 발굽 2개는 사람 발가락의 세 번째와 네 번째에 해당하고, 기제류의 발굽은 세 번째에 해당한다. 최초의 말은 신생대 제3기 에오세(5,600만 년 전)에 나타나 현재까지 여러 종(種)이 나타났다가 사라졌다. 멸종한 종들은 체구가 작고 발가락은 4개가 있었지만, 체구는 점차 커지고 발가락 수는 감소했다. 발가락 수가 감소하면서 가운데 발가락이 두드러지게 커졌고, 결국 이것만 남게 되었다.

영장류는 종골(踵骨, 발꿈치뼈, calcaneus)이 발 뒤에서 발뒤꿈치(heel)를 형성하는 척행(蹠行, plantigrade)을 한다. 척(蹠)은 '밟다'라는 뜻인데 발바닥(planta)이라는 의미로 사용되었다. 척행에서는 종골, 중족골(中足骨, 발허리뼈, metatarsal bone), 지골(趾骨, 발가락뼈, phalanx)이 동시에 땅에 닿았다가 종골과 중족골이 발가락으로부터 둥근 원을 그리며 위로 올라가기 때문에 몸도 같이 올라갔다 내려갔다 하면서 성큼성큼 걷는다.

내온성
조류와 포유류에서 독립적으로 진화한 상사성(相似性)

초창기 사지동물이 겪은 난관 중 하나는 온도의 급격한 변동이었다. 물은 열관성(thermal inertia)이 있어서 온도변화가 급격하지 않지만, 대기는 온도가 급격히 변한다. 그래서 어류는 적당한 환경을 찾으면 그곳에 장기간 머물면 되지만, 사지동물은 밤낮 온도변화에 따라 음지(陰地), 양지(陽地), 지하(地下), 수중(水中) 등으로 이동해야 한다.

환경이 변할 때 생명체는 그대로 순응(順應)하는 경우도 있고, 자신내부를 일정하게 유지하는 조절시스템을 만들어 적응하는 경우도 있다. 동물 중에서 외부온도와 관계없이 체온을 일정하게 유지하는 조절자(regulator)는 내온동물이라고 하고, 주변온도에 따라 체온도 변하는 순응자(conformer)는 외온동물이라고 한다. 전체 생물을 통틀어 내온동물만이 조절자이고, 외온동물, 원핵생물, 진균, 식물 등 다른 모든 생물은 순응자이다.

내온동물(內溫動物, endotherm), 항온동물(恒溫動物, homeotherm), 온혈동물(溫血動物, warm-blooded animal) 등은 모두 같은 말이다. 이 말들과 상대되는 개념은 각각 외온동물(外溫動物, ectotherm), 변온동물(變溫動物, poikilotherm), 냉혈동물(冷血動物, cold-blooded animal) 등이며, 역시 모두 같은 의미이다.

외부환경이 변하더라도 개체의 상태를 일정하게 유지하려는 것을 항상성(恒常性, homeostasis)이라고 하는데, 항온성(恒溫性, homeothermy)은 한 예이다. 항상성이란 체온이나 혈당 등 생리현상을 특정 기준점(set point) 근처로 유지하여 생명체가 자신의 내적환경을 유지하는 것으로 생명의 기본 속성이어서, 외온동물이 항상성이 없고 내온동물은 항상성이 있다기보다는 내온동물이 외온동물에 비해 항상성이 크다는 의미이다.

내온성은 벌과 같은 곤충에서 먼저 나타났다. 이들은 비행 근육활동으로 열을 생산하는 조건적 내온성(facultative endothermy)이다. 이는 많은 동물에서 나타나는 현상으로, 우리가 추울 때 오한이 드는 떨림(shivering)도 근육활동으로 열을 발생시키는 것이다. 외온동물로 분류되는 어류도 헤엄칠 때 근육 활동으로 열을 생산한다. 그러나 완전한 형태의 내온성은 중생대에 포유류와 조류에서 각각 독립적으로 진화했다. 최초의 포유류는 중생대 트리아스기(2억 1천만 년 전)에 출현했고, 최초의 조류인 시조새(始祖새, Archaeopteryx)는 중생대 쥐라기(1억 4천만 년 전)에 나타났는데, 백악기 말(6,600만 년 전)에 공룡이 모두 사라진 이후 신생대에 확산되고 다양화되었다.

내온동물(조류와 포유류)은 체온을 보통 36~42°C의 범위에서 유지한다. 이는 환경보다 높은 온도이다. 체온은 조류가 포유류보다 높고, 같은 그룹에서는 체구가 작을수록 높다. 내온동물은 덥거나 추운 계절에 관계없이 체온이 안정되어 있어 효소들이 보다 효율적으로 작용하고 화학반응이 빠르기 때문에 생존력이 좋아 어디에서나 우점종이 될 가능성이 높다. 외온동물과 내온동물의 차이는 기온이 내려갈 때 두드러진다. 거북이를 예로 들면, 여름에는 빨리 달리지만 추운 겨울에는 매우 느리다.

동물의 체온은 스스로 발생하는 것과 외부에서 주어지는 것이 있다. 외부에서 주어지는 것으로는 태양열과 지열 등이 있는데, 내온동물이라고 하더라도 외부에서 주어지는 열을 활용한다. 내온동물이 자체적으로 생산하는 열은 대부분 내장(심장, 폐, 신장, 간)의 물질대사 결과로 발생하는 부산물이다. 마치 기계가 작동하면서 열이 발생하는 것과 동일한 원리이다.

내온동물은 대사활동이 활발한 만큼 같은 체구의 외온동물에 비해 10배가량 많은 에너지를 소모한다. 내온동물의 순환계는 외온동물보다 10배의 영양분과 산소를 조직에 공급해야 하고 10배만큼의 CO_2와 노폐물을 제거해야 한다. 이러한 대량유통은 심장이 커지고 폐순환과 체순환을 완전히 분리하여 혈압을 높이면서 가능해졌다. 내온동물의 음식섭취량도 외온동물에 비해 훨씬 많다. 포유류는 같은 크기의 파충류의 10배 정도를 먹어야 한다. 크로커다일은 누(gnu) 한 마리를 먹으면 1년 동안 아무것도 먹지 않고 버틸 수 있지만, 호랑이는 2~3주에 한 번은 잘 먹어야 하고, 땃쥐는 5시간 동안 먹지 못하면 죽는다.

포유류와 조류는 단궁류와 이궁류라는 서로 다른 조상에서 진화했지만 내온성을 발달시켰다. 사실 조류와 포유류는 많은 점이 닮았다. 생명체 사이의 유사성에는 상동(相同, homology)과 상사(相似, analogy) 두 유형이 있다. 상동구조는 공통조상으로부터 유래한 것이고, 상사구조는 자연선택 압력으로 두 구조가 수렴해서 동일한 기능을 하는 것이다. 상동구조는 발생 과정이 비슷하지만, 상사구조는 발생 과정이 다르다. 상사구조는 수렴진화의 결과인데, 조류와 포유류는 그런 공통점이 많다. 조류와 포유류는 사회집단 생활을 하고 자녀양육을 한다는 점도 닮았고, 심장은 2심방 2심실 구조를 하고 있고, 피하지방도 조류와 포유류에만 있다. 단열구조인 털과 깃털로 열 유출을 조절한다는 점도 다른 동물에는 없는 특징이다.

모든 동물은 과잉에너지를 지방으로 저장하는데, 보관 위치는 종마다 다르다. 무척추동물, 양서류, 파충류는 복강(腹腔)에 지방을 저장하며, 조류와 포유류는 복강뿐만 아니라 피하(皮下)에도 저장한다. 지방조직에는 백색지방(white fat)과 갈색지방(brown fat)이 있는데, 에너지를 저장하는 조직은 모두 백색지방이다. 보통 지방조직이라고 하면 백색지방조직을 말한다. 갈색지방조직은 미토콘드리아 에너지대사가 활발하기 때문에 혈관과 철분이 많아 갈색으로 보인다. 백색지방은 에너지를 저장하는 조직이지만, 갈색지방은 반대로 에너지를 소비하는 조직이다. 갈색지방은 포유류에만 있다. 특히 갓 태어난 새끼와 동면하는 포유류에게 많다. 양(羊) 신생아는 출생 직후 체온이 $4.5°C$ 떨어지는데, 갈색지방에서 열을 발생시켜 신생아의 생존을 가능하게 한다. 동면동물의 갈색지방은 가을에 증가하여 동면에 들어가기 직전이 가장 많고, 동면에서 깨어날 때 활성화되어 체온을 올린다.

더운 것도 추운 것만큼 위험요소인데, 내온동물은 열을 발산하는 능력도 발달했다. 물질의 열전달 방식에는 다음 세 가지가 있다.

(1) 전도(傳導, conduction)

(2) 대류(對流, convection)

(3) 복사(輻射, radiation)

피부로 혈액순환을 증가시키는 것은 복사나 전도를 통해 열을 제거하는 것이고, 피부혈관이 수축하는 것은 반대로 열을 보존하기 위한 것이다. 전도는 직접적인 접촉으로 열 교환이 일어나는 것으로, 물을 통한 열전달은 공기에 비해 50~100배 빠르기 때문에 고래와 같은 해양포유류는 두꺼운 단열성 피하지방을 발달시켜 열전달을 차단한다.

생물은 열전달을 전도, 대류, 복사에만 의존하지 않고 증발(蒸發, evaporation)도 발달시켰다. 증발은 액체 표면에서 물을 기체로 전환하여 열을 제거하는 것이다. 헐떡거림(panting)과 땀(sweat)이 대표적이다. 땀샘(sweat gland)에는 에크린샘(eccrine gland)과 아포크린샘(apocrine gland) 두 종류가 있다. 사람은 에크린샘이 아포크린샘에 비해 훨씬 많고 에크린샘에서 나오는 땀으로 체온을 조절한다. 그런데 이런 포유류는 드물어 인간 외에 말, 원숭이, 유인원 등만이 에크린샘을 체온조절 용도로 사용한다.

땀샘은 포유류에만 있고 조류에는 없다. 만일 조류가 땀을 흘려 깃털이 젖기라도 한다면 날기 어려웠을 것이다. 포유류도 털이 많은 종은 땀으로 체온을 조절하는 것이 비효율적이다. 체온조절을 위한 증발은 땀 배출보다는 헐떡거림이 보편적이다. 포유류도 체구가 작을수록 헐떡거림에 더욱 의존한다. 비둘기의 헐떡거림은 입에 있는 혈관주머니를 떨어 증발시키는 방식으로 환경온도 $60°C$에서도 체온을 $40°C$로 유지한다.

유방
유방은 땀샘에서 진화

포유류(哺乳類, mammal)는 젖을 먹이는 동물이다. Mammal이란 명칭은 스웨덴 생물학자 린네(Carl von Linné, 1707~1778)가 젖가슴을 의미하는 라틴어 mamma에서 만들었는데, 암컷의 특성에서 이름을 만든 것은 당시에는 매우 드문 일이었다. 현재 포유류는 다음 세 그룹으로 나뉜다.

(1) 단공류(單孔類, monotreme)
(2) 유대류(有袋類, marsupial)
(3) 진수류(眞獸類, eutherian)

단공류란 하나(mono)의 구멍(trema)이라는 뜻으로, 단공류는 대변, 소변, 생식세포를 하나의 구멍으로 내보낸다. 단공류 암컷은 알을 낳고, 알에서 부화한 새끼는 어미의 복부피부에서 분비되는 젖을 핥아먹는다. 유대류로 번역된 marsupial은 주머니(pouch)라는 뜻의 그리스어 marsupium에서 만들어진 용어로, 한자 대(袋)도 같은 의미이다. 유대류는 태반이 있기는 하지만 불완전하여, 새끼는 완전히 성숙되지 않은 채로 태어나 육아낭(marsupium)에서 젖을 먹고 자란다. 진수류란 진짜(eu) 짐승(therion)이라는 뜻이며, 태반류와 거의 같은 의미이다. 진수류(태반류)만이 자궁에서 배아발생을 완결한다. 유대류와 태반류는 묶어서 수아강(獸亞綱, subclass Theria)이라고 하는데, 태반이 있고, 태생이며, 젖을 분비하는 젖꼭지를 가진다는 공통점이 있다.

　단공류, 유대류, 태반류의 유선(乳腺, 젖샘, mammary gland) 자체는 구조가 비슷하다. 젖꼭지가 없는 단공류도 기본적인 구조는 동일하다. 태반류는 영장류를 제외하고 모두 유두조(乳頭槽, teat cistern)가 있다. 젖샘관(mammary duct)에서 생산된 젖이 유두조에 모였다가 젖꼭지로 나간다. 젖소의 유두조는 100~400cc 정도의 우유를 보관할 수 있다. 젖소에서는 빈 젖통 무게만 해도 25kg이고 가득 찬 젖통은 50kg에 달하므로 강한 젖통의 인대가 골반뼈에 직접 붙어 있다. 유두조가 없는 영장류의 유방조직은 가볍기 때문에 가슴근육에 붙어 있다. 고릴라와 침팬지 암컷은 오로지 수유기간에만 유방이 부풀지만, 인간은 계속 부풀어 있고 유두는 성적으로 흥분하면 유두 내의 불수의근이 수축하여 발기반응도 나타난다.

　젖샘은 아포크린샘(apocrine gland)에서 진화했다. 포유류에 존재하는 두 종류의 땀샘(sweat gland) 중 사람은 에크린샘이 훨씬 많지만 대부분의 포유류는 아포크린샘이 훨씬 많다. 아포크린샘에서 분비되는 땀은 에크린샘에 비해 지방이 많고 점액질이어서 향이 강한 페로몬의 기능을 한다. 아포크린샘의 분비물은 피지선(皮脂腺, sebaceous gland)의 분비물과 함께 모공(毛孔, hair follicle)을 통해 나온다. 털에는 입모근(立毛筋, 털세움근,

arrector pili muscle)이라는 근육이 있어 털을 움직이게 하는데, 이 근육은 아포크린샘과 피지선의 분비에도 작용한다. 단공류인 오리너구리의 젖샘에서 나오는 젖이 아포크린샘과 마찬가지로 모공을 통해 털을 따라 나온다. 유대류 코알라는 젖꼭지가 발생할 때 털이 나 있으며, 캥거루는 털이 빠진 자리에 젖꼭지가 생긴다.

인간에서 젖샘의 발생은 배아나이 4주에 겨드랑이와 서혜부(鼠蹊部, 사타구니, inguinal region)를 잇는 좌우 두 선상의 외배엽이 두꺼워진 젖능선(mammary ridge)에서 시작한다. 5주에는 젖능선을 따라 젖싹(mammary bud)이 나타나고, 12~16주에는 젖샘관이 발달하고 장차 분비꽈리(secretary alveoli)로 분화될 조직이 증식한다. 출생 전까지 15~19개의 젖샘관이 형성되고, 각각의 관은 젖꼭지에 개별적인 출구를 갖는다. 신생아의 정상적인 젖과 젖꼭지는 가슴에 있는데, 젖능선을 따라 젖꼭지가 추가로 나타날 수 있다. 여성의 2~6%에서 겨드랑이에도 젖샘조직이 있다. 이를 부유방(副乳房, accessory breast) 혹은 다유방증(多乳房症, 유방과다증, polymastia)이라고 한다.

젖샘꽈리는 11세 사춘기 이후 젖샘이 성숙하고 지방과 섬유조직이 축적되면서 빠르게 성장하여 19세에 완전히 성숙한다. 유방의 크기는 대체로 젖을 만드는 젖샘 자체의 크기보다는 지방과 섬유조직의 양에 의해 정해지기 때문에 수유능력과는 상관이 없다. 남성의 젖샘관은 평생 동안 흔적상태로 남아 있다.

영장류
최초의 호모속은 200만 년 전의 호모 하빌리스

영장목(靈長目, order Primates)은 태반류(胎盤類, infraclass Placentalia)에 속하는 18~20가지 목(目, order) 중 하나이다. 영장류(靈長類)를 의미하는 primate는 첫째(prime)를 의미하는 라틴어 primus에서 유래했다. 린네가 인간과 원숭이를 하나의 목으로 분류하면서 동물 중에서 가장 높이 있다는 의미로 이렇게 명명했다. 한자어로 영장(靈長)이란 '영묘한 힘을 가진 우두머리'라는 뜻으로 '인간은 만물의 영장'이라는 표현과 같이 본래 인간을 가리키는 말이었는데, primate의 번역어로 채택되었다.

중세 영어에서 사람이 아닌 영장류를 의미하는 단어는 ape였는데, 16세기 중엽 monkey란 단어가 영어권에 들어오면서 ape는 꼬리 없는 영장류, monkey는 꼬리 달린 영장류를 의미하게 되었지만 서로 혼용된다. 우리말 원숭이는 원(猿, 원숭이)과 성(猩, 성성이)이 합해진 원성(猿猩)에서 유래했다. 성성(猩猩)은 중국 고전 《산해경(山海經)》에 처음 등장하는 동물로 '형상은 마치 원숭이와 같으며 사람처럼 걸어 다닌다'고 했는데, 한자문화권에서 성성이는 '인간형 동물'을 의미했다. 현대 중국에서는 침팬지를 흑성성(黑猩猩), 보노보를 왜성성(倭猩猩), 고릴라를 대성성(大猩猩), 오랑우탄을 홍성성(紅猩猩)이라고 한다.

영장류는 7천만 년 전에 출현했다. 영장류는 팔과 다리가 분화되어 다리로 걷고 팔은 사물을 쥐거나 조작하는 데 사용한다. 발톱은 다른 포유류처럼 날카롭지 않고 평평하다. 다른 포유류에 비해 뇌가 크고 턱이 짧아 안면이 평평하다. 두 눈은 안면 앞면에 서로 가까이 위치하여 시야가 전방을 향해 있기에, 양쪽 눈으로 사물을 볼 수 있고 원근감이 좋아져 물건을 손으로 세심하게 다룰 수 있다.

현재 영장류에는 400~500종(種, species)이 있다. 현대 영어에서 여전히 monkey와 ape는 혼용되지만, 보통 원숭이(monkey)는 영장류에 속하는 동물을 총칭하거나 꼬리 달린 영장류 등의 의미로 사용되고, 꼬리 없는 원숭이는 유인원(類人猿, ape)으로 분류한다. 한자어 유인원(類人猿)은 '사람을 닮은 원숭이'라는 뜻이다.

유인원은 생물분류계급으로는 사람상과(superfamily Hominoidea)로 분류한다. Hominoidea(homonoid)는 homo(인간)와 oideus(닮은)가 합해진 용어이다. 꼬리 없는 원숭이, 유인원, ape, homonoid, hominoidea는 모두 같은 말이다. 유인원(사람상과)에는 현재 다음 두 가지 과(科, family)가 있다.

(1) 긴팔원숭이과(family Hylobatidae)

(2) 사람과(family Hominidae)

유인원을 체구의 크기를 기준으로 소형유인원(lesser ape)과 대형유인원(great ape)으로 나눈다. 소형유인원은 긴팔원숭이, 대형유인원은 사람과를 말한다. 긴팔원숭이과에 속하는 유인원은 기번(gibbon)이다. 기번은 꼬리가 없어 지금은 원숭이보다는 유인원으로 분류하지만 팔이 유난히 길어 일본어로 gibbon을 번역할 때 手長猿(수장원)이라고 했고, 이것을 우리말로 옮기면 긴팔원숭이가 된다. 불교 경전에는 원후(猿猴)라고 나오는 긴팔원숭이는 고대 중국 왕후들이 기르기도 했다. 사람과(호미니드)에는 다음 네 가지 속(屬, genus)이 있다.

(1) 오랑우탄(genus Pongo)
(2) 고릴라(genus Gorilla)
(3) 침팬지(genus Pan)
(4) 사람(genus Homo)

사람을 포함하여 사람과 가까운 종을 명명할 때, 다음과 같은 용어들이 사용된다.

Hominoidea

Hominidae(hominid)

Homininae

Hominini(hominin)

Hominina

Homo

동물계급의 명명법에서 -oidea는 상과(上科, superfamily), -idae는 과(科, family), -inae는 아과(亞科, subfamily), -ini는 족(族, tribe), -ina는 아족(亞族, subtribe)에 붙는 접미어이다. 그래서 Hominoidea는 사람상과(유인원), Hominidae(hominid, 호미니드)는 사람과(대형유인원), Homininae는 사람아과, Hominini(hominin, 호미닌)는 사람족, Hominina는 사람아족, Homo는 사람속을 의미한다.

인간을 포함하는 종(species)과 속(genus)의 상위계급인 과(family)는 1825년 존 에드워드 그레이(John Edward Gray, 1800~1875)가 Hominidae로 명명하고, 속(genus)의 상위면서 과(family)의 하위에 위치하는 계급으로 족(族, tribe) 개념을 도입해서 Hominini(hominins, 사람족)를 만들고 침팬지속(Pan)과 사람속(Homo)을 배치했다. 그러나 현재 호미닌이란 개념은 그레이가 처음 정의했던 것보다는 침팬지와 인간이 갈라지기 시작한 이후 직립보행을 특징으로 하면서 사람과 가까운 종을 포괄하는 의미로 사용되고 있다. 그래서 호미닌에서 침팬지는 제외된다.

인간에 대한 명명법은 린네가 1758년에 Homo sapiens라고 명명하면서 시작되었는데, 당시 사람속(호모속, genus Homo)에는 호모 사피엔스 1종만 있었다. 1864년에는 Homo로 분류되게 된 화석이 처음 발견되어 호모 네안데르탈렌시스(Homo neanderthalensis)로 명명되었다. 독일 네안데르탈 계곡에서 발견되었기 때문에 이런 이름이 붙었다. 이후 Homo와 Pan(침팬지) 사이의 잃어버린 고리(missing link)에 해당하는 화석을 찾는 연구가 활발해졌는데, 호주 고고학자 레이먼드 다트(Raymond Dart, 1893~1988)는 Homo나 Pan으로 분류하기 어려운 화석을 발굴하고 남쪽을 의미하는 australis와 유인원(ape)을 의미하는 pithekos를 합해 오스트랄로피테쿠스(Australopithecus)라는 속(genus)명을 새로 만들었다. 이후 파란트로푸스, 아르디피테쿠스, 사헬란트로푸스 등의 새로운 속명으로 명명된 화석들이 발굴되었다.

현재 20여 종의 화석이 호미닌으로 분류되는데, 가장 오래전 살았던 최초의 호미닌은 700만 년 전의 사헬란트로푸스 차덴시스(Sahelanthropus tchadensis)이고, 직립보행에 대한 직접적인 증거인 발자국 화석을 최초로 남긴 호미닌은 360만 년 전에 살았던 '루시(Lucy)'라고 불리는 오스트랄로피테쿠스 아파렌시스(Australopithecus afarensis)이다.

호모(Homo)속에서 가장 오래전에 살았던 종은 200만 년 전의 호모 하빌리스(Homo habilis)이다. 호모 하빌리스는 '손재주가 있는'이라는 뜻으로, 이들은 돌을 서로 부딪쳐 날카로운 도구를 제작하는 문화적 혁신을 이루었다. 이것이 가장 오래된 석기문화인 올도완 문화(Oldowan culture)이다. 구석기시대(舊石器時代, Paleolithic Age)에 해당한다. 올도완이란 명칭은 호모 하빌리스 화석과 돌을 깨서 만든 타제석기(뗀석기)가 발견된 탄자니아의 올두바이 협곡(Olduvai Gorge)에서 유래했다.

호미닌은 아프리카에서 출현했으며, 아프리카를 떠나 다른 대륙으로 이동했던 최초의 호미닌은 160만 년 전에 출현한 호모 에렉투스(Homo erectus)이다. 이들은 인도네시아 군도까지 이동했다. 호모 에렉투스는 이름이 의미하는 것처럼 똑바로 서서 두 발로 걸었으며, 덩치도 호모 사피엔스와 비슷했다. 주먹도끼를 만든 아슐리안 문화(Acheulean culture)를 이루었던 호모 에렉투스는 불을 사용했으며 나무와 돌로 집을 짓고 마을을 이루며 살았다. 아슐리안이란 명칭은 주먹도끼가 처음 발견된 프랑스 아미앵의 생타쇨(Saint-Acheul)에서 유래했다. 이 주먹도끼는 한쪽은 둥글게 다듬고, 반대쪽은 뾰족하게 날을 세운 좌우대칭의 타제석기이다. 우리나라에서는 아슐리안형 주먹도끼가 1978년 동두천에 근무하던 미군 병사 그레그 보엔(Greg Bowen)에 의해 연천 전곡리 한탄강 변에서 발견되었다.

호모속 중에서 인간과 가장 가까운 종은 35만 년 전 유럽에 살았던 네안데르탈인이다. 이들의 뇌는 호모 사피엔스보다 더 컸고 골격과 근육이 발달했다. 이들이 창조한 문화는 유적이 많이 발견된 프랑스 르무스티에의 이름을 따서 무스테리안 문화(Mousterian culture)라고 부른다. 이곳에서는 창날, 화살촉, 뼈와 나무로 만든 연장 등이 발견되었다. 이들에게는 사자(死者)를 땅에 묻는 문화가 있었다. 호모 사피엔스와 네안데르탈인은 이종교배를 했던 것으로 보이며, 현재 유라시아 사람들

유전체의 1~4%는 이들에게서 온 것으로 추정된다.

이들 외에도 호모 에르가스테르, 호모 플로레시엔시스 등이 있었지만, 1만 2천 년 전 이전에 모두 멸종했고 현재는 20만 년 전에 출현한 호모 사피엔스만 남았다. 1987년 미국 생화학자 앨런 윌슨(Allan Wilson)은 분자시계(molecular clock)를 이용하여 인류의 조상을 추적하기 위해 다섯 대륙에서 골고루 뽑은 145명의 미토콘드리아DNA를 비교 연구했는데, 145명 모두 20만 년 전에 아프리카에 살았던 한 여성의 후손이라는 결론이 나왔다. 이 여성은 미토콘드리아 이브라고 불린다. 또 다른 연구자들은 부계로만 전달되는 Y염색체를 이용한 분자시계 연구방법으로 현생 인류의 남성조상을 추적했는데, 미토콘드리아 이브와 비슷한 시기에 살았을 것으로 추정되었다. 이 남성은 Y염색체 아담으로 불린다.

뇌
대뇌는 조류와 포유류 두 유형이 별개로 진화

신경계는 동물이 외부환경을 감지(感知)하고 반응하는 시스템인데, 신경세포로 구성된다. 신경세포(nerve cell)와 뉴런(neuron)은 같은 말이다. 뉴런에는 다음 세 종류가 있다.

(1) 감각뉴런(sensory neuron)

(2) 운동뉴런(motor neuron)

(3) 중간뉴런(inter-neuron)

중간뉴런은 감각뉴런과 운동뉴런 사이에서 네트워크를 만들어 정보를 분석하고 처리한다. 중간뉴런들이 모여 있는 것을 중추신경이라고 하고, 감각뉴런과 운동뉴런은 말초신경이 된다. 뉴런과 뉴런 사이의 정보전달은 시냅스(synapse)의 신경전달물질에 의해 이루어진다.

가장 단순한 신경계는 자포동물의 신경망(nerve net)이다. 중추신경계가 없는 산만신경계이고, 시냅스는 일반적인 시냅스와 다르게 시냅스 양쪽에서 신경전달물질이 나와 자극이 양방향으로 전달된다. 중추신경은 좌우대칭동물에서 나타나며, 시냅스 한쪽에서만 신경전달물질이 나오기 때문에 신경계의 정보전달은 한 방향으로만 이루어진다.

모든 척삭동물의 배아에서는 척삭의 등쪽에 있는 외배엽에서 형성되는 신경관이 중추신경계를 만든다. 척삭동물문 미삭동물아문(尾索動物亞門, Urochordata)에 속하는 멍게는 유충일 때는 신경계, 눈, 꼬리를 갖고 있으며 마치 올챙이와 같이 바다를 헤엄쳐 다니지만, 성체가 되면 바다 바닥에 뿌리를 내리고 지나가는 플랑크톤을 먹고 산다. 지능이 거의 필요 없는 삶이다. 멍게는 어디서 성체의 삶을 살지 선택하고 나면 변태를 겪으며 눈과 신경계가 퇴화되어 없어진다.

사람은 배아나이 18일에 외배엽의 일부가 신경판(neural plate)을 형성한 다음, 신경고랑(neural groove)과 신경주름(neural fold)이 생긴다. 신경주름은 배아의 머리쪽에서 뚜렷해지는데, 이것이 뇌발생의 첫 징후이다. 좌우 양쪽의 신경주름은 융합하여 빨대 같은 신경관(neural tube)을 만든다. 초기의 신경관은 위아래가 양수(羊水)와 연결된 상태로 열려 있지만, 점차 위(머리)와 아래(꼬리) 양방향으로 지퍼를 채우듯 닫히는데, 25일에 머리쪽이 닫히고, 28일까지는 꼬리쪽도 닫힌다.

배아나이 18일에 신경관이 형성되기 시작하여 28일에 신경관의 꼬리쪽 신경구멍이 막히기까지의 과정을 신경배형성(neurulation)이라고 한다. 신경판과 신경관의 머리쪽 2/3 부분은 뇌로 발달하고, 꼬리쪽 1/3은 척수로 발달한다. 신경관은 완전히 폐쇄된 관 모양이 되어야 하는데, 만약 머리쪽이 닫히지 않으면 무뇌증(無腦症, anencephaly)이 되고, 꼬리쪽이 닫히지 않으면 척추갈림증(spina bifida)이 된다. 무뇌증은 뇌가 없는 상태로, 대부분 배아단계에서 죽는다. 척추갈림증도 심하면 배아단계에서 죽지만, 심하지 않은 경우에는 생존해서 태어나기도 한다.

배아나이 4주말(28일)에 신경관의 머리쪽 끝에 3개의 소포(小胞, vesicle)가 나타나면서 다음 세 부분으로 분절화된다. Fore(proso), mid(mesos), hind는 각각 전(前), 중(中), 후(後)를, brain(encephalon)은 뇌를 의미한다.

(1) 전뇌(前腦, forebrain, prosencephalon)

(2) 중뇌(中腦, midbrain, mesencephalon)

(3) 후뇌(後腦, hindbrain)

후뇌는 마름모 모양으로 분절(rhombomere)이 되기 때문에 능형뇌(菱形腦, 마름뇌, rhombencephalon)라고도 한다. 척추동물의 뇌에서 후뇌는 중추신경계 진화에서 가장 초기에 나타난 부분이다. 모든 후뇌는 마름모 분절을 하고 있으며 절지동물의 뇌(arthropod brain)와 상동기관이다.

척추동물의 뇌는 종에 따라 전뇌-중뇌-후뇌의 상대적인 크기가 다르지만, 전뇌-중뇌-후뇌로 나뉘는 것은 모두 동일하다. 뇌가 두개골에 들어 있는 것도 모든 척추동물의 공통된 특징이다. 척추동물에서 전뇌를 제외한 중뇌와 후뇌는 차이점보다는 유사성이 더 많다. 후뇌는 내장반사(순환, 호흡, 소화)를 비롯한 기본적인 생명활동을, 중뇌는 청각, 평형감각, 시각 등의 감각운동반사를 담당한다. 척추동물 사이에서 가장 변화가 많은 전뇌는 인지와 학습 같은 의식적인 활동을 담당한다.

인간 발생 4주말의 신경관은 직선구조이지만, 5주에 빠르게 자라면서 신경관이 굽어진다. 굽어지는 부분은 굴곡(屈曲, 굽이, flexure)이라고 하며, 다음 세 곳에 생긴다.

(1) 중간뇌굽이(중뇌굴곡, midbrain flexure): 중뇌부분

(2) 다리뇌굽이(교뇌굴곡, pontine flexure): 후뇌 첫 분절

(3) 목굽이(경추굴곡, cervical flexure): 후뇌-척수 이행부

중간뇌굽이와 목굽이가 먼저 배쪽으로 생기고, 나중에 다리뇌굽이가 생긴다. 목굽이가 형성되기 전까지는 뇌와 척수의 기본 구조가 똑같지만, 목굽이가 형성되면서 뇌와 척수가 구분되고 회질과 백질의 배치관계가 달라진다. 다리뇌굽이는 후뇌의 첫 번째 분절이 등쪽으로 굽는 것으로, 그러면 후뇌는 뒤뇌(afterbrain, metencephalon)와 연수(延髓, 숨뇌, medulla oblongata, myelencephalon)로 구분된다. 나중에 뒤뇌는 다리뇌(교뇌橋腦, pons)와 소뇌(小腦, cerebellum)로 발달한다. 발달이 다 끝난 뇌에서 '중뇌-교뇌-연수'는 하나의 굵은 막대처럼 보이기 때문에 뇌줄기(뇌간腦幹, brainstem)라고 한다.

전뇌는 빠르게 성장하여 종뇌(終腦, 끝뇌, endbrain, telencephalon)와 간뇌(間腦, 사이뇌, interbrain, diencephalon)로 나뉜다. Telos는 끝(end)을 뜻하므로 종뇌(終腦, telencephalon)는 끝에 있는 뇌라는 의미인데, 이것이 대뇌(大腦, cerebrum)가 된다.

간뇌는 대뇌와 뇌간 중간에 위치하는 것으로, 눈잔(optic cup), 시상, 시상하부, 뇌하수체, 송과체 등이 형성된다. 송과체(松果體, 송과선, 솔방울샘, pineal gland)는 중앙에 위치하며 빛을 감지하여 일주기리듬을 조절하는데, 외온성 사지동물(양서류, 파충류)에서는 두개골 밖에 위치하여 두정안(頭頂眼, parietal eye)이라고 불린다. 양서류와 파충류의 두개골에는 두정공(頭

頂孔, parietal foramen)이 있어서 두정안이 밖을 내다보고 빛을 감지하여 양지와 음지를 구별하여 찾아간다.

양막류(파충류, 조류, 포유류)는 뇌에서 나오는 말초신경인 뇌신경(cranial nerve)을 12쌍 가지고 있는데, 이 중 3개의 뇌신경(I, II, III)은 각각 종뇌, 간뇌, 중뇌에서 기원하며, 9개의 뇌신경(IV, V, VI, VII, VIII, IX, X, XI, XII)은 후뇌의 분절에서 기원한다.

사람 배아나이 4주말에 신경관이 닫힐 때 신경관의 벽은 신경상피세포(neuroepithelial cell)로 구성되어 있다. 신경관이 닫히면 신경상피세포는 신경모세포(neuroblast)를 만들기 시작한다. 신경모세포들은 관에서 먼 쪽으로 이주하는데, 이주하는 동안 돌기가 만들어지면서 뉴런으로 성장한다. 배아나이 10주가 되면 최초의 뉴런이 태어나는데, 뉴런의 유형은 돌기를 뻗는 패턴의 특징으로 결정된다.

신경상피세포는 신경모세포의 생산을 마치면 아교모세포(gliablast)를 만들기 시작한다. 생성된 아교모세포도 관에서 먼 쪽으로 이주하면서 신경아교세포(neuroglia)로 분화한다. 신경모세포와 아교모세포의 생산을 마친 신경상피세포는 뇌실막세포(ependymal cell)로 분화된다. 신경관과 뇌실(腦室, ventricle)을 둘러싸는 세포를 뇌실구역(ventricular zone)세포라고 하는데, 배아발생 동안 다분화능(multipotent) 신경줄기세포가 되어 뉴런과 교세포를 생성한다.

신경관 안쪽 공간은 뇌의 뇌실(cerebral ventricle)과 척수의 중심관(central canal)이 되고, 배아나이 5주부터 생성되기 시작하는 뇌척수액(cerebrospinal fluid, CSF)으로 채워진다. 뇌척수액 공간을 둘러싸는 뇌척수막(meninges)은 경막(dura mater)과 연막-거미막(pia-arachnoid mater)으로 구성되는데, 배아나이 20~35일 사이에 신경관 주변에 있던 중배엽과 신경능선세포가 혼합되어 만들어진다.

분화한 뉴런은 새로운 세포층을 차곡차곡 쌓아 뇌와 척수의 회질(灰質, grey matter)을 만들고, 수상돌기와 축삭을 뻗어 시냅스를 만들어서는 정보교환을 시작한다. 축삭은 목표지점을 찾아 멀리까지 뻗어 가는데, 척수에 있는 운동뉴런의 가장 긴 축삭은 발까지 간다. 태아가 발길질을 한다면 운동뉴런의 축삭이 다리근육에 연결되었다는 것을 의미한다. 배아나이 12주에는 초음파로 태동(胎動, fetal movement)이 관찰되고, 산모 자신은 배아나이 16~18주(임신 18~20주)는 되어야 태동을 감지한다.

배아나이 8~12주(2~3개월)에 대뇌피질(cortex)은 급속도로 성장하여 뇌의 대부분을 감싸고, 최종적으로 뇌 전체의 80%를 차지하게 된다. 대뇌는 좌우로 갈라지면서 반구(半球, hemisphere)가 된다. 이때 대칭성이 깨져 좌측 대뇌반구는 사물을 분류하는 능력이 상대적으로 더 발달하고, 우측 대뇌반구는 사물의 관계를 다루는 능력이 더 발달한다. 피질(皮質, cortex)의 일반적인 의미는 조직의 외곽 층인데, 뇌 피질은 뇌의 겉에 있는 회질(灰質, grey matter)을 말한다. 척수는 뇌와는 반대로 겉에 백질(白質, white matter)이 있고 안에 회질이 있다.

  포유류의 대뇌피질은 마치 종이를 차곡차곡 쌓은 것처럼 뇌의 표면과 평행한 여섯 겹의 층으로 이루어져 있다. 이를 진화역사에서 가장 최근에 나타났다고 여겨 신피질(neocortex)이라고 한다. 이 여섯 층을 이루지 못하는 피질은 구피질(舊皮質, paleocortex)이나 고피질(古皮質, archicortex)이라고 한다. 계통적으로 고피질이 가장 오래되었고, 다음으로 나타난 피질은 구피질인데, 고피질과 구피질은 세 겹의 세포층으로 이루어져 있다. 신피질은 포유류에서만 보인다. 사람은 신피질이 대뇌의 90%를 차지하며, 나머지는 고피질 혹은 구피질로 되어 있는데, 고피질은 후각피질과 해마에, 구피질은 후각멍울과 해마곁이랑에 있다.

  포유류 뇌의 진화와 관련된 특징은 대뇌피질에 이랑(gyrus)과 고랑(sulcus)으로 불리는 주름이 많이 생긴다는 점인데, 주름이 복잡하게 많을수록 지능수준이 높다. 조류의 뇌는 주름구조가 없기 때문에 지능이 낮은 것으로 여겨졌지만 그렇지 않다. 조류도 포유류와 마찬가지로 체중에 대한 뇌 크기의 비율이 다른 척추동물보다 10배 정도 높고, 전뇌의 상대적인 크기도 양서류나 어류보다 훨씬 더 크다. 대뇌반구와 소뇌가 발달했고, 뇌도 좌우가 분리되어 있으며, 시각과 청각은 동물 중 가장 뛰어나다. 지능이 높은 까마귀나 앵무새와 같은 조류에서 정교한 정보처리 능력이 많이 관찰되었는데, 이들은 지능이 떨어지는 닭이나 비둘기보다 대뇌반구가 크다. 뇌와 전뇌가 발달한 조류는 인지기능과 학습능력이 발달했고, 포유류와 마찬가지로 수면은 렘(REM)과 비렘(NREM)수면이 교대로 나타난다. 동물이 렘수면을 보이면 사람처럼 꿈을 꾼다고 할 수 있다.

조류 전뇌의 해부학적 구조는 덩어리진 핵이 모여 있어서 여섯 층으로 나뉘어 있는 포유류의 대뇌피질과는 다르고, 조류의 뇌는 포유류에 비해 대뇌에 주름이 없이 밋밋하다. 그런데도 조류가 정교한 정보처리 능력을 가지게 된 것은 대뇌의 외피(pallium) 내의 신경세포군이 발달했기 때문으로 보인다. 따라서 복잡하고 정교한 기능을 수행하는 대뇌 외피는 조류와 포유류 두 유형이 있다고 할 수 있고, 서로 다른 경로로 수렴진화한 것이다.

포유류에서는 일단 분화된 뉴런이 교체되지 않는데, 뉴런을 교체할 수 있는 동물도 있다. 편형동물은 뇌 전체를 새롭게 재생할 수 있고, 어류와 도롱뇽은 손상된 뇌 부위를 재생할 수 있다. 그런데 포유류 성체의 해마와 뇌실구역에서 신경줄기세포(neural stem cell)가 발견되어 포유류 성체의 뇌에서도 새로운 뉴런을 생산하는지에 대한 연구가 진행되고 있다.

심혈관
폐쇄순환계에서만 혈액과 조직액이 분리된다

액체나 기체 상태의 두 물질이 섞였을 때 분자는 농도가 높은 곳에서 낮은 곳으로 이동한다. 이를 확산(擴散, diffusion)이라고 한다. 그런데 모든 생명체는 그냥 두면 확산될 방향과 반대로 물질을 이동시켜 특정 물질을 특정 장소로 모으는 능력이 있다. 이러한 물질수송을 담당하는 것이 순환계(循環系, circulatory system)이다. 순환계는 물질을 제공하는 세포와 소비하는 세포들이 떨어져 있을 때 이를 연결하는 것으로, 모든 물질은 물에 용해되어 이동한다.

순환계는 관다발식물과 동물에서 발달했다. 관다발(vascular bundle)은 토양으로부터 물과 무기이온 용액을 운반하는 물관부(xylem)와 영양분을 운반하는 체관부(phloem)로 구성된다. 물관부에서 물은 잎의 증산작용(蒸散作用, transpiration)으로 발생하는 음(陰, negative)의 정수압(靜水壓, hydrostatic pressure)에 의해 이동하며, 체관부에서 용액은 삼투압(滲透壓, osmotic pressure)의 차이에 따라 이동한다. 물관을 구성하는 세포의 세포벽은 리그닌(lignin)으로 보강되어 있으며, 이 덕분에 관다발이 비후하고 견고해지면서 식물은 높이 성장할 수 있게 되었다.

동물에서 한 개체를 구성하는 모든 세포가 외부와 직접 접촉하여 확산으로 물질교환이 이루어지는 생물은 순환계가 없다. 해면동물은 몸을 관통하는 수류(水流, water current)시스템으로 모든 세포가 물과 접촉하고, 자포동물과 편형동물은 몸 중앙에 위수강(胃水腔, gastrovascular cavity)이 있어서 소화시킨 영양분을 몸 전체로 분배한다. 이들을 제외한 모든 동물에는 순환계가 있다.

동물 순환계는 순환액, 관(vessel), 펌프(pump)로 구성된다. 펌프는 심장(heart)이라고 한다. 순환계에는 개방형과 폐쇄형이 있다. 개방순환계(open circulatory system)에서는 순환액이 세포들 사이에 분포하기 때문에 순환액과 간질액(세포사이액, interstitial fluid)이 동일하다. 개방순환계에서 순환액이나 간질액은 구분되지 않고, 림프액과도 구분되지 않기 때문에 모두 혈림프(hemolymph)라고 불린다. 폐쇄순환계(closed circulatory system)에서는 순환액이 관 안에서만 순환하기 때문에 간질액이나 림프액과 구별된다. 그래서 순환액은 혈액(blood)이라 하고, 관은 혈관(blood vessel)이라 하며, 심장과 혈관을 합해서 심혈관이라 하고, 심장은 혈액을 받아들이는 심방(心房, atrium)과 내보내는 심실(心室, ventricle)로 구분되어 있다. 폐쇄순환계에서 간질액은 모두 림프관으로 이동하여 혈액에 합해지기 때문에 간질액과 림프액은 사실상 동일하다.

모든 척추동물은 폐쇄혈관계이다. 무척추동물은 일반적으로 개방혈관계이지만, 두족류 등 일부는 폐쇄순환계이다. 곤충을 포함하는 절지동물은 개방순환계이다. 곤충에서는 등혈관

(dorsal vessel)이 펌프 역할을 하는데, 등혈관의 앞부분은 대동맥, 뒷부분은 심장으로 불린다. 등혈관은 단순한 관으로 한 층의 심근세포로 구성되며 체절마다 심문(心門, ostia)이 있다. 심문에는 판막이 있어 혈림프는 간질액에서 등혈관 쪽으로만 흐른다. 심장에서 시작된 수축파는 대동맥 방향으로 진행하여 혈림프를 머리에 있는 대동맥 쪽으로 펌프질한다. 혈림프는 모든 내장과 접촉하여 물질교환을 하는데, 헤모글로빈과 같은 호흡색소는 없어서 가스교환에는 관여하지 않는다.

영어 vessel은 물건을 담는 용기(container)나 배(ship)를 의미하는데, 생물학에서는 액체가 이동하는 도관(導管, tube, canal)의 의미로 사용된다. 혈관(blood vessel), 림프관(lymphatic vessel), 물관(vessel) 등이 vessel에 해당한다. 식물의 vessel은 물관요소(vessel element)가 쌓인 구조를 말하며, 우리말로는 물관으로 번역한다. 폐쇄혈관계의 blood vessel이나 vessel은 모두 혈관으로 번역한다. 개방혈관계의 vessel은 혈액이 순환하는 관은 아니지만 혈관으로 번역할 수밖에 없다.

폐쇄순환계는 순환 고리가 하나인지 둘인지에 따라 단일순환(single circulation)과 이중순환(double circulation)으로 구분한다. 어류는 단일순환으로 심장이 1심방 1심실이다. 아가미 뒤쪽에 있는 심장에서 나온 동맥혈이 아가미로 가서 산소를 얻어 몸통으로 간다. 몸통에서 가스교환을 한 혈액은 심방으로 돌아온다. 어류의 심장은 가슴지느러미가 몸통에 부착한 곳보다 머리쪽에 있는데, 사지동물은 어류에 없던 목(neck)이 생겼기 때문에 심장이 머리에서 멀어졌고, 심장은 멀어진 뇌까지 혈액을 보내려고 펌프압력을 더욱 강화했다. 그러나 압력이 높은 혈액을 폐에도 보낸다면 폐의 모세혈관이 파열될 것이므로, 사지동물은 펌프가 2개인 심장을 발달시켰다.

사지동물(양서류, 파충류, 조류, 포유류)에서 나타나는 이중순환이란 혈액순환이 폐순환(肺循環)과 체순환(體循環)으로 분리되는 것으로, 공기가 드나드는 폐로 가는 혈액의 압력은 낮고 폐 이외의 몸통으로 보내는 혈액의 압력은 높게 유지하는 이중체계이다. 양서류는 2심방 1심실이며 파충류는 2심방 불완전2심실인데, 심실에서 산소가 풍부한 혈액과 그렇지 않은 혈액이 섞이기 때문에 가스교환의 효율성은 떨어지지만, 물속에 잠수할 경우 폐로 가는 혈액의 흐름을 일시적으로 차단할 수 있다. 조류와 포유류는 2심방 2심실 구조여서 산소가 많은 혈액과 산소가 적은 혈액이 심장에서 섞이지 않는다. 내온동물인 조류와 포유류가 에너지를 빠르게 생산할 수 있는 것도 2심방 2심실의 심장구조 덕분이다. 이러한 구조는 조직에 고농도의 산소를 공급할 수 있지만 잠수능력은 떨어진다.

척추동물 배아발달 과정에서 혈관과 혈구세포는 가장 먼저 발달하는 기관 중 하나이다. 인간 최초의 혈구세포는 배아나이 2주(8~14일)에 난황낭에서 만들어지는데 이것은 일시적이고, 배아나이 15일에 중배엽에서 혈관모세포(hemangioblast)

가 발생하여 혈관형성세포(angioblast)로 분화한다. 혈관모세포는 혈관내피세포와 혈구로 발달하고, 혈관형성세포는 혈관내피세포로 발달한다. 혈관형성세포는 배아의 여러 곳에 혈액섬(blood island)을 만든다. 혈액섬에서는 세포들이 납작하게 변해 만들어진 내피세포(endothelial cell)가 서로 연결되어 혈관을 만든다. 내피세포는 전체 순환계의 내벽을 구성한다. 배아나이 3주 중반이 되면 배아는 단순한 확산만으로는 영양공급을 충분히 받을 수 없게 되면서 심혈관이 발달하기 시작한다.

3주말(21일)에는 혈관내피세포에서 혈구세포가 분화하지만, 진정한 혈구줄기세포는 배아나이 27일에 중신(中腎, mesonephros) 근처의 대동맥을 둘러싸고 있는 중배엽에서 기원한다. 이를 대동맥-생식선-중신 부위(aorta-gonad-mesonephros region)라고 한다. 이때 만들어지는 혈구의 대부분은 적혈구이다. 이 혈구줄기세포는 배아나이 6주에 간(liver)으로 이동하고, 대동맥에서는 혈구생산이 중단된다. 간은 배아나이 2~7개월 사이에 태아의 주요 혈구형성기관이 된다. 7개월경에 혈구줄기세포가 골수(骨髓)로 이동하고, 나중에 간은 조혈기능을 잃게 된다.

심장전구세포(progenitor heart cell)들은 원시선의 머리쪽 끝에 근접한 배아덩이위판에 나타나 배아나이 16일에 원시선을 통해 가쪽중배엽(lateral mesoderm)으로 이동하기 시작하여 신경주름 머리쪽에 일차심장영역(primary heart field)을 형성한다.

인두 뒤쪽의 가쪽중배엽에서는 이차심장영역(secondary heart field)이 만들어진다. 배아나이 18일에 가쪽중배엽이 벽중배엽(parietal mesoderm)과 장중배엽(visceral mesoderm)으로 나뉠 때 일차/이차심장영역은 장중배엽에 속하여 발생이 진행된다.

일차심장영역의 근처에 위치한 인두 내배엽은 근육모세포(myoblast)와 혈액섬(blood island)들을 만들도록 유도하여 혈관과 혈액세포들이 형성되게 한다. 혈액섬들은 서로 합쳐져 말발굽 모양(horseshoe-shaped) 관이 되고 주위는 근육모세포들이 둘러싸게 된다. 이 부위를 심장발생구역(cardiogenic region)이라고 하고, 이곳에서 배아나이 19일에 심내막심장관(endocardial heart tube)이 형성된다. 그 위쪽의 배아속체강은 장차 심막강(心膜腔, 심장막안, pericardial cavity)이 된다. 심장발생구역 외의 다른 혈액섬들은 1쌍의 등대동맥(dorsal aorta)을 형성한다.

처음에는 심장발생구역이 입인두막과 신경판보다 머리쪽에 있다. 이후 중추신경이 빠르게 자라서 심장발생구역보다 훨씬 머리쪽으로 이동한다. 뇌가 더 성장하고 머리가 접히면서 입인두막이 배쪽으로 당겨지면 심장은 목으로 이동하고, 나중에는 가슴으로 더 내려간다. 배아가 성장하면서 머리와 꼬리가 배쪽으로 접히고 몸통의 가쪽접힘이 일어나면서 좌우 심내막심장관은 중앙으로 이동한다. 심내막심장관이 서로 융합하여 하나가 될 때 왼쪽에 위치하게 되는데, 이것은 Hox전사인자 Pitx2가 좌측 심장발생영역에서 발현되기 때문이다.

융합과 동시에 심내막심장관의 중심부분이 팽창하여 장차 심실과 심장유출로(cardiac outflow tract)가 될 부위를 형성한다. 이제 심장관은 안쪽 내피세포와 바깥쪽 근육세포로 이루어진 관(管, 대롱, tube) 형태가 된다. 이를 심장관(대롱심장, heart tube)이라고 한다.

심장관은 점차 심막강 안으로 팽창하여 머리쪽과 꼬리쪽 끝에 연결된 혈관에 의해서만 심막강 안에 매달려 있게 된다. 이런 과정이 진행되는 동안 심근층은 점점 두꺼워진다. 그 결과 심장관은 심내막(심장속막, endocardium), 심근층(myocardium), 심외막(심장바깥막, epicardium)으로 구성된다.

심장막(心臟膜, pericardium)은 섬유심장막(fibrous pericardium)과 장막심장막(serous pericardium)으로 구성된다. 장막심장막은 벽층(parietal layer)과 내장층(visceral layer) 두 층으로 나뉘고, 그 사이는 심막강(pericardial cavity)이 된다. 벽층은 섬유심장막과 밀착하게 된다. 장막심장막의 내장층은 내장심장막(visceral pericardium) 또는 심외막(epicardium)이라고 한다. 관상동맥은 심외막에서 형성된다.

초파리에서 틴맨(tinman) 유전자는 관(tube)이 심장의 펌프 역할을 하게 만든다. 이 유전자가 없으면 심장이 없는 초파리가 태어난다. 이 유전자의 이름은 《오즈의 마법사》에 나오는 심장이 없는 양철나무꾼(Tin Woodman)에서 유래했다. 이 유전자가 발현되어야 관 모양의 심장이 형성된다. 척추동물에 있는 상동유전자인 Nkx2.5도 심장발달초기 단계에서 심장의 관을 형성한다. 사람에서 Nkx2.5 유전자가 발현되지 않으면 선천성 심질환이 나타난다.

심장관은 추가되는 세포들로 인해 지속적으로 길어진다. 심장관이 길어지면서 배아나이 23일이 되면 휘어지기 시작하여 S자 모양을 이루어가다가 4주말(28일)에는 심장고리(cardiac loop)가 완성된다. 심장관이 접혀서 심장이 왼쪽 가슴에 자리를 잡으면서 심방이 심실 뒤에 있는 심장 특유의 형태가 만들어지는 과정을 심장고리 형성(cardiac looping)이라고 한다. 심장고리가 좌측이 아닌 우측에 형성되면 심장이 우측에 위치하는 우심증(右心症, 오른심장증, dextrocardia)이 된다. 우심증은 모든 내장의 좌우가 바뀌는 좌우바뀜증(situs inversus)과 동반될 수 있다.

심장관은 배아나이 4주초(22~23일)에 박동하기 시작한다. 이때는 도플러초음파로 혈액흐름을 관찰할 수도 있다. 처음 심장관이 박동할 때는 심장관 안에서 혈액이 썰물과 밀물 파도처럼 왔다 갔다 하지만, 4주말(28일)이 되면 한 방향으로만 흐른다.

배아나이 4주의 심장고리 형성 과정에서 심장관은 심막강으로 들어가고, 심장관은 부분적으로 팽창한다. 심방은 처음에는 심막강의 밖에서 쌍을 이루는 구조물이지만, 나중에는 공통심방을 형성하여 심막강 안으로 들어가 심실 뒤에 위치한다.

이 시기의 심장관을 원시심장(primordial heart)이라고 한다.

원시심장은 심장유출로(cardiac outflow tract), 원시심실(primitive ventricle), 방실관(atrioventricular canal), 원시심방(primitive atrium)으로 구성된다. 방실관은 원시심방과 원시심실 사이의 좁은 공간을 말한다. 심장유출로는 심장팽대(bulbus cordis)와 동맥줄기(truncus arteriosus)로 나뉜다.

원시심장은 좌우가 나누어지지 않고 '원시심방-원시심실-심장유출로'가 팽창되어 있는 하나의 관 모양인데, 좌우 분할(partitioning)은 배아나이 4주 중반에 시작해서 8주말에 완성된다.

배아나이 4주말에 방실관에서는 등쪽과 배쪽 양쪽에서 심내막융기(endocardial cushion)가 형성되어 5주말까지 서로 합쳐지면서 방실판막(atrioventricular valve)을 만들고 심방과 심실이 분리된다.

배아나이 4주말부터 원시심방에서 2개의 중격(사이막, septum)인 첫째중격(septum primum)과 둘째중격(septum secondum)이 만들어진다. 첫째중격은 원시심방 천장에서 시작하여 심내막융기를 향해 자라면서 심방을 좌우로 나누는데, 심내막융기에 붙기 전에 첫째구멍(foramen primum)이 형성된다. 첫째중격은 곧 심내막융기에 합쳐지면서 첫째구멍이 없어지고, 첫째중격의 중심부분에서는 세포사멸에 의해 둘째구멍(foramen secondum)이 형성된다. 첫째중격의 바로 오른쪽에서 자라 나오는 둘째중격은 배아나이 5~6주에 자라면서 첫째중격의 둘째구멍을 서서히 덮는다. 그러나 둘째중격은 두 심방을 완전히 나누지는 못하여 두 중격의 중간에 난원공(卵圓孔, 타원구멍, oval foramen)이 생긴다.

배아나이 4주말 이후 원시심실의 심근은 바깥으로 자라면서 확장되는 한편 안쪽에서는 근육기둥(trabeculae carnea)이 만들어지고, 심실중격 근육부분(muscular part)이 만들어지기 시작한다. 배아나이 7주까지는 심실중격 근육부분과 심내막융기 사이에 심실사이구멍(interventricular foramen)이 남아 있다. 심내막융기에서 막 부분(membranous part)이 형성되어 자라나 7주말에는 근육부분과 합해져 심실사이구멍이 닫히고 좌우 심실 분리가 완성된다.

배아나이 5주에는 머리에 있던 신경능선세포들이 셋째, 넷째, 여섯째인두활을 통해 심장유출로로 이동해 온다. 신경능선세포들은 대동맥폐동맥사이막(aortopulmonary septum)을 만들어 심장유출로를 좌우로 나눈다. 심장유출로의 동맥줄기는 대동맥(aorta)과 폐동맥(pulmonary trunk)으로 나뉘고, 심장팽대는 폐동맥의 시작부위와 대동맥전정(대동맥안뜰, aortic vestibule)으로 구분된다. 대동맥전정은 대동맥판막 아래의 심실공간부분이다.

배아나이 8주에는 심방과 심실이 좌우로 분리되어 2심방 2심실 구조가 형성된다. 배아나이 18~22주에는 심장이 초음파로 심장의 선천성 기형을 확인하는 선별검사가 가능해질 정도로 커진다. 심장기형을 가진 배아의 5~10%는 태어나기 전 사망하고, 태어난 신생아의 1%는 선천적 심장기형을 가지는데, 심실중격결손(ventricular septal defect, VSD)이 가장 흔하다.

배아나이 4~5주에 형성되는 인두활은 대동맥활(대동맥궁, aortic arch)에서 혈액을 공급받는다. 대동맥활은 동맥줄기(truncus arteriosus)의 상방에 위치한 대동맥주머니(aortic sac)에서 시작하는데, 인두활이 생길 때마다 대동맥주머니에서 인두활로 혈관이 자라 들어가 결국 5쌍의 대동맥활이 형성된다. 대동맥활은 인두활의 중간엽을 통과하여 좌우 등대동맥(dorsal aorta)에서 끝난다. 등대동맥은 대동맥활이 있는 곳에서는 1쌍이 존재하지만, 꼬리쪽에서는 좌우 등대동맥이 융합하여 하나로 존재한다.

배아나이 27일에 첫째대동맥활은 대부분 사라지고 일부는 위턱동맥(maxillary artery)을 이룬다. 둘째대동맥활도 곧 사라지고 일부 남아 있는 부분이 목뿔동맥(hyoid artery)과 등자동맥(stapedial artery)이 된다. 이 시기에 셋째대동맥활은 커진 상태이며, 넷째와 여섯째대동맥활은 형성되는 과정에 있다. 발생이 진행됨에 따라 셋째동맥활은 총경동맥(온목동맥, common carotid artery)과 내경동맥(속목동맥, internal carotid artery)의 첫째부분을 만든다. 내경동맥의 나머지 부분은 등대동맥의 머리 부분에서 만들어진다.

넷째대동맥활은 양쪽 모두에서 남아 있지만, 최종적으로는 좌우의 양상이 달라진다. 좌측에서는 좌총경동맥(left common carotid artery)과 좌쇄골하동맥(left subclavian artery) 사이에 위치한 대동맥활(aortic arch)의 일부를 이루고, 우측에서는 우측쇄골하동맥의 일부를 이룬다.

다섯째대동맥활은 전혀 형성되지 않거나 불완전하게 형성된 후 퇴화한다. 다섯째인두활 자체가 흔적만 있고 여기에서 발달하는 구조물은 없다. 여섯째대동맥활은 폐동맥활(pulmonary arch)이라고도 하며, 발생 중인 폐싹을 향하여 자라는 가지를 낸다. 우측은 우폐동맥이 되며, 활에서 먼 쪽은 등대동맥과의 연결이 끊어지면서 사라진다. 좌측은 좌폐동맥이 되며, 먼 쪽 부분은 동맥관(ductus arteriosus)이 된다.

전뇌(前腦)가 성장하여 머리가 접히고, 목이 길어지면서 심장이 흉곽으로 이동한다. 이때 경동맥과 완두동맥(팔머리동맥, brachiocephalic artery)은 많이 길어진다. 심장이 내려오고 대동맥활의 여러 부분이 사라지기 때문에, 여섯째인두활을 지배하는 되돌이후두신경(recurrent laryngeal nerve)의 경로는 좌우가 달라진다. 우측에서는 여섯째대동맥활의 일부가 사라질 때 되돌이후두신경이 위로 이동하여 우측쇄골하동맥을 감고 올라가고, 좌측에서는 여섯째대동맥활의 일부가 동맥관이 되기 때문에 동맥관에 걸려 위로 이동하지 못하고 대동맥궁을 돌아 위로 올라온다.

배아나이 4주 심장관의 꼬리쪽은 정맥동(靜脈洞, 정맥굴, sinus venosus)이라 하는데, 배아나이 5주가 되면 다음 3쌍의 정맥에서 혈액이 들어온다.

(1) 난황정맥(vitelline vein)

(2) 배꼽정맥(umbilical vein)

(3) 기본정맥(cardinal vein)

난황정맥은 난황낭의 혈액을 운반하고, 배꼽정맥은 태반에서 산소가 풍부한 혈액을, 기본정맥은 배아 자체의 몸통에서 모인 혈액을 운반한다. 배꼽정맥은 처음에는 간(肝)의 양옆을 통과하지만, 곧 간의 굴모세혈관(hepatic sinusoid)에 연결된다. 곧 우측 배꼽정맥은 없어지고, 좌측 배꼽정맥만이 혈액을 태반에서 간으로 운반한다. 태반의 혈액순환이 많아지면서 좌측 배꼽정맥과 하대정맥을 직접 연결하는 정맥관(ductus venosus)이 형성된다.

탯줄에는 배꼽동맥(제대동맥) 2개와 배꼽정맥(제대정맥) 1개가 있다. 배꼽동맥 2개는 태아의 좌우 내장골동맥(internal iliac artery)에서 나와 태반으로 간다. 태반에서 모체의 혈액과 물질교환을 하여 산소를 얻은 혈액은 1개의 배꼽정맥을 통해 정맥관→하대정맥을 거쳐 우심방으로 간다. 우심방에서는 다음 두 갈래로 나뉜다.

(1) 우심방→우심실→폐동맥→동맥관→대동맥

(2) 우심방 → 난원공 → 좌심방 → 좌심실 → 대동맥

양 방향에서는 오는 혈액은 대동맥에서 합쳐진 다음 태아의 전신을 순환한다. 태아의 심장은 두 심방 사이에 난원공(oval foramen)이 있고, 폐동맥과 대동맥 사이에는 동맥관(ductus arteriosus)이 있어 혈류가 '우심방 → 좌심방', '폐동맥 → 대동맥'으로 흐른다. 태아의 폐혈관은 수축되어 있기 때문에 폐동맥으로 전달되는 혈액의 일부만 폐로 가고 대부분은 동맥관을 통해 대동맥으로 간다.

태아가 모체 밖으로 나와 폐호흡을 시작하고 배꼽혈관이 묶이면 정맥관, 난원공, 동맥관은 폐쇄된다. 이후 배꼽정맥은 간원인대(round ligament of liver)가 되고, 정맥관은 정맥관인대(ligamentum venosum)가 된다. 배꼽동맥의 몸 쪽 부분은 위방광동맥(superior vesical artery)이 되고, 먼 쪽은 폐쇄되어 안쪽 배꼽인대(medial umbilical ligament)가 된다.

신장
척추동물만 가지고 있는 삼투조절기관

생명체 내에 있는 액체를 체액(體液, body fluid)이라고 하는데, 모든 생물은 체액의 양과 농도를 일정하게 유지한다.

체액은 물이라는 용매(溶媒, solvent)에 여러 용질(溶質, solute)이 녹아 있는 용액(溶液, solution)이며, 교질 상태로 존재한다. 교질(膠質, 콜로이드, colloid)이란 우유나 혈액처럼 미세입자가 액체 중에 분산되어 침전하지 않는 영구 현탁액이다.

모든 체액은 막(膜, membrane)으로 둘러싸인 구획에 존재한다. 막이란 얇은 경계(barrier)를 만들어 공간을 분리하는 것으로, 이론적으로 다음 세 종류가 있을 수 있다.

(1) 전투과성(freely permeable)

(2) 완전 불투과성(completely impermeable)

(3) 선택적 투과성(selectively permeable)

모든 물질을 통과시키는 전투과성이나 어떤 물질도 통과시키지 않는 완전 불투과성 막은 생명활동에 중요성이 없고, 생명체의 모든 막은 선택적 투과성을 특징으로 한다. 용액에 있는 입자들은 농도가 높은 곳에서 낮은 곳으로 이동하는 확산(擴散, diffusion)을 하는데, 막을 통한 확산은 삼투(滲透, osmosis)라고 한다. 생물의 체액조절은 삼투조절(osmoregulation)에 의해 이루어진다.

세포막을 물은 자유롭게 통과하지만 용질은 그렇지 않기 때문에, 세포막을 경계로 용질농도가 다를 때 물이 이동하여 두 구획의 용질농도를 일정하게 유지하려 한다. 이때 물이 이동하려는 힘을 삼투압(osmotic pressure)이라고 한다. 삼투압은 용질의 농도인 삼투농도(osmolarity)로 나타낸다. 막을 경계로 삼투농도가 다를 경우 농도가 높은 쪽을 고삼투(hyperosmotic), 낮은 쪽을 저삼투(hypoosmotic)라고 한다. 물은 저삼투액에서 고삼투액으로 이동한다. 사람 혈액의 삼투농도는 300mOsm/L이다. 해수는 1,000mOsm/L이고, 민물은 5mOsm/L 미만이다. 따라서 사람이 바닷물에 들어가면 세포는 물을 빼앗기게 되고, 민물에 들어가면 세포에 물이 들어온다.

동물은 수분균형을 유지하는 방법에 따라 삼투순응자(osmoconformer)와 삼투조절자(osmoregulator)로 나뉜다. 삼투순응자는 체내 삼투농도가 환경과 같다. 바다에 사는 모든 무척추동물은 삼투순응자이다. 바닷물과 체내삼투가 같기 때문에 물이 이동하지 않는다. 삼투조절자는 환경과는 독립적으로 체내삼투를 조절한다. 삼투조절자들은 삼투순응자들이 살 수 없는 담수와 육지에서 생활할 수 있지만 그에 상응하는 에너지를 소비해야 한다. 육상생활을 하는 모든 동물은 종에 관계없이 삼투조절자이며, 척추동물은 서식지에 관계없이 모두 삼투조절자이다.

생명체의 삼투농도는 체내로 들어오는 것과 배출되는 것의 상대적인 양으로 결정되는데, 배출되는 양을 조절하는 것이 더 중요하다. 물과 용질의 배출량을 조절하여 삼투농도를 유지하는 기관을 배설계(排泄系, excretory system)라고 한다.

배설계는 일반적으로 용질과 물의 교환이 잘 일어나도록 넓은 표면적을 가지고 있다. 곤충의 배설계는 말피기관이며, 척추동물의 배설계는 신장이다. 말피기관은 이탈리아 해부학자 말피기(Marcello Malpighi, 1628~1694)가 누에서 처음 발견했는데, 한 층의 세포로 된 속이 비고 끝이 막힌 관상구조(管狀構造, tubular structure)이다. 체내에서 위치가 고정되어 있지 않고 자유롭게 놓여 있으면서 체액(혈림프액)에서 노폐물을 흡수하여 소화관으로 보낸다. 소화관으로 배출된 오줌 성분 중 체내에 필요한 용질은 대부분 직장(rectum)에서 흡수되어 혈림프액으로 되돌아간다. 물도 용질을 따라 재흡수되므로 노폐물을 배설하면서도 수분의 손실은 최소화한다.

신장은 척추동물에서 처음으로 나타났고, 척추동물만이 가지고 있다. 신장은 과다한 물을 배출하고 염류를 보존하는 역할을 한다. 말피기관이 하는 노폐물제거뿐만 아니라 수분과 용질을 재흡수하여 삼투조절도 하는 것이다. 현재 척추동물이 열대우림에서 사막에 이르기까지, 또한 염도가 높은 바다에서 산의 호수와 같은 순수한 물에 이르기까지 거의 모든 지역을 서식지로 삼을 수 있는 것은 신장이 진화했기 때문이다. 담수와 바다에서 모두 살 수 있는 뱀장어의 하루 소변 양이 민물에서는 150mL/kg 정도로 많아지고 바다에서는 5mL/kg으로 줄어들도록 조절하는 것이 신장이다.

담수어류는 물을 먹지 않아도 삼투압에 의해 아가미와 체표면을 통해 물이 체내로 들어오며, 과다한 물은 신장으로 배출한다. 염류는 아가미에서 능동수송으로 섭취하고, 과다한 염분은 아가미로 배출한다. 그래서 담수어류의 소변은 체액에 비해 매우 묽다. 해수어류는 아가미나 체표면에서 물이 손실되기 때문에 신장은 물을 보존해야 하는데, 아가미를 통해서도 과다한 염분과 노폐물을 배출하므로 신장으로 배출해야 할 염분이나 노폐물이 많지 않아 소변은 체액에 비해 약간 묽다. 육상사지동물은 공기 중으로 물이 손실되기 때문에 물은 보존해야 하고 노폐물과 과다한 염분은 오로지 신장으로만 배출되기 때문에 소변이 체액보다 진하다.

동물이 필수적으로 배출해야 할 노폐물은 질소화합물(핵산과 단백질)을 분해했을 때 나오는 암모니아(NH_3)이다. 암모니아는 암모늄 이온(NH_4^+)을 형성하여 ATP를 합성하는 산화적 인산화를 방해하는 강한 독성물질이기 때문이다. 질소노폐물은 암모니아 외에도 요산과 요소의 형태로 배출되는데, 물에 녹아서 배설되기 때문에 배설물의 종류와 양에는 해당 동물의 수분균형이 큰 영향을 미친다. 암모니아는 물에 잘 녹고 암모늄 이온으로 쉽게 전환될 수 있기에 막을 빠르게 통과하여 빠른 속도로 없어지지만, 독성이 강해 체내에서는 매우 낮은 농도가 유지되어야 하므로 암모니아를 배설하는 동물은 많은 양의 물을 필요로 한다. 이런 이유로 암모니아 형태의 배설은 주로 수생생물에서 나타난다.

파충류와 조류의 신장은 질소노폐물을 요산(尿酸, uric acid)

형태로 배출한다. 요산은 독성이 덜하지만 물에 잘 녹지 않아 반고체 상태로 배출되므로, 이 방식은 물에 접하기 힘든 동물에게 아주 유리하다. 사람은 요산의 주요 생산자는 아니지만 대사 과정에서 조금 나오는데, 요산을 잘 배출하지 못하면 요산염(urate) 결정이 관절에 침착하는 통풍(gout)에 걸린다.

요소(尿素, urea)는 척추동물, 특히 포유류의 간에서 암모니아를 이산화탄소와 결합시켜 만든다. 요소의 장점은 독성이 매우 약하다는 것이고, 단점은 이것을 만들려면 에너지를 많이 소비해야 한다는 것이다. 양서류는 올챙이 시절에는 암모니아 형태로 배출하고, 육상생활을 하는 성체가 되면 요소 형태로 배출한다. 상어의 몸은 요소로 가득 차 있다. 요소는 유독성 암모니아도 포함하고 있는데, 상어는 요소에 대한 내성이 있는 것으로 보이며 근육에도 고농도로 존재한다. 요소는 물보다 밀도가 낮기 때문에 상어가 물에 뜨는 데 일조할 가능성이 높으며, 바닷물의 소금농도와 비슷해 삼투조절에도 관여할 것으로 보인다.

질소노폐물의 종류는 그 동물의 진화역사와 서식지를 반영한다. 거북(turtle)의 경우, 메마른 지역에 서식하는 육상거북은 요산을 주로 배출하는 데 반해, 수생거북은 요소와 암모니아를 배출한다. 배아의 상태가 노폐물의 종류를 결정하는 변수가 되기도 한다. 암모니아나 요소는 껍질이 없는 양서류의 알에서는 환경으로 금방 확산되어 제거되고, 포유류의 배아에서는 태반을 통해 제거될 수 있다. 하지만 파충류나 조류같이 껍질이 있는 알에서 발생하는 경우 공기의 출입은 이루어지지만 물이 빠져나가지는 못하므로 발생 중 생기는 노폐물이 치명적인 수준으로 축적될 수 있다. 이런 경우 요산이 선택된다. 요산은 일정 농도 이상이 되면 결정으로 침전되어 부화할 때까지 무해한 고체 상태로 저장될 수 있다.

신장은 혈액이 선택적 투과성을 갖는 수송상피(transport epithelium)와 만나는 삼투조절 장치라고 할 수 있는데, 여과(filtration), 재흡수(reabsorption), 분비(secretion)가 이루어진다. 사람의 신장 1개는 120만 개의 기능적 단위인 네프론(nephron)으로 구성된다. 네프론은 콩팥단위라고도 하며, 다음과 같은 구조물로 구성된다.

(1) 사구체(絲球體, 토리, glomerulus)
(2) 보우만주머니(토리주머니, Bowman's capsule)
(3) 세관(細管, 세뇨관, renal tubule)

사구체는 모세혈관 덩어리이고, 이것을 보우만주머니가 감싸고 있으면서 여과해서 나오는 물을 세관으로 보낸다. 사구체에서 많은 양의 물을 여과하기 위해서는 사구체 내부의 압력이 높아야 한다. 사구체는 기본적으로 높은 압력으로 혈액을 여과하는 장치로, 높은 압력 탓에 혈장 속의 모든 염류가 불가피하게 빠져나간다. 세관에서는 사구체를 빠져나온 물질 중 일부를 재흡수하기도 하고, 세관으로 물질을 분비하기도 한다. 세관의 재흡수는 사구체를 통한 여과가 늘어남과 동시에 증가된다.

세관은 집합관(collecting duct)으로 합쳐진다. 집합관에서 수분 재흡수가 마지막으로 이루어지고 신유두(腎乳頭, 콩팥유두, renal papilla)에 모여 소신배(小腎杯, 작은콩팥잔, minor calyx)로 소변을 보낸다. 소신배 이후부터는 소변(urine)으로 불리고, 배설관에 모여 몸 밖으로 배출된다.

척추동물의 내장은 대부분 관(tube) 구조의 내배엽에서 발생하기 때문에 시작부터 끝까지 이어진 채 체절이 없지만, 신장의 발생은 그렇지 않다. 발생 과정을 마친 최종적인 신장에는 체절이 없지만, 발생은 중배엽의 체절구조에서 시작한다. 무악류인 먹장어의 경우 신장이 체절을 따라 정돈된 형태인데, 유악류 척추동물도 무악류와 같은 조상에서 나왔으므로 척추동물의 조상들도 체절성 신장을 가졌을 것이다.

척추동물의 비뇨기와 생식기의 발생은 서로 밀접하게 연관되어 있어서 비뇨생식계(urogenital system)라고 한다. 사람의 비뇨생식계는 중간중배엽(intermediate mesoderm)에서 발달하는데, 비뇨기가 먼저 발생한다. 아마도 척추동물의 조상은 신장 여과액을 밖으로 배출하는 관(tubule)을 먼저 만들었고, 이를 통해서 난자와 정자도 운반했을 것이다.

양막류(파충류, 조류, 포유류)의 배아발생 과정에서 다음 3세트의 신장이 나타난다.

  (1) 전신(前腎, 앞콩팥, pronephros)
  (2) 중신(中腎, 중간콩팥, mesonephros)
  (3) 후신(後腎, 뒤콩팥, metanephros)

전-중-후(前-中-後)는 공간개념이 아니라 처음과 나중이라는 시간개념이다. 전신은 사람 배아의 경우 4주초에 분절구조로 나타났다가 금방 없어지고, 중신은 4주말에 나타나 기능을 어느 정도 하다가 12주말에 퇴화된다. 후신은 12주에 기능하기 시작하여 영구적인 신장이 된다. 무양막류(어류, 양서류) 배아에서는 2세트(전신과 중신)가 나타나는데, 전신은 없어지고 중신이 영구적인 신장이 된다.

사람 배아의 중신에서 생산되는 소변은 중신관(mesonephric duct)을 통해 배출된다. 중신이 퇴화하여 없어질 때 중신관도 같이 없어지지만, 남성과 여성에서 사라지는 방식이 다르다. 여성의 중신관은 완전히 없어지지만, 남성에서는 중신관의 일부만 없어지고 나머지는 생식관(부고환과 정관)이 된다. 중신이 기능을 하는 동안 중신관으로 나오는 소변은 배설강(cloaca)으로 배출되는데, 배설강은 배아나이 4~7주에 비뇨생식동(urogenital sinus)과 항문관으로 나뉜다. 동(洞, 굴, sinus)은 빈 공간을 의미하는 말로, 비뇨생식동은 배설강이 앞뒤로 분리되면서 앞에 형성되는 것이다. 나중에 비뇨생식동에서는 요도, 방광,

전립선, 정관, 질 등이 형성된다.

후신은 배아나이 5주에 발생하기 시작하고, 요관(尿管, ureter)은 중신관과 배설강이 만나는 지점에서 형성되기 시작하여 서로 합해진다. 후신에 형성되는 네프론은 배아나이 32주에 최고치를 이루고 출생 시 신장 1개에 120만 개가 되며, 출생 후에는 새로 만들어지지 않는다.

태아 때 형성되는 소변은 양수로 배설되는데, 소변 성분은 대부분 물이다. 배아나이 5개월의 태아는 하루에 400cc의 양수를 마시고 그만큼 소변으로 배출한다. 양막류 배아에서 배설기능을 하는 요막은 사람에서는 배아나이 3주에 난황낭의 일부가 꼬리쪽으로 돌출된 소시지 모양의 주머니로 발달하여 후장(後腸)과 이어지지만, 별다른 기능은 하지 않고 곧 막히게 되어, 생후에는 방광과 배꼽 사이를 연결하는 희미한 흔적만 남는다.

생식기
동물의 생식세포는 배아초기부터 체세포와 분리되어 획득형질이 유전되지 않는다

다세포생물을 구성하는 세포에는 근본적으로 생식세포(生殖細胞, germline cell, germ cell)와 체세포(體細胞, somatic cell) 두 종류가 있다. 다세포진핵생물의 생식은 난접합(卵接合, oogamy)이고, 생식세포로는 정자와 난자가 있다. 정자와 난자를 생산하고 수정하게 하는 기관을 생식기(생식기관, genital organ)라고 한다. 식물은 유성생식의 경우라도 생식세포가 꽃이 발달할 때와 같이 특정 시기에만 나타나지만, 동물의 생식세포는 배아초기부터 체세포와 분리된다. 이를 '생식계열의 분리'라고 하며, 동물 발생의 공통된 특징이다. 이것은 체세포에 생긴 변화가 생식세포에 영향을 주는 것을 차단하여 획득형질이 유전되지 않도록 하는 효과가 있다.

생식기에는 내부생식기와 외부생식기가 있다. 외부생식기는 몸 밖으로 드러나 있는 것으로, 포유류에는 음경(陰莖, penis)과 음문(陰門, 외음外陰, vulva)이 있고 이를 제외한 생식기는 내부생식기가 된다. 질(膣, vagina)은 내부생식기로 분류되고, 외부생식기는 질보다 밖에 있는 구조들이다. 난자는 가만히 있고 정자가 이동하기 때문에 수컷의 생식기는 돌출되어 있고 암컷은 그것을 수용하는 형태로 되어 있다.

삼배엽동물에서 생식세포가 만들어지는 곳을 생식선(生殖腺, 생식샘, gonad)이라고 한다. 수컷 생식선은 정소(精巢, 고환, testicle, testis), 암컷 생식선은 난소(卵巢, ovary)라고 한다. 생식선은 보통 몸통 안에 있지만, 예외적으로 일부 유대류와 태반류의 수컷은 정소가 몸통 밖의 음낭(scrotum)에 있다. 음낭의 위치는 유대류는 음경 앞쪽이고, 태반류는 음경 뒤쪽이다. 남성의 고환은 배아나이 2개월 말 이후 복막 뒤쪽에서 복막을 가로질러 음낭으로 들어간다. 사람 신생아의 97% 정도는 출생 전에 고환이 음낭에 위치하고, 일부는 출생 후 3개월 이내에 내려온다. 남아의 1%는 한쪽이나 양쪽 고환이 음낭으로 내려오지 않는다.

생식선은 발생 과정에서 두 곳에서 유래한 조직이 합해진 기관이기 때문에 생식세포가 만들어지는 곳이자 호르몬을 분비하는 내분비기관이기도 하다. 생식선 조직 자체는 중간중배엽에서 중신(中腎, mesonephros)과 함께 발생하지만, 생식세포는 다른 곳에서 발생한 다음 이곳으로 이동하여 합해진다. 생식세포란 배우자세포(정자, 난자)와 전구세포(前驅細胞, progenitor cell)들을 통칭하는 용어이다. 사람은 배아나이 2주에 배아모체(embryoblast)에 있던 원시생식세포(primordial germ cell)가 난황낭(yolk sac)으로 이동했다가 6주에 생식선으로 이동한다. 원시생식세포란 생식세포로 특성화되는 순간부터 생식선으로 이동을 마칠 때까지의 생식세포를 지칭하는데, 이것이 난소로 가면 난자가 되고 정소로 가면 정자가 된다. 그래서 엄밀히 말하면 난소와 고환은 난자와 정자를 만드는 곳이 아니라 생식세포계열의 주거지이다.

생식선에서 배우자세포를 만드는 것을 배우자형성(gametogenesis)이라고 한다. 배우자형성은 보통 개체가 신체적으로 성숙할 때, 인간은 사춘기 때 완성되는데, 포유류에서는 암컷과 수컷의 생식세포가 감수분열을 시작하는 시기가 근본적으로 달라, 암컷은 이미 배아시기의 생식선에서 감수분열이 시작되나 수컷은 생후 사춘기에 시작된다.

무악류(無顎類)는 난소에서 배란을 복강(腹腔)에 하고 생식공(生殖孔, genital pore)을 통해 난자를 밖으로 배출한다. 유악류(有顎類)에서는 난소에서 난자를 받아 자궁이나 외부로 나르는 기관인 난관(卵管, oviduct)이 나타난다. 체내수정을 하는 파충류와 조류는 난관에서 수정란이 형성된다. 조류의 난관은 다음과 같은 구조로 구성된다.

(1) 누두(漏斗, 깔때기, infundibulum)

(2) 난관공(卵管孔, magnum)

(3) 협부(狹部, 잘록, isthmus)

(4) 난각선(卵殼腺, 난각샘, shell gland)

난자와 정자의 수정은 누두에서 이루어지며, 난관공에서 흰자(egg white)가 형성되고, 협부에서 난막(卵膜, egg membrane)이 형성되며, 난각샘에서 난각(卵殼, 겉껍데기, egg shell)으로 덮이고, 배설강(cloaca)으로 배출되어 밖으로 나온다. 배란에서 산란까지 대략 24시간이 걸린다.

자궁(子宮, uterus, womb)은 유대류와 태반류에만 있다. 조류의 난각샘이나 상어의 배아가 자라는 공간 또한 자궁이라고도 하지만 포유류의 자궁과는 다르다. 유대류와 태반류의 자궁은 두 난관의 일부가 합쳐져 형성되는데, 난관이 어느 지점에서 합쳐지는지에 따라 자궁의 숫자와 모양이 결정되어 다음 네 종류가 발생한다.

 (1) 중복자궁(重複子宮, duplex uterus)
 (2) 양분자궁(兩分子宮, bipartite uterus)
 (3) 쌍각자궁(雙角子宮, 두뿔자궁, bicornuate uterus)
 (4) 단순자궁(單純子宮, simplex uterus)

 중복자궁은 완전히 분리된 자궁이 2개 있는 것으로, 난관이 융합하지 않고 각각의 자궁을 형성한다. 유대류는 자궁이 2개, 질이 3개이다. 평소에는 2개의 질만 외부에 열려 있고, 중앙에 있는 1개의 질은 출산할 때만 사용된다. 태반류인 설치류와 토끼도 2개의 난관 각각에 자궁이 있다. 양분자궁은 자궁 몸통은 분리되어 2개이지만 자궁경부는 1개로 합쳐지는 것인데, 사슴, 말, 고양이가 이렇다. 쌍각자궁은 자궁이 1개이지만 윗부분이 분리되어 마치 2개의 뿔처럼 보이는 것으로, 코끼리, 개, 고래에 이런 자궁이 있다. 단순자궁은 난관이 위에서 융합하여 매끄러운 하나의 주머니 모양이 되는 것으로, 인간을 포함한 영장류의 자궁이다.
 연골어류, 양서류, 파충류, 조류, 단공류는 배설강(排泄腔, cloaca)을 통해서 대변, 소변, 생식세포를 내보낸다. 배설강은 전체를 뜻하는 '총(總)'을 붙여 총배설강이라고도 한다. 포유류

중 단공류(單孔類, monotreme) 성체만 배설강을 가지고, 유대류와 태반류에서는 배설강이 배아초기에만 나타났다가 소화관과 비뇨생식관이 분리되어 구멍 2개를 가지고 태어난다. 암컷은 배설계와 생식계도 분리되어 구멍이 3개가 된다. 경골어류는 구멍이 2개로 항문(anus)과 비뇨생식공(urogenital opening)이 있다. 비뇨기와 생식기는 내부에서는 별개 기관이지만 피부 근처에서 합해져 비뇨생식공이라는 1개의 구멍이 된다.

곤충을 포함한 무척추동물의 외부생식기는 매우 다양하다. 수컷 곤충의 외부생식기는 정자를 전달하는 기관과 암컷을 붙잡을 수 있는 파악기(把握器, clasper)로 구분된다. 파악기는 정자를 전달하는 동안 암컷을 잡는 역할을 한다. 정자전달 기관은 돌출되어 있어서 음경(penis) 혹은 삽입기(aedeagus)라고 한다. 암컷에게 정자가 들어오는 교미구조와 별개로 산란에 쓰이는 산란관(ovipositor)이 있는 종(種)도 있다.

척추동물에서 양막류는 양막란이 껍질에 싸이기 전에 정자와 수정되어야 하는데, 암컷이 수정을 한 후 최상의 조건을 준비하여 알을 낳으려면 생식기 안쪽에서 수정되는 것이 유리하다. 그래서 수정이 이루어지는 장소는 암컷 몸 안쪽으로 더 들어가고 정자는 생식관 안쪽으로 더 깊이 헤엄쳐 들어가야 했는데, 수컷의 외부생식기가 도움이 되었을 것이다. 예외적으로 연골어류는 무양막류이지만, 수컷은 교미기(交尾器, clasper)가 있고 체내수정을 한다. 복부지느러미 뒤쪽에 2개의 교미기가 있어 암컷의 배설강에 정액을 전달하는데, 교미 때는 1개의 교미기만을 이용한다. 곤충의 clasper는 암컷을 붙잡는 도구여서 파악기라고 번역하고, 연골어류의 clasper는 삽입기관이어서 교미기 혹은 교접기(交接器)라고 번역한다.

유린류(有鱗類, Squamata: 뱀, 도마뱀) 수컷의 배설강에는 2개의 반음경(hemipenis)이 주머니처럼 밖으로 튀어나와 있다. 교미 때에는 그중 1개의 반음경만이 암컷 배설강에 삽입되는데, 갈고리 같은 구조물이 있어 암컷 배설강 내에서 고정시키고, 정액은 반음경에 있는 홈을 통해 암컷 배설강으로 들어간다. 조류의 3%에는 음경이 있는데, 오리는 몸보다 긴 코르크스크루처럼 구부러진 음경을 가지고 있다. 조류의 97%는 음경이 없고 암수의 엉덩이를 잠시 마주하는 배설강키스로 짝짓기를 한다. 이때 수컷은 배설강을 뒤집어 사정한다.

양막류의 음경은 파충류와 포유류에서 각각 독립적으로 진화했다. 유전자 Tbx4는 뒷다리를 발달시키는 유전자로 생식기 발달에도 관여한다. Tbx4가 속하는 T-box는 배아의 사지와 심장 발달에 관여하는 전사인자(transcription factor)인데, Tbx4가 작동하기 위해서는 HLEB(hindlimb enhancer B, 뒷다리 인핸서B)가 있어야 한다. 인핸서(enhancer)는 특정 유전자 상단에 존재하여 그 유전자의 전사를 촉진하는 유전자로, HLEB가 없다면 Tbx4가 작동하지 못해 뒷다리가 만들어지지 않는다. 뱀은 뒷다리가 없지만 HLEB와 Tbx4가 있어 음경 1쌍이 만들어진다. 생쥐 배아에서 HLEB를 제거하면 뒷다리가 나오지 않고 생식결절(genital tubercle)과 음경이 생기지 않는다. 생쥐의 HLEB를 제거하고 뱀의 HLEB를 대신 넣어주면 뒷다리는 나오지 않지만 생식결절이 만들어진다.

외부생식기를 만드는 유전자는 파충류와 포유류가 동일하지만, 조직은 서로 다르다. 파충류는 뒷다리싹(hindlimb bud)에서 만들어지고 포유류는 꼬리싹(tail bud)에서 만들어지기 때문에, 파충류는 외부생식기가 2개이고 포유류는 1개이다. 유대류 수컷의 음경(bifurcated penis)은 끝이 두 갈래로 나뉘는데, 암컷의 질 2개 각각에 삽입된다. 태반류 수컷의 음경은 정중앙에 하나만 있고, 암컷의 질 1개에 대응한다. 또 포유류 수컷은 특이하게 음경뼈(baculum)를 가지고 있다. 관절을 형성하지 않는 독립된 뼈로 음경 끝의 요도 위에 있는데, 포유류 진화역사에서 여러 번 진화했다가 사라지곤 했다.

동물의 성(性, sex)은 염색체에 의해 결정되기도 하고, 환경에 의해 결정되기도 한다. 파리는 X염색체 수에 따라 결정된다. X가 하나이면 수컷이고, 2개면 암컷이 된다. 거북은 알이 $27.7°C$ 이하의 조건에 있으면 수컷이 되고, $31°C$ 이상이면 암컷이 된다. 염색체에 의해 결정된다고 해도 성이 고정적인 것은 아니어서 일본옴개구리(Glandirana rugosa)는 집단에 따라 XY 또는 ZW 체계를 이용한다.

포유류의 성은 성염색체인 X와 Y염색체로 결정된다. 난자는 하나의 X염색체를 가지고 있는데, X염색체를 가진 정자와 수정되면 암컷이 되고, Y염색체를 가진 정자와 만나면 수컷이 된다. Y염색체는 생식선이 고환으로 특화되도록 하는 성결정부위(sex-determining region of the Y chromosome, SRY)와 같이 유전자 대부분이 수컷의 특성을 발달시키는 것 외의 기능은 별로 없기 때문에 Y염색체가 없는 여성이 존재할 수 있다. 그러나 X염색체는 인간 발생에 필수적이기 때문에 Y염색체 하나만 있고 X염색체가 없으면 배아는 생존할 수 없다. 반면 X염색체는 2개가 아닌 하나만 있더라도 배아는 여성으로 발달한다.

사람은 배아나이 5주에 중신의 안쪽에서 생식능선(gonadal ridge)이 나타나 생식선이 발생하는데, 7주까지는 남녀 구분이 없는 두 가능성을 모두 지닌 생식선(bipotent gonad)이다.

배아나이 7주에 중신관(mesonephric duct)과 중신곁관(paramesonephric duct)이 나타난다. 중신관과 중신곁관은 동시에 발생하여 모두 총배설강으로 연결된다. 중신관은 볼프관(Wolffian duct)이라고도 하며, 중신곁관은 뮐러관(Mullerian duct)이라고도 한다. 각각 볼프(Caspar Friedrich Wolff, 1733~1794)와 뮐러(Johannes Peter Müller, 1801~1858)가 해당 구조물을 발견하고 기능을 밝혔기 때문에 이렇게 명명되었다.

중신관(볼프관)과 중신곁관(뮐러관)이 나타날 때, 남성 배아의 고환이 테스토스테론(testosterone)과 뮐러관억제호르몬

(anti-Mullerian hormone)을 분비한다. 테스토스테론은 중신관을 생식관(부고환, 정관)으로 발달시키고, 뮐러관억제호르몬은 뮐러관(중신곁관)을 소멸시킨다. 여성 배아는 테스토스테론이 없기 때문에 중신관이 사라지고, 뮐러관억제호르몬도 없기 때문에 뮐러관이 생식관(난관, 자궁)으로 발달한다. 난소의 분화는 12주에 시작하지만, 여성 배아의 성분화는 난소가 생산하는 호르몬에 의존하지 않는다.

자궁은 좌우 양쪽의 중신곁관(뮐러관)이 중앙에서 융합되어 발달한다. 융합이 잘되지 못하면 다음과 같은 자궁기형(uterine anomaly)이 발생한다. 이를 뮐러관기형(Mullerian anomaly)이라고도 하며 신생아의 0.4~10%에서 발생한다.

(1) 무발육(aplasia), 발육부전(hypoplasia)

(2) 단각자궁(unicornuate uterus)

(3) 중복자궁(두자궁, uterine didelphys)

(4) 쌍각자궁(두뿔자궁, bicornuate uterus)

(5) 중격자궁(septate uterus)

(6) 궁상자궁(활꼴자궁, arcuate uterus)

배아나이 4주초에 배설강막의 위쪽에 생식결절(genital tubercle)이 형성된다. 생식결절은 남성호르몬이 있으면 빠른 속도로 길어져 음경(phallus)을 만들고, 없으면 약간만 길어져 음핵(clitoris)을 형성한다. 포유류 수컷은 모두 밖으로 튀어나온

음경을 가지고 있고, 암컷의 음핵은 대부분 작다. 그러나 설치류를 비롯한 일부 종은 음핵이 음경처럼 큰 경우도 있다. 특히 점박이하이에나의 음핵은 수컷과 비슷한 크기이며, 발기도 하고, 음순은 붙어서 음낭처럼 보인다.

배아나이 9주에 비뇨생식동(urogenital sinus)에서 굴결절(sinus tubercle)이 발생해, 여성은 중신곁관(뮐러관)과 연결되고, 남성은 중신관과 연결된다. 여성의 굴결절은 처녀막(hymen)이 되고, 남성은 요도의 전립선부분 뒷벽이 된다. 질(膣, vagina)은 윗부분이 중신곁관이 융합한 자궁질관(uterine canal)에서, 아랫부분이 비뇨생식동에서 이중으로 기원되어 완성된다. 처녀막은 비뇨생식동을 덮는 상피와 질세포의 층으로 구성되어 있고, 출생 전후에 작은 구멍이 생긴다.

배아가 XY염색체를 가지고 있으면 고환이 발달하고, 고환에서 테스토스테론이 분비되는데, 남성호르몬(안드로젠, androgen)이 결합하는 수용체의 이상으로 테스토스테론이 기능을 하지 못하는 안드로젠불감증후군(androgen insensitivity syndrome) 환자는 외부생식기와 외모가 여자 모습을 한 채 태어난다. 소아기 때 외형으로는 질이 있어 정상 여성과 구별하기 어렵지만, 질 안쪽이 막혀 있으며 난소와 자궁이 없고, 고환은 복강이나 서혜부에 있다. 이처럼 한 개체가 남성과 여성의 특징을 모두 가지면 간성(間性, intersex)이라고 한다. 전통적으로는 성별이 불분명한 사람들을 헤르마프로디테(hermaphrodite, 암수한몸, 자웅동체)라고 했는데 같은 의미이다. 신생아의 0.02~0.05%는 간성으로 태어나는데, 원인은 안드로겐불감증후군처럼 호르몬 문제인 경우도 있고 X와 Y염색체 문제인 경우도 있다. 여성으로 키울지, 남성으로 키울지는 상황에 따라 다른데, 안드로겐불감증후군의 경우는 고환을 절제하고 여성으로 키운다.

소화기
췌장과 간은 척추동물에만 있다

모든 동물은 음식을 통해서만 에너지를 얻는 종속영양생물(從屬營養生物, heterotroph)이어서 어떤 형태로든 섭취(섭식, feeding)-소화(digestion)-흡수(absorption)-배설(excretion) 과정을 거친다.

소화에는 세포내소화(細胞內消化, intracellular digestion)와 세포외소화(細胞外消化, extracellular digestion)가 있다. 조직이 없는 해면동물은 수관계(水管系, water vascular system)로 물과 같이 들어오는 먹이를 내포작용(內包作用, endocytosis)으로 세포내소화를 한다. 해면동물을 제외한 모든 동물은 분화된 조직인 소화관(消化管)에서 세포외소화를 하는데, 이배엽동물의 소화관은 하나의 구멍으로 입과 항문 기능을 하고, 삼배엽동물은 입과 항문이 서로 반대지점에 있다. 입과 항문이 반대쪽에 있으면 음식은 한 방향으로만 이동하기 때문에 완전 소화관이라고 한다. 완전 소화관은 먼저 먹은 음식이 소화되기 전에 다른 음식을 먹을 수 있다.

삼배엽동물은 선구동물(先口動物, protostomia)과 후구동물(後口動物, deuterostomia)로 나뉜다. 곤충은 선구동물에 속하고 척추동물은 후구동물에 속하지만, 곤충과 척추동물의 장은 모두 동일하게 전장(前腸), 중장(中腸), 후장(後腸)으로 구분된다. 전장은 섭취, 저작, 저장의 기능을 하고, 중장에서는 소화효소가 분비되어 소화산물의 흡수가 일어나며, 후장에서는 물과 염류 등을 흡수하고 나머지 찌꺼기는 배출한다. 차이점은 척추동물의 전장-중장-후장은 모두 내배엽에서 유래하지만, 곤충은 중장만 내배엽에서 유래하고 전장과 후장은 외배엽에서 유래하기 때문에 표피와 동일하게 큐티클(cuticle)로 덮여 있다는 것이다.

소화계(digestive system)는 다음과 같이 소화관(消化管, digestive tube)과 부속선(附屬腺, 부속샘, accessory gland)으로 구성된다.

(1) 소화관: 전장(前腸, 앞창자, foregut), 중장(中腸, 중간창자, midgut), 후장(後腸, 뒤창자, hindgut)

(2) 부속샘: 타액선(唾液腺, 침샘, salivary gland), 췌장(膵臟, 이자, pancreas), 간(肝, liver), 담낭(膽囊, 쓸개, gallbladder)

췌장, 간, 담낭은 척추동물에만 있다. 침샘은 곤충을 비롯해 매우 많은 종에서 나타나는데, 척추동물에서는 사지동물에만 있다. 어류는 없고, 고래는 포유류임에도 모든 침샘이 퇴화되어 없다. 포유류의 타액선에는 다음 두 종류가 있다.

(1) 대타액선(大唾液腺, 큰침샘, major salivary gland)
(2) 소타액선(小唾液腺, 작은침샘, minor salivary gland)

대타액선은 좌우 쌍으로 되어 있는 것을 말하며, 귀밑샘(이하선耳下腺, parotid gland), 턱밑샘(악하선顎下腺, submandibular gland), 혀밑샘(설하선舌下腺, sublingual gland)이 있다. 소타액선은 입술, 혀, 입천장, 인두 등의 점막 아래에 있는 것을 말한다. 귀밑샘은 침샘 중 가장 크며, 포유류에만 있다.

포유류는 배아가 원반 모양일 때 아래쪽에 있는 내배엽이 평평한 판 모양으로 난황낭과 접하는데, 소화관은 그 판이 동그랗게 말려 만들어진다. 반대편의 외배엽에서 신경관이 만들어지는 것과 유사하다. 소화관은 입에서 항문까지 몸 전체 길이로 뻗어 있으며, 중간에 싹(bud)을 만들어 간, 담낭, 췌장을 만든다. 침샘 중에서 귀밑샘은 외배엽상피에서 유래한 싹에서 발생하고, 나머지 침샘은 내배엽에서 유래한 싹에서 발생한다. 호흡관도 소화관에서 싹으로 출발하여 성장한다. 소화관에서 호흡관이 분지되어 나오는 지점까지가 인두(咽頭, pharynx)이고, 그 아래는 식도(食道, esophagus)가 된다.

배아에서 처음 형성되는 소화관은 원장(原腸, 원시창자, archenteron, primitive gut)이라고 한다. 원장은 머리에서 꼬리 방향으로 전장, 중장, 후장으로 나뉜다. 전장과 후장이 먼저 만들어지고, 중장은 난황낭과의 연결이 점점 좁아지면서 만들어진다. 소화관은 체절구조가 아닌 연속된 구조이기 때문에 전장-중장-후장의 경계가 확정적이지는 않지만, 관습적으로 전장과 중장의 경계는 췌장과 간이 되고, 중장과 후장의 경계는 소장-대장의 접합부가 된다.

전장의 입구는 입인두막이고, 후장의 끝은 배설강막이다. 배설강막과 입인두막은 배아나이 3주 낭배기 동안 형성되는데, 4주중(26일)에 입인두막이 먼저 파열되어 양막공간과 연결된다. 배설강은 4~7주에 비뇨생식동(urogenital sinus)과 직장(rectum)으로 나뉘고, 7주에 각각의 구멍이 생겨 양막공간과 연결됨으로써 배설을 할 수 있게 된다.

배아나이 7주에 항문이 열리면 소화관은 '입-전장-난황낭-후장-항문'의 순서가 되었다가, 배아나이 20주에 난황낭이 막히면 배아의 소화관은 입에서 항문까지 하나의 완전한 관이 된다. 태어날 때까지 난황낭이 막히지 않고 남아 있으면 메켈게실(Meckel's diverticulum)이라고 하는데, 회장(回腸, ileum)에 생기며 신생아의 2~3%에서 발견된다.

배아나이 4주초에 전장과 중장 경계에서 간싹(hepatic bud)이 자라난다. 간싹이 성장하면서 담관(bile duct)도 형성된다.

담낭은 나중에 담관에서 만들어진다. 간은 급격히 성장하여 배아나이 5주부터 10주 사이에는 배아 복부의 많은 부분을 차지하게 된다. 배아나이 6주에는 간에서 혈구를 생산하기 시작하고, 12주부터는 담즙을 형성하기 시작한다. 13주 이후에는 담즙이 장으로 배출되어 태아의 장 내용물이 암녹색으로 된다.

췌장싹(pancreatic bud)은 배아나이 5주에 다음 두 군데에서 형성된다.

(1) 등쪽 췌장싹(dorsal pancreatic bud): 전장과 중장의 경계
(2) 배쪽 췌장싹(ventral pancreatic bud): 담관과 장이 만나는 곳

십이지장(샘창자, duodenum)은 전장과 중장의 경계에서 발달하는데, 십이지장이 오른쪽으로 회전하여 C자 모양이 되면서 배쪽 췌장싹도 담관과 함께 등쪽으로 이동하여 배아나이 8주에는 등쪽 췌장싹과 융합하고 췌장관도 연결된다. 신생아의 10%에서는 등쪽과 배쪽 췌장관이 합쳐지지 않고 십이지장에 따로따로 연결된다. 췌장의 인슐린 분비는 배아나이 10주에 시작된다.

호흡기
엄밀한 의미의 무산소호흡은 원핵생물만 한다

호흡(呼吸, respiration, breathing)에 대한 일반적인 정의는 산소를 흡수하고 이산화탄소를 배출하는 가스교환이라는 것이다. 호흡은 보통 이렇게 폐호흡을 의미하지만, 생물이 호흡하는 궁극적인 이유는 세포에서 에너지를 얻기 위한 것이기 때문에 호흡의 본질은 세포호흡(cellular respiration)이다. 세포호흡이란 세포가 에너지를 생산하는 것으로, 에너지생산방식에는 다음 두 종류가 있다.

(1) 양성자동력(陽性子動力, proton motive force)

(2) 발효(醱酵, fermentation)

양성자동력은 양성자펌프(proton pump)로 형성된 양성자(proton, H^+)의 전위차(電位差, potential difference)를 이용한 ATP생성이다. 양성자펌프는 생체막을 가로질러 양성자를 펌프질하는 단백질로, 미토콘드리아 내막에서는 매초 10^{21}개의 양성자를 퍼내어 막을 경계로 양성자농도 차이에 의한 150~200mV의 전위차를 만든다. 그러면 막을 사이에 두고 양성자가 높은 쪽에서 낮은 쪽으로 이동하려는 힘이 발생한다. 이 힘은 ATP합성효소(ATP synthase)를 통해 ATP를 합성하는 동력이 되거나, 직접 물리적 운동을 위한 동력으로 사용될 수 있다. 그래서 양성자동력이라고 한다.

생체막에서 양성자동력이 발생하는 현상을 영국 생화학자 미첼(Peter D. Mitchell, 1920~1992)은 화학삼투(chemiosmosis)라고 명명했다. 이때 삼투(滲透, osmosis)는 반투막에서 물이 통과한다는 의미가 아니라 그리스어 본래의 '밀다'라는 의미이다. 화학삼투는 전기적 불균형과 화학적 불균형이 동시에 나타나는 전기화학적 전위(electrochemical potential)이다. 미토콘드리아의 내막에 있는 ATP합성효소가 화학삼투에 따른 양성자동력을 이용해 ADP와 무기인산을 결합시켜 ATP를 합성한다. 이를 화학삼투적 인산화(chemiosmotic phosphorylation)라고 한다.

유기물이 제공하는 에너지는 탄소골격인 C-C결합에너지에서 유래하는데, C-C결합이 깨지면서 방출되는 에너지는 전자의 형태로 이동한다. 전자가 전자전달계(電子傳達系, electron transport system)를 이동하면서 전자전달계에 있는 양성자펌프가 양성자동력을 만든다. 전자전달계는 세포호흡의 한 과정이기 때문에 호흡사슬(respiratory chain)이라고도 한다. 전자전달계는 진핵세포에서는 미토콘드리아 내막(크리스타, crista)과 엽록체 틸라코이드(thylakoid)막에 있고, 원핵세포에서는 세포막에 존재한다.

에너지가 생물학적으로 유용하기 위해서는, 에너지는 궁극적으로 인산기(무기인산, 인산염, P_i, PO_4^{3-}, phosphate)를 ADP에

첨가하여 ATP로 전환시키는 인산화(phosphorylation)를 통해 포획되어야 한다(P_i+ADP→ATP). 인산화란 분자에 인산기를 붙이는 반응으로, 다음 두 가지 방법이 있다.

(1) 화학삼투적 인산화(chemiosmotic phosphorylation)
(2) 기질수준 인산화(substrate-level phosphorylation)

발효라는 용어는 명확하지 않은 여러 의미로 사용되어왔다. 파스퇴르는 '포도주가 만들어지는 동안 효모가 작용하는 것'을 발효라고 했다. 또 '미생물이 무산소 조건에서 사람에게 유용한 유기물을 만드는 과정'으로 정의되기도 했고, '무산소 환경에서 포도당을 비롯한 유기화합물을 분해하여 에너지를 얻는 과정'으로 정의되기도 한다. 이처럼 발효에 대한 정의는 애매한 면이 있지만, 발효는 전자전달계 없이 '효소가 기질이 갖고 있는 인산기를 ADP에 전달하여 ATP를 합성'하기 때문에 '기질수준의 인산화'라고 한다. 화학에서 기질(基質, substrate)이란 생성물(product)을 만들기 위한 화학반응에 참여하는 반응물(reactant)을 말하고, 특히 생화학에서는 효소와 반응하게 되는 분자를 말한다.

화학삼투적 인산화는 전자전달계에서 형성된 양성자동력을 이용해서 ATP를 합성하는 것이고, 기질수준의 인산화는 발효를 통해서 ATP를 합성하는 것인데, 세포호흡을 '세포가 에너지를 얻는 과정'으로 정의하면 발효도 세포호흡에 포함되지만, '전자전달계(호흡사슬)를 이용하는 것'만을 호흡이라고 정의하면 발효는 호흡에서 제외된다.

전자전달계에서 마지막에 전자를 수용하는 분자가 산소이면 산소호흡(aerobic respiration)이라고 하고, 산소가 아닌 경우는 무산소호흡(혐기성호흡, anaerobic respiration)이라고 한다. 발효도 산소가 없는 조건에서 일어나는 에너지생산 과정이어서 무산소호흡에 포함시키는 경우도 많아 무산소호흡에 대한 개념이 혼동되곤 하는데, 진핵세포에서 일어나는 무산소호흡은 보통 발효를 의미한다. 전자전달계를 이용하는 무산소호흡은 대개 원핵생물에서만 나타나기 때문이다.

생물은 산소와의 관계에 따라 호기성생물(aerobe)과 혐기성생물(anaerobe)로 나눌 수 있다. 호기성(好氣性, aerobic)은 생존에 산소를 필요로 하며, 혐기성(嫌氣性, anaerobic)은 산소가 해롭다. 그래서 혐기성생물은 무산소호흡과 발효를 이용하여 에너지를 얻는다.

산소를 이용하여 에너지를 생산하면 에너지효율이 높기 때문에 호기성생물이 생태계에서 우세한 위치를 점한다. 호기성호흡은 거의 모든 진핵생물에 보편적이며, 식물과 동물은 절대적으로 산소호흡이 필요하다. 식물은 광합성 생산량의 절반 정도를 호흡으로 소비한다. 산소가 없을 때 동물과 식물의 일부 조직에서는 발효를 이용해 에너지를 생산하기도 한다.

호기성생물의 호흡은 산소의 공급원이 공기냐 물이냐에 따라 달라진다. 공기는 물에 비해 가볍고 덜 끈적거려 유동적이어서 좁은 통로도 잘 통과할 뿐만 아니라 21%가 산소이기 때문에 공기로 숨 쉬는 것은 비교적 쉽다. 반면 담수에 녹아 있는 산소는 공기의 1/30에 불과한데 물에 염이 많거나 따뜻할수록 산소의 양은 더욱 줄어들 뿐만 아니라 물은 밀도가 높고 점성이 높아 물에서 산소호흡을 하는 생물은 호흡을 위해 많은 에너지를 소비해야 한다.

세포들이 외부환경과 직접 가스교환을 하는 동물(해면동물, 자포동물, 유즐동물)도 있고, 일부 양서류는 피부를 통해 호흡하지만, 대부분의 동물은 호흡기관을 사용하여 호흡한다. 호흡기관(呼吸器官, respiratory organ)에는 아가미(새鰓, gill), 기관(氣管, trachea), 폐(肺, 허파, lung) 등이 있다. 이들은 고도의 분지(分枝, branch) 구조를 형성하고 표면에 주름이 많게 하여 가스교환 면적을 최대화한다. 호흡표면(respiratory surface)을 구성하는 세포에서 O_2와 CO_2의 이동은 확산에 의해 일어난다. 확산속도는 면적에 비례하고 거리의 제곱에 반비례한다. 즉 호흡표면적이 넓을수록, 얇을수록 가스교환이 빨라진다. 따라서 대부분의 호흡표면은 얇고 넓게 발달한다. 한 개체의 호흡표면을 모두 합하면 보통 자신 몸의 표면적보다 훨씬 넓다.

곤충의 호흡기관(呼吸器官)은 기관(氣管)이다. 기관의 표면적이 부피에 비해 넓기 때문에 몸통이 작은 동물은 기관호흡(氣管呼吸)이 적당하다. 기관은 표피가 내부로 함입된 구조이므로 내벽이 큐티클로 덮여 있다. 공기는 몸통 측면에 위치한 기문(氣門, spiracle)을 통해 기관으로 들어오며, 기관은 가지(tracheole)를 뻗어 몸 전체에 퍼져 있어 조직세포와 직접 가스교환을 한다. 따라서 육지에 사는 절지동물은 대기의 산소함량에 따라 몸체 크기가 좌우된다. 대기 중 산소가 35%를 차지한 고생대 석탄기에 살았던 잠자리 중에는 날개 폭이 거의 60cm에 이르는 종이 있었고, 길이가 3m나 되는 노래기도 있었다.

　척추동물은 혈액에 있는 호흡색소(헤모글로빈)가 가스교환을 매개하기 때문에 몸통 크기가 대기나 수중의 산소함량의 영향을 상대적으로 덜 받는다. 연골어류는 아가미로 호흡하고 부레나 폐는 없다. 경골어류도 아가미를 통해서 호흡하는데, 부레와 폐가 있다. 그래서 경골어류 대부분이 장시간 공기호흡을 할 수 있다.

　다윈은 육상사지동물의 폐가 어류의 부레에서 유래했을 것이라고 생각했지만 실제는 반대이다. 초기 경골어류들은 폐를 가지고 있었고 아가미에 의한 가스교환에 대한 보조수단으로 폐를 통한 공기호흡을 했다는 증거들이 많다. 이는 초기 경골어류에서 폐가 먼저 출현하고 나중에 일부 계통에서 부레로 진화했다는 것을 시사한다. 부레(swim bladder)는 혈액과의 가스교환으로 부피를 조절하여 부력을 유지하는 기관으로, 어류의 배아시기에 폐와 부레는 모두 소화관에서 발생한다.

　양서류는 피부호흡과 폐호흡 두 가지 모두 하는데, 폐호흡은 볼(cheek)과 입(mouth)을 사용해 공기를 폐에 불어넣었다 뱉는 방식으로 한다. 양막류(파충류, 조류, 포유류)는 갈비뼈로 둘러싸인 가슴공간을 팽창시켜 그 안에 있는 폐의 내부 압력을 낮추어 공기를 끌어들인다. 그래서 양막류는 흉곽의 압력을 이용한 강력한 호흡을 통해 폐를 입에서 더 멀리 위치시킴으로써 앞다리로 가는 신경, 근육, 혈관 등을 발달시킬 수 있었기 때문에 양서류보다 훨씬 더 강력하고 정교한 앞다리를 가지게 되었다. 포유류는 거기에다가 강력한 횡격막을 발달시켜 호흡량을 더욱 크게 했다. 포유류에만 흉강(胸腔)과 복강(腹腔)을 분리하는 근육인 횡격막이 있다.

조류는 척추동물 중 가장 효율적인 호흡시스템을 가지고 있다. 호흡표면으로 통과시키는 공기가 한 방향으로만 흐르기 때문에 이미 가스교환이 끝난 공기는 새로 들어오는 공기와 섞이지 않고 배출된다. 반면 들숨과 날숨이 같은 통로로 드나드는 포유류는 가스교환이 끝나 내보내는 공기가 새로 들어오는 공기와 섞이므로 폐 안의 산소분압이 항상 외부공기에 비해 낮다. 그래서 포유류가 살지 못하는 고산지역에서 조류는 살 수 있고, 사람이 넘어 다닐 수 없는 히말라야산맥을 인도기러기와 같은 몇몇 새들은 쉽게 넘어 다닌다.

사람은 배아나이 4주중(25일)에 소화관의 전장(前腸)에 호흡원기(respiratory primordium)가 나타난다. 원기(原基, primordium)란 기관(organ)을 형성하게 될 최초단계의 세포조직을 말한다. 호흡원기는 4주말에 호흡싹(respiratory bud)으로 발달하고, 호흡싹은 기관(trachea)과 기관지싹(bronchial bud)을 형성한다. 5주 이후 6개월 말까지 기관지싹은 새로운 가지 만들기를 열일곱 번 반복한다. 새로운 가지 만들기는 출생 후에도 계속되어 여섯 번 추가 갈림을 하면 기관지가 성인의 모습이 된다.

태아는 폐와 횡격막이 발달하면서 양수를 흡입했다가 내보내는 호흡운동을 한다. 태아호흡운동은 배아나이 9주부터 초음파로 관찰된다. 가스교환을 하는 것은 아니지만 폐의 발생을 거들고 호흡근육을 발달시키는 역할을 한다.

근육
근육은 액틴-미오신 복합체에서 진화

모든 생명체는 운동(運動, movement)을 한다. 단세포 생물의 운동방식에는 유영(游泳, swimming)과 활주(滑走, gliding)가 있다. 유영이란 수영한다는 말이고, 활주란 미끄러지듯 간다는 말이다. 유영할 때 세균(細菌, Bacteria)은 편모(鞭毛, flagellum)를 이용하고, 고균(古菌, Archaea)은 아키엘럼(archaellum)을 이용한다. 활주는 세포표면에 끈적거리는 물질을 분비하며 고체 표면에 붙인 다음 자신을 끌어당기는 것이다.

편모(鞭毛)란 '채찍 같은 털'이라는 의미이다. Flagellum(복수형: flagella)은 채찍을 의미하는 라틴어에서 유래했다. 편모가 있는 세균은 편모를 마치 채찍처럼 이용하여 헤엄쳐서 이동한다. 세균의 편모는 두께가 15~20nm이며, 플라젤린(flagellin)이라는 단백질 소단위로 구성된다. 각 세균 종들끼리는 플라젤린의 아미노산 배열이 유사하다. 이것은 세균 편모가 세균 진화역사 초기에 발생했다는 것을 의미한다.

편모는 모터단백질(motor protein)이 움직이게 한다. 이 단백질은 원형고리들로 둘러싸인 하나의 중심축으로 구성되며 세포막과 세포벽에 고정되어 있다. 에너지는 양성자동력(proton motive force)을 이용한다. 편모를 움직이는 방식은 올챙이 꼬리처럼 흔드는 것이 아니라 마치 선박의 프로펠러처럼 360° 회전하여 동력을 얻는다. 양성자동력의 강도에 따라 최대 1,000회/초의 속도로 회전할 수 있으며, 이동속도는 최대 60세포길이/초이다. 가장 빠른 육지동물인 치타가 25몸통크기/초로 이동할 수 있는 것과 비교하면 2배 이상 빠르다.

나선균(螺旋菌, spirillum)과 간균(桿菌, bacillus)은 절반 이상이 편모를 가지고 있다. 위궤양을 유발하는 나선균인 헬리코박터(Helicobacter pylori)는 2~7개의 편모를 가지고 있는데, 편모를 이용하여 위 표면에 있는 점액을 뚫고 이동하며 외피세포 안으로 뚫고 들어가기도 한다.

아키엘럼(archaellum)은 archaeal flagellum(고균의 편모)을

줄인 말이다. 고균에 있는 편모라는 뜻이다. 아키엘럼은 두께가 10~13nm이다. 편모와 같이 회전운동에 의해 동력을 발생시키지만, 단백질 성분은 세균과는 다르며, 에너지도 세균과는 달리 ATP를 이용한다. 이는 세균과 고균이 35억 년 전에 갈라지면서 유영운동성이 다르게 진화되었다는 것을 의미한다.

진핵세포의 편모는 원핵세포의 편모와 외모는 비슷하지만 내부구조가 다르고 운동방식도 다르다. 진핵생물의 편모는 채찍을 휘두르는 것과 같은 휘둘림운동(whiplike motion)으로 이동동력을 얻는다. 세균 편모가 회전에 의해 이동동력을 발생시키는 것과는 다르다.

진핵세포생물의 운동기구에는 편모 외에도 섬모(纖毛, cilia)와 위족(僞足, pseudopodia)이 있다. 편모, 섬모, 위족은 모두 액틴필라멘트(actin filament)나 미세소관(microtubule)과 같은 필라멘트로 만들어진다. 여기에 모터단백질인 미오신(myosin)이나 디네인(dynein)이 결합되어 ATP를 소비하여 동력을 발생시킨다.

액틴필라멘트와 미세소관은 진핵세포의 세포골격(細胞骨格, cytoskeleton)을 구성하는 성분이다. 세포골격은 세포질(cytosol)에 종횡으로 펴져 있는 단백질필라멘트(protein filament)로 된 조밀한 네트워크를 말하며, 세포에 있는 막을 기계적으로 지지하여 세포로 하여금 특정 모양을 유지할 수 있도록 하고 세포 이동에도 중요한 역할을 한다. 세포골격이라는 개념은 프랑스 생물학자 윙트레베르(Paul Wintrebert, 1867~1966)가 제시했다. 그는 세포 내에 거미줄처럼 얽힌 미세관이 세포의 형태에 중요한 역할을 한다는 것을 밝히고 이를 cytoskeleton이라고 했다. 처음에는 세포골격이 진핵세포에만 존재하는 것으로 생각되었으나, 세포골격을 만드는 유사한 단백질이 세균에도 존재한다는 것이 밝혀졌다.

진핵세포의 세포골격을 구성하는 단백질을 필라멘트(filament)라고 한다. 필라멘트는 두께에 따라 미세필라멘트(microfilament), 중간필라멘트(intermediate filament), 미세소관(microtubule)으로 구분한다. 미세필라멘트는 지름 7nm의 구형 액틴(actin)단백질이 이어져 만들어지기 때문에 액틴필라멘트라고도 한다. 중간필라멘트는 지름이 7~12nm이며, 케라틴(keratin)이 여기에 포함된다. 미세소관은 지름이 25nm이며, 튜불린 2개로 구성되고 속이 비어 있다. 미세소관은 세포내 물질수송을 담당하며 세포분열 때 염색체를 이동시키는 방추사를 만들고, 섬모와 편모를 만든다.

진핵세포의 섬모와 편모는 구조가 동일하다. 섬모와 편모의 절단면을 보면, 중앙에 2개의 미세소관이 있고 이를 9쌍의 미세소관 다발이 둘러싸는 구조이다. 이런 구조를 '9+2구조'라고 한다. 여기에 디네인이 부착되어 ATP를 소비하여 움직이게 한다. 9+2구조는 진핵생물에서만 나타난다. 섬모와 편모는 작동방식도 동일하여, 채찍을 휘두르는 것과 같은 휘둘림운동으로 이동동력을 얻는다. 차이는 섬모는 짧고 여러 개이며 부착된 표면에 평행한 방향으로 세포를 이동시키는 반면, 편모는 길고 수가 적으며 주축에 평행하게 세포를 이동시킨다는 것이다. 섬모는 상당히 빠르게 동시에 치고 나가는 짧은 편모라고 할 수 있어서 편모에 의한 이동보다 속도가 빠르다.

편모를 가진 단세포생물을 편모충(flagellate)이라고 한다. 편모충은 편모를 가진 모든 원핵생물과 진핵생물을 포괄하는 개념으로 사용되기도 하고 편모로 움직이는 원생동물만을 의미하기도 하는데, 계통적인 분류는 아니다. 인체세포에서는 정자가 유일하게 편모를 가지고 있는 세포이다. 섬모는 기관지상피세포에 많다. 인간에서 미세소관을 움직이는 운동단백질인 디네인 유전자에 돌연변이가 생기면 섬모와 편모의 기능이 상실되어 만성호흡기감염이 초래되고, 정자가 움직이지 못해 남성불임증이 생긴다.

위족(僞足, pseudopodia)은 가짜(위僞, pseudo) 다리(족足, podia)라는 뜻인데, 운동은 액틴필라멘트가 팔과 같은 모양의 위족을 만들어 미오신과 협동해 ATP를 소비하여 이루어진다. 아메바는 위족을 내밀어 보행(walking), 활주(gliding), 유영(swimming) 등을 한다. 2개의 위족으로 마치 두 다리로 걷듯이 걸을 수도 있고, 하나의 위족을 내밀어 기질에 붙여 자기 몸체를 끌어당기는 활주운동도 하며, 2개의 위족을 내밀어 양팔을 헤엄치듯이 움직여 유영도 한다.

아메바(amoeba)는 변화(change)를 의미하는 그리스어 amoibe에서 유래한 명칭으로, 위족을 가진 단세포생물을 말한다. 아메바는 계통적인 분류군은 아니며, 아메바로 명명되는 많은 종은 여러 진핵생물 계통에 흩어져 있다. 위족으로 이동도 하고 먹이도 삼켜 먹는 세포들은 모두 아메바유사세포(amoeboid cell)라고 한다. 아메바유사세포는 단세포 원생생물뿐만 아니라 진균, 조류, 동물 등에서도 나타난다. 인체의 백혈구도 아메바유사세포이며, 소장세포 표면의 미세융모(microvilli)도 액틴필라멘트와 미오신이 작용하여 기능을 하고, 근육세포의 수축활동도 액틴필라멘트와 미오신의 상호작용이다.

동물의 근세포(筋細胞, 근육세포, myocyte, muscle cell)는 수축활동에 전문화된 세포인데, 수축기구는 조상 진핵세포에서 유래한 액틴-미오신 복합체(actin-myosin complex)이다. 근육에는 다음 두 종류가 있다.

(1) 횡문근(橫紋筋, 가로무늬근, striated muscle)
(2) 평활근(平滑筋, 민무늬근, smooth muscle)

현미경으로 관찰했을 때 가로무늬가 있으면 횡문근이라고 하고, 그렇지 않으면 평활근이라고 한다. 평활근과 같은 말인 민무늬근의 접두어 '민'은 없다는 뜻이다. 평활근이 좀 더 원시적인 근육으로 무척추동물의 몸통근육에 널리 분포하며, 척추동물에서는 내장근을 구성한다. 곤충은 횡문근만을 가지고 있지만, 근육의 작동방식은 동물 전체적으로 차이는 없다.

척추동물에서 횡문근은 골격을 이루기 때문에 골격근(骨格筋, skeletal muscle)이라고도 하며, 평활근은 내장근육을 구성하기 때문에 내장근(內臟筋, visceral muscle)이라고도 한다. 그런데 척추동물의 근육 종류에는 횡문근과 평활근 이외에 심근이 추가된다. 심근(心筋, cardiac muscle)은 심장을 구성하는 근육으로, 현미경적으로는 횡문근과 유사하지만 구조와 작동방식이 달라 따로 구분한다.

사람 배아발생에서 평활근과 심근은 가쪽중배엽(lateral mesoderm)에서 유래하고, 골격근은 축옆중배엽의 체절(體節)에서 만들어진다. 체절은 골분절(sclerotome), 근절(myotome), 피부분절(dermatome)로 분화하여 각각 뼈, 골격근, 진피를 만든다. 근절(筋節)에서는 근원세포(myoblast)가 형성되고 증식-이주-증식의 과정을 거쳐 근원세포 몇 개가 융합하면서 다핵성 근세포(multinucleated muscle cell)를 형성한다. 골격근세포(skeletal muscle cell)는 개별적인 수축세포여서 근섬유(muscle fiber)라고도 불린다. 다핵성 근세포, 골격근세포, 근섬유 등은 모두 같은 말이다. 하나의 근섬유는 원통 모양이고, 두께는 10~100μm이며, 길이는 수 cm에 이른다. 젊은 남성의 이두근(biceps)은 253,000개의 근섬유로 구성된다. 척추동물에서는 일단 근세포로 분화하면 분열능력을 상실하기 때문에 골격근의 근섬유 수는 배아시기에 결정되고 태어난 이후에는 증가하지 않는다. 생후 근육조직의 성장은 근섬유 각각의 크기가 증가함으로써 이루어진다. 근섬유의 크기는 100배 이상 증가한다.

척추동물의 골격근은 뼈와 같이 체절에서 유래하기 때문에 발생할 때부터 서로 연결되어 있지만, 곤충과 같은 절지동물은 외골격은 외배엽에서 유래하고 근육은 중배엽에서 유래하기 때문에 서로 연결하는 섬유구조가 필요하다. 외골격을 가진 곤충은 탈피 때마다 연결섬유가 큐티클과 함께 소실되고 다시 자란다.

피부

**경골어류의 외피는 중배엽의 진피골에서,
사지동물의 외피는 외배엽에서 유래**

모든 생물은 외피(外皮, envelope)라는 장벽(barrier)으로 외부환경과 물리적으로 분리되어 있다. 피부(皮膚, skin)는 보통 척추동물의 외피를 지칭한다.

가장 기본적인 외피는 세포막(細胞膜, cell membrane)이다. 원핵세포와 진핵세포의 세포막은 동일한 기능을 한다. 원핵생물의 외피는 세포막 이외에 세포벽(cell wall)이 있다. 크기가 0.1~0.5μm로 가장 작은 세균인 마이코플라스마(Mycoplasma)는 예외적으로 세포벽이 없는 대신 세포막에 스테롤(sterol) 성분이 있다. 스테롤은 원핵세포에는 극히 드물고 진핵세포의 세포막의 주요 성분이며, 세포벽이 없는 진핵생물에서 구조적 강도를 제공하는 역할을 한다. 동물세포에서의 스테롤은 콜레스테롤이고, 진균에서는 에르고스테롤이다.

세포벽은 진핵세포 중에는 조류(藻類, algae), 진균(眞菌, fungus), 식물(植物, plant) 세포가 가지고 있다. 조류의 세포벽은 화학적 구성이 종에 따라 매우 다양하고, 진균의 세포벽은 키틴(chitin)으로 구성되며, 식물의 세포벽은 섬유소(纖維素, 셀룰로스, cellulose)로 구성된다. 곤충을 포함하는 절지동물의 외피는 표피(epidermis)와 큐티클(cuticle)로 구성되는데, 큐티클의 주성분은 진균의 세포벽과 동일한 키틴이다. 큐티클은 외피 역할을 할 뿐만 아니라 골격의 기능도 하는데, 갑각류의 큐티클은 칼슘이 침착되어 매우 단단하다.

최초의 척추동물인 무악류 갑주어(甲冑魚, Ostracoderm)의 외피(비늘, scale)는 에나멜과 상아질로 되어 있고, 초기 유악류인 연골어류의 외피(비늘)도 동일한 구조이다. 연골어류의 방패비늘(placoid scale)은 에나멜과 상아질로 구성되며 안쪽에는 혈관이 있는 치수강(pulp cavity)이 있어서 진피치아(dermal denticle)라고도 한다. Denticle은 작은 치아(small tooth)란 의미이다. 방패비늘의 끝은 날카로운 치아 모양이고, 바닥은 사각형 모양으로 진피에 파묻혀 있다. 방패비늘 자체는 크기가 성장하지 않고 몸통이 커지면 새로운 방패비늘이 추가된다.

초기 경골어류의 비늘도 진피(dermis)에서 유래한 뼈를 함유하고 있으며, 그 위에 점액선이 있는 외피가 얇게 덮여 있다. 이런 비늘은 굳비늘(ganoid scale)이라 불린다. 굳비늘은 다이아몬드 모양으로 생겼으며, 표면에 에나멜층이 있고, 그 아래는 뼈로 되어 있다. 경골어류가 진화하면서 진골어류(眞骨魚類, teleost)가 나타났다. 완전한(teleos) 뼈(osteon)를 가진 어류라는 의미인데, 현존하는 조기류(條鰭類, Actinopterygii)의 99%는 진골어류이다. 진골어류의 외피는 가볍고 유연한 둥근비늘(cycloid scale)이나 빗비늘(ctenoid scale)로 대체되었다. 둥근비늘과 빗비늘은 칼슘염과 콜라겐섬유로 이루어져 있으며, 중배엽 기원의 진피에서 유래한다. 비늘 각각은 얇고 유연하며, 이것들이 열을 지어 서로 겹쳐지게 배열되어 있다.

진피골(dermal bone)은 중배엽에서 유래하는 진피에서 발생하는 뼈로, 경골어류의 비늘뿐만 아니라 모든 척추동물의 두개골, 턱뼈, 지느러미 가시, 아가미덮개(gill cover, operculum), 거북등껍질, 쇄골(clavicle), 견대(pectoral girdle) 등도 진피골이다.

사지동물(양서류, 파충류, 조류, 포유류)의 피부는 외배엽에서 유래하며 각질(角質, 케라틴, keratin)이 있다. 파충류의 비늘, 조류의 부리와 깃털, 포유류의 털, 뿔, 손발톱, 인간의 때와 비듬 등이 모두 각질이다. 한자 각(角)은 '동물의 뿔을 이루는 성분'이라는 뜻이다. Keratin은 뿔을 의미하는 그리스어 keras에서 유래했다. 각질은 케라틴으로 가득 찬 죽은 세포들이다. 케라틴은 진핵세포의 세포골격을 구성하는 필라멘트 중 중간필라멘트(intermediate filament)에 속하는 단백질이며, 세포질에 케라틴이 풍부한 각질세포들이 죽으면서 케라틴은 그대로 남아 각질이 된다.

각질은 육지에 사는 사지동물의 피부가 건조해지는 것을 방지하는 역할을 한다. 양서류의 피부는 점액선이 많아 항상 촉촉하며 매우 얇아 물이 통과하고 피부호흡도 하는데, 각질이 있어 국소적으로 두꺼운 피부도 있다. 피부 전체적으로는 얇고 비늘이나 털이 없어 포식자의 공격에 약하고 햇볕에 손상될 위험성도 높다. 반면 양막동물(파충류, 조류, 포유류)의 피부는 두껍고 각질이 많으며 물에 대한 투과성은 없다. 파충류의 비늘은 표피(epidermis)에서 형성된 것으로, 경골어류의 진피에서 유래한 비늘과는 상동(相同, homologue)이 아니다.

인간이 가죽(leather)으로 소비하는 동물의 피부는 양막류에서 얻는다. 벗겨낸 가죽은 그대로 두면 부패해버리지만, 무두질을 하면 물에 적셔도 부패하지 않으며 건조시켜도 딱딱하지 않게 된다. 파충류의 특징적인 비늘은 딱딱한 형태의 케라틴으로 이루어졌는데, 악어는 비늘 아래의 진피에 골편(뼈진피, osteoderm)이라는 얇은 판 모양의 구조가 있다.

조류와 포유류의 피부는 표피(表皮, epidermis)와 진피(眞皮, dermis)로 구성된다. 표피는 외배엽에서 유래하는 상피조직이며, 진피는 중배엽에서 유래하는 결합조직이다. 고생물학자들은 공룡과 원시조류는 보온을 위한 깃털을 가지고 있었고, 조류는 공룡의 후손이라고 생각한다. 깃털의 초기형태는 보온을 위해 진화한 것이며, 나중에 비행을 위한 도구가 된 것은 부수적인 변화였다. 포유류의 털도 주요 기능은 열 손실을 막는 절연체의 역할이다. 포유류의 진피를 형성하는 중배엽은 축옆중배엽(paraxial mesoderm), 가쪽중배엽(lateral mesoderm), 신경능선세포(neural crest cell) 등 세 곳에서 유래한다. 축옆중배엽에서는 등(back)의 진피가 만들어지고, 가쪽중배엽에서는 팔다리와 몸통의 진피가, 신경능선세포로부터는 얼굴과 목의 진피가 만들어진다.

포유류의 피부는 다음과 같은 부속기관을 갖는데, 치아를 제외한 다른 모든 부속기관은 표피외배엽에서 기원한다.

(1) 손발톱(조갑爪甲, nail)

(2) 털(모毛, hair)

(3) 피지선(皮脂腺, 피지샘, 기름샘, sebaceous gland)

(4) 땀샘(한선汗腺, sweat gland): 아포크린샘, 에크린샘

(5) 젖샘(유선乳腺, mammary gland)

(6) 치아(齒牙, 이빨, 이, tooth)

모든 모낭(毛囊, hair follicle)에는 피지선이 있지만, 피지선은 털이 없는 곳에도 존재한다. 입술, 눈, 생식기가 그렇다. 털을 만드는 신호물질은 높은 농도일 때는 털과 피지선을 함께 만

들고, 낮은 농도일 때는 피지선만 만든다. 그래서 아마도 털은 피지선의 보조적인 요소로 진화했을 수 있다. 처음에는 분비물의 탈출을 돕는 심지 역할을 했지만, 나중에는 단열기능을 비롯한 여러 역할을 하게 된 것이다. 피부에 털이 있는 동물은 포유류가 유일하다. 털이 없어 보이는 고래도 몸 어딘가에는 털이 있다. 털은 특정 길이에 도달하면 성장을 멈추고, 포유류의 대부분은 1년에 두 번, 봄과 가을에 털갈이를 한다. 대부분의 포유류는 털을 다듬거나 손질하는 습성이 있다.

모낭은 표피에서 유래하여 진피 속 깊이 파묻힌다. 피지선과 땀샘도 표피에서 발생하여 진피 속으로 성장하여 형성된다. 젖샘은 표피에서 시작하여 진피를 지나 피하지방으로 함입된다. 피부의 샘(선腺, gland)은 관(tube)을 통해 분비하는 외분비기관이다. 관은 여러 갈래의 가지로 나뉘고, 가지 끝에는 물질을 합성하는 세엽(細葉, 샘꽈리, acinus)이 있다. Acinus(복수형: acini)는 샘조직에서 작은 주머니 모양으로 부푼 곳을 지칭하는 용어로, 번역어 세엽(細葉)은 '가느다란 잎'이라는 의미이다. Alveolus(복수형: alveoli)도 작은 주머니라는 의미인데, 주로 폐포(肺胞, 허파꽈리)를 의미하지만 젖샘조직에도 사용된다. Acinus나 alveolus를 현미경으로 관찰하면 우리나라 길가에서 흔히 볼 수 있는 풀인 꽈리의 열매처럼 보인다.

땀샘은 포유류에만 있는데, 아포크린샘에서는 모공을 통해 분비물이 나오고 에크린샘에서는 털과 관계없는 별개의 구멍으로 나온다. 대부분의 포유류에서는 아포크린샘이 훨씬 많고, 에크린샘은 발바닥이나 손바닥에만 있다. 포유류에서 에크린샘이 진화한 것은 손발로 움켜잡는 능력을 키우기 위해서였을 가능성이 높다. 스트레스를 받는 순간에 손발바닥의 에크린샘에서 나오는 땀은 마찰력을 제공해 뭔가를 잡고 기어오르거나 점프 후 착지하는 데 유용했을 것이다. 에크린샘이 체온을 조절하는 기능은 인간에서 발달했는데, 보통 포유류는 털이 많아 에크린샘이 있어도 체온조절에 효율적이지 못한 것을 보면, 인간에서 에크린샘의 발달은 털의 퇴화와 관련이 있을 가능성이 있다.

얼굴
포유류만이 얼굴표정을 만들 수 있다

안면(顔面, 얼굴, face)이란 머리 앞면의 전체적인 윤곽을 의미하는 것으로 포유류에만 있다. 포유류만이 안면근육이 있기 때문인데, 포유류가 아닌 척추동물은 머리 앞쪽이 있더라도 근육움직임이 없어 표정이란 것이 없다.

포유류의 얼굴표정을 만드는 것은 얼굴의 피부를 움직이는 안면근육(顔面筋肉, 얼굴근육, facial muscle)이다. 얼굴표정을 만들기 때문에 표정근육(表情筋肉, mimetic muscle)이라고도 한다.

얼굴근육은 뼈대가 아닌 진피에 붙어 있는 피부근육(cutaneous muscle)으로, 둘째인두활의 신경능선세포로부터 발생한다. 그래서 안면근육을 지배하는 신경도 둘째인두활의 신경인 얼굴신경(7번뇌신경)이다. 모든 척추동물이 신경능선세포를 가지고 있지만, 포유류에서만 얼굴근육세포로 분화한다.

사람의 얼굴근육은 기능적으로 다음 몇 가지 그룹으로 나눌 수 있다.

(1) 머리덮개근육
(2) 귓바퀴근육
(3) 눈 근육
(4) 코 근육
(5) 입 근육
(6) 목 근육

머리덮개근육(epicranius)은 후두전두근(뒤통수이마근, occipitofrontalis)이며, 두피(頭皮, 머리덮개, scalp)를 움직인다. 두피는 두개골을 덮고 있는 피부와 피하조직을 말한다. 후두전두근의 이마 쪽은 전두근(前頭筋, 이마근, frontalis), 뒤통수 쪽은 후두근(後頭筋, 뒤통수근, occipitalis)이라고 한다. 전두근은 눈썹을 끌어 올려서 이마에 가로주름을 만들고, 후두근은 두피를 뒤쪽으로 끌어당긴다.

귓바퀴근육(auricularis)은 귓바퀴를 끌어당기는 앞쪽, 위쪽,

뒤쪽 3개의 근육으로, 사람에서는 특별한 기능이 없다.

눈 근육에는 안윤근(眼輪筋, 눈둘레근, orbicularis oculi), 추미근(皺眉筋, 눈썹주름근, corrugator supercilii), 안검거근(眼瞼擧筋, 눈꺼풀올림근, levator palpebrae superioris)이 있다. 안윤근은 눈 둘레를 둘러싸면서 눈을 강하게 감을 수 있게 하고, 추미근은 눈썹을 아래안쪽으로 당겨 이마에 수직 방향의 주름을 만든다. 추미근은 고통이 있을 때 눈살을 찌푸리게 하거나 태양빛에 눈이 부실 때 '지붕'과 유사한 이마 미간 주름을 만들어 햇빛을 가린다. 안검거근은 눈꺼풀을 위로 올린다. 눈을 덮는 꺼풀인 안검(眼瞼, 눈꺼풀)은 사람 배아나이 6주에 표면외배엽에서 발생하여 7개월에 위아래눈꺼풀이 완전히 분리된다. 대부분의 사지동물에는 눈꺼풀이 있고, 어류에는 없다.

비근(鼻筋, 코 근육, nasalis)은 콧구멍을 좁히는 가로부분과 콧구멍을 벌리는 콧방울부분으로 이루어져 있다.

입 근육은 윗입술근육, 입안근육, 아래입술근육으로 나뉜다. 윗입술근육은 입꼬리를 위가쪽으로 당기고, 아래입술근육은 입술을 아래가쪽으로 당기는 역할을 한다. 입안근육에는 협근(頰筋, 볼근, 뺨근육, buccinator)과 구윤근(口輪筋, 입둘레근, orbicularis oris)이 있다. 뺨근육은 볼을 긴장시켜 치열 쪽으로 끌어당기고, 입둘레근은 입을 닫고 입술을 내미는 역할을 한다.

목에 있는 광경근(廣頸筋, 넓은목근, platysma)은 목 앞의 피부 밑으로 넓게 퍼져 있는 근육이다. 아래쪽으로는 목의 아랫부분과 윗가슴의 피부에 붙어 있고, 위쪽으로는 아래턱의 아래모서리, 얼굴아랫부분, 입꼬리에 붙어 있으면서 얼굴아랫부분과 아랫입술을 끌어내려 목의 피부를 긴장시킨다.

사람을 비롯한 포유류가 구강에 공기를 가득 채우고 볼을 부풀릴 수 있는 것은 구강을 기능적으로 폐쇄된 공간으로 만들 수 있기 때문이다. 포유류 신생아는 입술을 젖꼭지에 밀착시키고 뺨근육으로 구강에 음압(陰壓, negative pressure)을 형성해서 젖을 빨아먹는다. 안면근육과 입술이 없다면 모유를 빨아먹기 어렵다.

젖과 유방은 포유류를 정의하는 특징이지만, 젖꼭지과 입술은 유대류와 태반류만 가지고 있다. 자연선택은 어미와 자식에게 따로따로 작용하는 것이 아니라 어미와 자식에게 동시에 작용한다. 포유류이지만 입술 발달이 미약한 오리너구리 같은 단공류는 모유를 핥아먹고, 태반류이지만 입술이 없는 고래와 돌고래는 젖샘에 근육이 발달해서 새끼 입속으로 젖을 쏘아준다. 입술이 있는 포유류만이 맘마(mamma)처럼 입술이 있어 가능한 소리인 [m] [p] [f] [v] 등의 순음(脣音, labial)을 낼 수 있다. 입술이 없는 파충류는 [k] [g] 등과 같은 입천장소리인 구개음(口蓋音, guttural)을 내고, 조류도 마찬가지이다.

인간 배아에서 얼굴이라고 할 수 있는 첫 구조는 배아나이 4주초에 나타나는 입오목(stomodeum)이다. 구멍은 아니고 움푹 들어간 것이다. 얼굴은 배아나이 4주말에 입오목 주위에 나타나는 5개의 얼굴융기(facial prominence)에 의해 형성된다. Prominence는 돌출된 부분을 말하며, 융기라고 번역한다. 의학에서 융기라고 번역되는 용어로 prominence 외에도 elevation, eminence, mound, protuberance, tuber, process 등이 있다. 얼굴융기는 다음 총 5개이다.

　(1) 중앙의 이마코융기(frontonasal prominence) 1개

　(2) 좌우 위턱융기(maxillary prominence) 2개

　(3) 좌우 아래턱융기(mandibular prominence) 2개

　이마코융기는 전뇌(前腦)를 둘러싸고 있으며, 이마, 눈, 코로 발달한다. 위턱융기와 아래턱융기는 첫째인두활에서 유래한 것으로 좌우에서 발생한다. 위턱융기는 뺨(cheek)과 위턱(maxilla)을 만들고, 이마코융기와 융합하여 윗입술을 만든다. 아래턱융기는 아랫입술과 아래턱을 만드는데, 성인에서 가끔 보이는 턱끝보조개(chin dimple)는 좌우 아래턱융기의 결합이 불완전해서 생기는 것이다.

　사람에서 코 발생은 배아나이 4주말에 입오목의 윗모서리를 형성하는 이마코융기의 양옆의 표면외배엽이 일부 두꺼워져 코기원판(비기원판鼻紀元板, nasal placode)이 형성되면서 시작된다. 배아나이 5주에 코기원판은 움푹 들어가 코오목(nasal pit)을 형성하고, 코오목을 둘러싼 조직은 능선을 이루어 코융기(nasal prominence)를 형성한다. 좌우 각각의 코융기는 코오

목을 가운데 두고 안쪽코융기(medial nasal prominence)와 가쪽코융기(lateral nasal prominence)로 구분된다.

위턱융기는 코융기보다 가쪽에 있는데, 위턱융기가 커지면 양쪽 안쪽코융기는 중앙으로 서로 접근하게 되고 코오목은 깊어져 코주머니(nasal sac)를 만든다. 코주머니는 처음에는 입코막(oronasal membrane)으로 구강과 분리되어 만들어지지만, 6주말에는 막이 파열되어 비강과 구강이 개통된다.

배아나이 4~7주에는 좌우 양쪽의 안쪽코융기가 융합되어 위턱사이분절(intermaxillary segment)이 된다. 위턱사이분절은 다음 세 가지 구조를 만들고 이마코융기에서 형성되는 코중격(nasal septum)과 융합된다.

(1) 인중(人中, philtrum)
(2) 4개의 앞니를 포함하는 위턱성분
(3) 일차입천장(primary palate)

인중은 윗입술과 콧구멍 사이에 오목하게 골이 진 부분으로, 단공류에는 없고 유대류와 태반류에만 있다. 인중은 얼굴에서 가장 앞으로 튀어나온 주둥이가 되며 후각기능을 하는 것으로 추정되는데, 영장류에서는 퇴화되어 약간 파인 흔적만 있다.

위턱사이분절에 의해 일차입천장(primary palate)이 형성된 후 위턱융기 양쪽에서 입천장선반(palatine shelve)이 자라 나와 융합해서 이차입천장(secondary palate)을 형성한다. 이차입천장은 일차입천장과 합쳐져 입천장(구개口蓋, palate)이 된다. 이때 코중격도 아래로 자라 내려와 입천장 윗면에 융합된다. 비강(鼻腔)과 구강(口腔)은 각자 만들어지기 때문에 처음에는 분리되어 있지만 6주말에는 서로 개통되었다가, 입천장이 완성되면 다시 분리되고 뒤쪽에서만 서로 연결된다.

완전한 이차입천장은 포유류에서만 나타난다. 파충류는 이차입천장이 없어서 구강과 비강이 하나의 커다란 공간을 이루지만, 포유류는 비강과 구강이 완전히 분리되기 때문에 음식을 씹는 동안 호흡을 멈출 필요가 없고, 삼킬 때만 숨을 멈추면 된다. 또 비강에는 공기만 통행하게 되어 후각도 좋아진다. 포유류 새끼가 어미의 젖꼭지 주변에 진공을 형성해 젖을 빨 수 있는 것도 이차입천장이 구강을 폐쇄된 공간으로 만들어주기 때문이다. 이차입천장은 위턱을 강하게 해주는 효과도 있는데, 턱이 받는 힘이 증가하면서 이차입천장이 발달했을 가능성도 있다.

포유류는 비강이 넓고 비강에는 비갑개(鼻甲介, 코선반, turbinate)와 부비동(副鼻洞, 코곁굴, paranasal sinus)이 있다. 비갑개라는 뼈는 주름이 많아 비강의 표면적을 넓히는 역할을 한다. 코를 통해 들어오는 공기는 먼지도 있고 체온에 비해 차갑고 건조한데, 비갑개를 지나면서 먼지는 점액에 달라붙고 공기는 따뜻해지고 습기를 머금게 된다. 조류도 비갑개가 있는 것을 보면, 비갑개는 내온동물의 대사와 밀접한 관계가 있을 수 있다. 온혈성을 유지하기 위해서는 대사량이 크게 증가해야 하고 이는 엄청난 호흡량을 요구하는데, 비갑개가 없었다면 공기호흡을 하는 동안 엄청난 양의 수분을 잃었을 것이다.

부비동은 코 가쪽벽의 곁주머니로 시작되어 상악골(위턱뼈, maxilla), 사골(벌집뼈, ethmoid bone), 전두골(이마뼈, frontal bone), 접형골(나비뼈, sphenoid bone) 속으로 확장된다. 부비동은 사춘기에 최고 크기에 달하며 얼굴의 최종 모양을 결정하는 데 기여한다.

얼굴 형성에 기여하는 구조와 결과물은 다음과 같다. 안쪽코융기와 가쪽코융기는 이마코융기에서 파생한 융기이다.

(1) 이마코융기: 이마, 콧마루
(2) 가쪽코융기: 콧방울
(3) 안쪽코융기: 코끝, 콧날, 인중, 윗입술의 인중 부분
(4) 위턱융기: 윗입술의 가쪽 부분, 뺨
(5) 아래턱융기: 아랫입술

안쪽코융기와 위턱융기가 만나는 지점에서 윗입술과 입천장이 형성된다. 입천장의 앞부분은 뼈가 기초를 이루고 있어 단단하므로 경구개(硬口蓋)라고 하고, 뒤쪽의 비교적 작은 부분은 뼈가 없어 연구개(軟口蓋)라고 한다. 입천장 발생의 임계기는 배아나이 6주말에서 9주초까지이다. 한쪽 또는 양쪽에서

위턱융기와 안쪽코융기가 완전히 융합하지 못하면 구순열(口脣裂, 입술갈림증, cleft lip)과 구개열(口蓋裂, 입천장갈림증, cleft palate)이 생긴다. 신생아 1,000명당 1명꼴로 나타난다.

사지동물에는 눈물(tear)을 분비하고 눈에서 코로 눈물을 운반하는 비루관(鼻淚管, 코눈물관, nasolacrimal duct)이 있다. 사람 발생 과정에서는 위턱융기와 가쪽코융기 사이에 깊게 파인 코눈물고랑(nasolacrimal groove)이 생기고, 이 고랑의 외배엽은 속이 찬 상피띠(epithelial cord)를 이루어 표면외배엽으로부터 분리된다. 이 상피띠에 관이 생기면 코눈물관이 된다. 비루관은 눈물을 코로 보내 후각세포를 촉촉하게 하는 기능을 한다. 눈물관에서 눈물이 계속 흐르지 않는다면 코를 통해 숨을 쉬는 과정에서 후각세포는 금방 말라버릴 것이다.

감각기관
**어류의 비공은 후각기능만 있지만,
사지동물에서는 후각과 호흡 두 가지 기능을 한다**

생물과 세계의 접촉은 감각(感覺, sensation)에서 시작하는데, 감각을 유발하는 자극(刺戟, stimulation)은 다음 네 가지이다.
(1) 전자기 자극(electromagnetic stimulation)
(2) 화학적 자극(chemical stimulation)

(3) 기계적 자극(mechanical stimulation)
(4) 중력(gravity)

인간의 감각은 다음과 같이 분류할 수 있는데, 통각(痛覺), 가려움증, 온도감각 등과 같이 분류하기 어려운 감각도 많다.
　(1) 시각(視覺, vision)
　(2) 청각(聽覺, hearing)
　(3) 미각(味覺, gustation)
　(4) 후각(嗅覺, olfaction)
　(5) 촉각(觸覺, tactile sense)
　(6) 평형감각(平衡感覺, sense of balance)
　(7) 내장감각(內臟感覺, visceral sense)

시각은 전자기 자극에 대한 감각이며, 미각과 후각은 화학적 자극에 대한 감각이고, 청각이나 촉각은 기계적 자극에 대한 감각이다. 평형감각은 중력에 대한 몸의 공간적 위치에 대한 감각이고, 내장감각은 기계적 자극과 화학적 자극에 대한 감각이다.

동물의 시각기관은 눈(eye)이라 한다. 시각은 외부의 빛이 눈의 광수용체(photoreceptor)를 자극하는 것으로 시작되는데, 눈은 작고 시야는 매우 넓어서 빛이 모아져야 한다. 그래서 눈은 광수용체뿐만 아니라 굴절기관을 포함하며, 컵(cup) 모양으로 생겼다. 입구 쪽에는 빛을 굴절시키는 렌즈(lens)가 있고, 안쪽에는 광수용체세포들이 막의 형태로 존재한다.

　광수용체세포는 빛에 반응하는 단백질인 옵신(opsin)과 빛을 흡수하는 색소인 발색단(發色團, chromophore)을 가지고 있다. 옵신은 빛의 광자를 화학신호로 변환하는 역할을 하는 단백질로, 모든 삼배엽동물이 가지고 있다. 삼배엽동물에서 눈의 발생은 팍스6(pax6) 유전자가 지휘한다. 쥐의 눈을 만드는 팍스6를 초파리의 다리에 발현시키면 거기에서 초파리의 눈이 만들어진다. 이러한 현상은 척추동물과 곤충과 같이 아주 멀리 떨어져 보이는 종(種)이라고 하더라도 시각기관은 공통의 조상에서 유래한 것임을 의미한다.

　눈의 종류에는 카메라형 눈(camera-like eye)과 겹눈(compound eye)이 있다. 척추동물은 카메라형 눈이고, 곤충을 비롯한 절지동물은 겹눈이다. 특이하게 연체동물에 속하는 두족류인 오징어와 문어의 눈은 카메라형이다.

　겹눈은 다수의 낱눈(ommatidium)으로 구성되는데, 각 낱눈은 각자의 렌즈를 가지고 있다. 카메라형 눈의 렌즈는 1개이다. 카메라형 눈의 렌즈는 크리스탈린(crystallin) 단백질을 함유한 외피세포들로 구성되기 때문에 수정체(水晶體, crystalline lens)라고 불린다. 두족류와 척추동물이 공유하는 수정체는 서로 독립적으로 수렴진화한 것이다. 척추동물의 수정체에는 두 종류가 있다. 어류의 수정체는 크고 구형이며 앞뒤로 움직이면서 빛의 초점을 조절하고, 사지동물은 수정체가 얇은 원판 모양이며 수정체를 죄었다가 풀어주는 식으로 초점을 조절한다.

카메라형 눈의 광수용체세포들은 망막(網膜, retina)에 존재한다. 척추동물의 망막에는 물체의 상이 거꾸로 맺힌다. 또 광수용체세포들이 뉴런의 뒤쪽에 존재하기 때문에 빛은 뉴런을 일단 통과한 다음 광수용체에서 화학신호로 전환되고 이 신호가 뉴런으로 전달되는데, 뉴런들이 모여 있는 곳에서는 빛이 광수용체세포에 도달할 수가 없어 맹점(blind spot)이 형성된다. 두족류의 카메라형 눈의 망막에서는 광수용체세포들이 뉴런들의 앞에 있기 때문에 맹점이 없다.

척추동물의 광수용체세포에는 간상세포(杆狀細胞, 막대세포, rod cell)와 원추세포(圓錐細胞, 원뿔세포, cone cell)가 있다. 막대세포는 어두운 빛에서 기능을 하고, 원뿔세포는 밝은 빛에 반응하며 색을 감별한다. 막대세포에 있는 옵신을 로돕신(rhodopsin)이라고 하고, 원뿔세포의 옵신은 포톱신(photopsin)이라고 한다.

척추동물은 네 종류의 포톱신을 가진다. 포톱신을 몇 종류 가지고 있는가에 따라 색 감별력이 결정된다. 파충류와 조류는 4색성이고, 양서류는 3색성이다. 대부분의 포유류는 파란색과 초록색을 구별하는 2색성이다. 포톱신 3~4개를 가진 양서류, 파충류, 조류는 다채로운 외피가 진화한 것과는 달리 포유류의 털가죽은 녹색이 없고 대부분 비슷한 색깔을 띠는 것도 포유류가 2색성이기 때문이다. 이것은 대부분의 포유류가 야행성인 것과도 관련된다. 그런데 포유류 중 영장류는 빨간색을 구별하는 포톱신이 다시 부활해서 녹색, 파랑, 빨강 세 가지를 구별하는 3색성이 되었다. 영장류는 주로 낮에 활동하며 붉게 익은 과일을 구분하고 먹을 수 있어서 영양이 좋아져 뇌가 크게 진화하도록 했을 가능성이 있다.

사람 배아나이 22일에 신경관 앞쪽에 양쪽으로 얕은 고랑이 나타나고, 25일에 머리쪽 신경관이 닫힐 때 이 고랑은 밖으로 더욱 돌출되어 눈소포(optic vesicle)가 된다. 눈소포는 표면외배엽과 접촉하여 수정체를 형성하도록 유도한다. 눈소포는 속으로 파여 들어가 벽이 두 겹인 눈잔(optic cup)을 형성하고, 눈잔과 접한 표면외배엽은 수정체기원판(lens placode)을 형성한다. 눈은 수정체기원판과 눈잔이 합쳐져 만들어진다. 눈잔은 색소층과 신경층으로 나뉘고, 신경층에서 광수용체세포가 만들어진다. 이처럼 포유류의 눈은 신경관의 일부가 피부로 돌출하여 외배엽과 합해져 형성되기 때문에 뇌가 마치 밖으로 튀어나온 모양처럼 된다. 태아의 눈 움직임은 12주에 나타나고, 21주에는 빠른 움직임(rapid eye movement, REM)이 나타나며, 28주에는 EM(eye movement)과 NEM(non-EM)의 주기가 나타난다.

다른 감각과 마찬가지로 청각도 해양생물에서 처음 진화했다. 어류의 내이(內耳)는 두개골 안에 있는데, 수중의 음파는 내이에 곧바로 전달된다. 어류는 부레를 진동시키거나 치아를 갈거나 아가미덮개를 움직이거나 항문으로 물방울을 분출하는 다양한 방식으로 소리를 만들어 서로 의사소통을 한다. 초기 육상척추동물에게 있어 듣는다는 것은 다리와 아래턱을 타고 올라와 귀에 전달되는 땅의 진동을 감지하는 것이었을 텐데, 공기의 음파를 증폭하여 내이에 전달해주는 중이(中耳)가 진화하면서 비로소 공기로 전파되는 소리를 들을 수 있었다. 양서류, 파충류, 조류는 중이의 이소골이 등자뼈(stapes) 1개만 있으며, 고막은 머리 표면에 평평하게 노출되어 있고, 외이는 없다.

  포유류에서 외이가 처음 생겼고, 이소골은 3개가 되었다. 포유류는 소리를 모으는 깔때기 같은 귓바퀴가 있어 음파를 더 잘 모을 수도 있고 듣고자 하는 방향을 선택할 수도 있다. 포유류의 귀(耳, ear)는 다음 세 부분으로 구성된다.

  (1) 외이(外耳, 바깥귀, external ear)
  (2) 중이(中耳, 가운데귀, middle ear)
  (3) 내이(內耳, 속귀, internal ear)

  외이는 귓바퀴(auricle)와 외이도(外耳道, 바깥귀길, external auditory meatus)로 구성된다. 사람 배아발생에서 외이도는 둘째 인두고랑에서 형성되고, 귓바퀴는 첫째와 둘째인두활에서 형성된다. 외이는 처음에 목의 아래 부위에 위치하지만, 아래턱뼈의 성장으로 점차 뒤쪽과 머리쪽으로 이동하여 눈(eye) 높이

까지 올라간다.

중이는 고막(鼓膜, tympanic membrane)과 내이의 사이에 공기로 채워진 공간으로 측두골 안에 있다. 이 공간을 고실(tympanic cavity)이라고 한다. 고실은 귀인두관(이관, 유스타키오관)을 통해 인두와 연결되며 이소골이 있다. 이소골(耳小骨, 귓속뼈, auditory ossicle)은 귀의 작은 뼈라는 뜻인데, 양서류, 파충류, 조류는 등자뼈 1개만 있고, 포유류는 다음 3개가 있다.

(1) 추골(槌骨, 망치뼈, malleus)
(2) 침골(砧骨, 모루뼈, incus)
(3) 등골(鐙骨, 등자뼈, stapes)

추골은 망치처럼 생겼다. 추(槌)와 malleus는 망치를 뜻한다. 침골은 대장간에서 금속을 망치로 단조할 때 받치는 기구인 모루처럼 생겼다. 침(砧)과 incus는 모루라는 뜻이다. 등골은 사람이 말을 탈 때 두 발로 디디게 되어 있는 등자처럼 생겼다. 등(鐙)과 stapes는 등자라는 뜻이다. 망치뼈에는 고막긴장근(tensor tympatini muscle)이 있고 등자뼈에는 등자근(등골근, stapedius muscle)이 닿고 있어 고막에서 내이로 소리가 전달되는 것을 억제하고 조절하는 역할을 한다. 망치뼈, 모루뼈, 고막긴장근은 첫째인두활에서 유래하며, 등자뼈와 등자근은 둘째인두활에서 유래한다.

내이는 측두골 안에 다음 2개의 미로(迷路, labyrinth)로 구성되어 있다.

(1) 골미로(骨迷路, 뼈미로, bony labyrinth)
(2) 막미로(膜迷路, membranous labyrinth)

뼈미로는 뼈로 이루어진 공간이며, 막미로는 막으로 구성된 주머니인데, 뼈미로는 막미로에 의해 2개로 나뉘며 성분이 다른 액체로 채워져 있다. 막미로 안에는 내림프(속림프, endo-lymph)가 있으며, 바깥에는 외림프(바깥림프, perilymph)가 있고, 외림프는 뇌척수액(cerebrospinal fluid, CSF)과 연결되어 있다. 내이의 감각세포는 막미로의 벽에 위치해 있으며 내림프로 향한다.

사람의 내이는 배아나이 22일에 후뇌(마름뇌)의 양쪽 바깥면에 있는 표면외배엽이 두꺼워진 귀기원판(otic placode)에서 형성된다. 귀기원판은 빠르게 함몰되어 귀소포(otic vesicle)를 만든다. 귀소포에서 세포가 분화하여 평형청각신경절세포를 형성한 다음 둥근주머니(saccule), 달팽이관(cochlear duct), 타원주머니(utricle), 반고리관(semicircular canal), 속림프관(en-dolymphatic duct)을 형성한다. 이렇게 상피로 구성된 구조물을 막미로라고 한다.

내이와 중이는 난원창(卵圓窓, oval window)과 정원창(正圓窓, round window)이라는 2개의 창문으로 접하고 있으며, 이소골은 고막의 진동을 난원창에 전달한다. 고막의 면적($55mm^2$)이 난원창의 면적(3.2mm²)보다 커서 면적 차이에 의해 음파가 증폭되고, 고막에 붙은 망치뼈의 모양 때문에 지렛대처럼 작용하여 난원창에 붙은 등자뼈가 받는 힘을 더욱 증가시킨다. 난원창에 발생하는 압력은 달팽이관의 유체파(fluid wave)를 유발하여 감각세포가 전기신호로 변환하도록 한다.

달팽이관은 길게 꼬인 관으로 포유류에만 있다. 꼬이는 횟수는 종마다 달라 기니피그는 4바퀴를 돌고, 오리너구리는 반 바퀴밖에 돌지 않고, 사람은 3.5바퀴를 돈다. 조류나 다른 사지동물에서 청감각세포를 가진 기관을 달팽이관(cochlea)이라고 부르기는 하지만, 포유류처럼 꼬인 구조가 아니라 끝이 막힌 관(tube) 구조를 한다. 포유류는 꼬인 달팽이관 구조 덕분에 아주 폭넓은 높낮이의 소리를 들을 수 있다.

사지동물의 후각은 공기분자에 대한 후각수용체의 반응이고, 미각은 액체에 용해된 분자에 대한 미각수용체의 반응이다. 어류는 후각과 미각이 모두 액상의 물질에 대한 감각이지만 후각수용체와 미각수용체가 따로 있다. 무악류인 먹장어와 칠성장어는 비공(鼻孔, 콧구멍, nostril)이 1개이다. 비공은 머리 안의 낭으로 이어지고 낭의 끝은 막혀 있다. 이 낭으로 물이 들어가 후각 작업이 이뤄진다. 어류 두개골에는 2쌍의 비공이 좌우에 있다. 앞에 있는 전비공(前鼻孔)으로 들어온 물은 비낭을 거쳐 후비공(後鼻孔)으로 나간다. 비낭에는 후각상피(olfactory epithelium)가 있어 냄새를 감지한다. 후각상피는 좁은 공간에서 여러 번 접혀 장미꽃 모양의 리본을 형성한다. 현존하는 어류 중 뱀장어가 가장 후각이 예민한데, 미국에서 연구된 뱀장어는 냄새의 미세한 기울기를 따라 6,000km 이상을 헤엄쳐 특정 산란장소로 회귀한다.

일부 육기어류(肉鰭魚類, Sarcopterygii)는 후비공이 내비공(內鼻孔, internal nostril, choana)이 되어 전비공으로 들어온 물을 입으로 보낸다. 모든 사지동물은 전비공으로 들어온 공기가 내비공을 통해 인두로 전달된다. 어류의 비공은 후각기관으로만 기능하지만, 사지동물의 비공은 후각기관과 호흡기관 두 가지 기능을 한다.

사람에서 코 발생은 배아나이 4주말에 코기원판(비기원판鼻紀元板, nasal placode)이 형성되면서 시작되는데, 이것이 후각상피를 형성하므로 후각기원판(olfactory placode)이라고도 한다. 배아나이 7주에 코기원판의 위쪽에 있는 일부 세포는 후각상피로 분화한다. 후각상피의 일부는 후각뉴런(olfactory neuron)으로 분화되고, 이 뉴런의 축삭들은 후각신경(olfactory nerve)이 된다. 후각신경은 성장하여 뇌의 후각망울(olfactory bulb) 속으로 들어가고, 후각망울에서 시냅스로 연결된 뉴런의 축삭들이 후각로(olfactory tract)를 형성한다. 대부분 포유류의 후각로는 크고 대뇌 아래 튀어나와 있다.

후각상피(olfactory epithelium)는 후각뉴런(olfactory neuron), 지지세포(supporting cell), 기저세포(basal cell)로 구성되는데,

후각뉴런에 섬모가 있어 후각수용체 역할을 한다. 후각수용체는 어류는 약 100개, 파충류는 100~400개, 조류는 200개 정도 가지고 있다. 태반포유류는 후각수용체를 1,000개 정도 가지고 있는데, 영장류는 시각 의존도가 높아지면서 후각 의존도가 상대적으로 감소하며, 사람은 400개 정도의 후각수용체를 가지고 있다.

사람 배아나이 5~6주에 비중격 양쪽에 관 형태의 보습코기관(vomeronasal organ)이 형성된다. 덴마크 의사 야콥손(Ludvig Jacobson, 1783~1843)이 발견했기 때문에 야콥슨기관(Jacobson's organ)이라고도 한다. 보습코기관은 12~14주에 최대로 커졌다가 이후 감소한다. 보습코기관은 육상생활하는 사지동물에서 나타나며 양서류, 파충류, 포유류 등에 있다. 뱀은 먹이를 사냥할 때 두 갈래로 갈라진 혀를 공기 중에 휘두르면서 냄새분자를 수집하여 야콥슨기관에 보내 정보를 분석하며, 포유류에서는 짝짓기나 개체인식에 작용하는 페로몬(pheromone)을 감지하는 역할을 한다. 개는 공 같은 물건을 보면 물어서 입천장에 대고는 콧구멍을 막고 입을 통해 잠깐 공기를 들이마셔 공기가 인두를 통해 보습코기관으로 가게 함으로써 대상을 분석한다. 사람을 포함한 영장류에서는 보습코기관의 역할이 불확실하다.

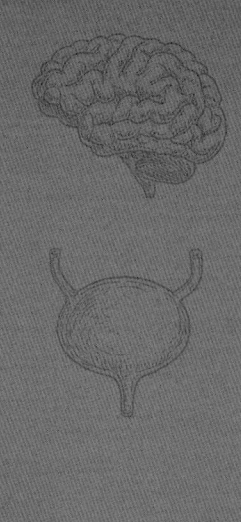

III
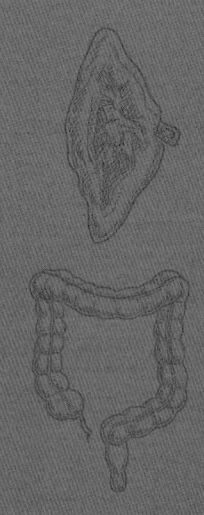

성장

태생 ∞ 생명시작 시점 ∞ 출산 ∞ 양육 ∞ 성숙 ∞ 신경발달 ∞ 독립

참나무는 도토리를 맺기까지 30년 이상 자라야 하지만 일단 열매를 맺기 시작하면 천 년 이상을 번식할 수 있다. 그러나 동물이 100년 이상 번식하는 것은 흔하지 않다. 생명체의 몸통이 비가역적으로 커지는 것을 성장(成長, growth)이라고 하는데, 식물과 동물은 성장패턴이 다르다. 동물은 성장시기가 배아발생과 유년기(幼年期, childhood)에 국한되지만, 식물은 전 생애에 걸쳐 지속적으로 성장할 수 있다. 편형동물에 속하는 촌충(tapeworm)은 체절을 무한히 만들어 무한성장을 하지만, 동물계에서는 예외적인 현상이다. 식물이 분열조직(meristem)이라는 미분화된 조직이 있기 때문에 무한성장(indeterminate growth)이 가능하다고 해도 성장패턴은 식물마다 다르다. 1년생 식물(annual plant)은 몇 주나 몇 개월 동안 기관형성을 끝내고 꽃과 씨앗을 만든 다음 죽고, 2년생 식물(biennial plant)은 첫해에는 잎을 만들고 다음 해에 꽃을 만들어 생식을 한 다음 죽는다.

성체(成體, adult)란 성숙단계의 생물을 말한다. 사람은 성인(成人)이라고 한다. 동물에서 성숙에 대한 일반적인 기준은 생식이 가능할 때를 말하는데, 변태(變態, metamorphosis)를 거쳐 성체가 되는 동물은 유충(幼蟲, 유생幼生, larva)과 성체의 모습이 전혀 다른 생명체처럼 보인다. 척추동물은 태어날 때의 모습과 성체의 모습이 동일하다. 어류, 양서류, 파충류와 같은 냉혈 척추동물은 성체가 된 이후에도 실질적인 성장이 이어지는 경우가 많지만, 온혈척추동물인 조류와 포유류는 대개 성체가 되면 성장을 멈춘다. 성체가 되어 번식을 시작한 이후의 생애는 매우 다양한데, 온혈동물은 번식을 마치는 시기와 죽는 시기가 대체로 일치한다. 조류는 태어난 이듬해 번식을 시작해서 죽기 전까지 매년 봄에 산란을 하는 경우가 많다. 포유류도 대부분 번식을 마치면 곧 죽는다. 인간은 사춘기가 종결되는 16세(여)나 17세(남) 이후가 성체에 해당하는데, 여성은 생식이 종결되는 시점과 사망 시점 사이에 긴 간격이 있지만 남성은 그 간격이 없다.

태생
모체의 배아보유를 의미

태생(胎生, viviparity)이란 수정란이나 배아가 모체 안에서 성장하여 자유생활이 가능할 때 모체 밖으로 나오는 것을 말한다. Viviparity는 라틴어 vivus(living, 삶)와 pario(give birth to, 출산)에서 만들어진 용어로 모체(母體)에서 어느 정도 자란 다음에 모체 밖으로 나온다는 것을 의미하며, 태생(胎生)이라는 한자 번역어가 암시하는 것처럼 태반(胎盤)을 통한 성장을 의미하는 것은 아니다. 포유류 중에서도 태반류(胎盤類, Placentalia)만이 자궁에서 배아발생을 완결한다. 유대류(有袋類, Marsupialia)는 태반이 있지만 불완전하여 새끼가 완전히 성숙되지 않은 채로 태어나고, 단공류(單孔類, Monotremata) 암컷은 자궁이 없으며 알을 낳는다.

난생(卵生, oviparity)이란 말은 알(egg)을 의미하는 라틴어 ovum에서 만들어진 것으로, 수정란이나 배아가 알 상태로 모체 밖으로 나오는 것이다. 난태생(卵胎生, ovoviviparity)이란 개념은 알이 모체 안에서 발달하기는 하는데 배아와 모체의 조직적인 결합이 없이 알 속에 저장된 난황을 소비하여 자라는 것을 의미하지만 태생과 엄밀하게 구별하기는 어렵다.

난생과 태생은 암컷이 체내수정의 결과로 생산하는 수정란이 어디에서 발달하는가에 따라 구분된다. 그러나 체외수정을 하는 어류는 난자라는 알을 낳고 무척추동물인 곤충은 수정란인 알을 낳기 때문에 난생을 폭넓게 '알을 낳아 자식을 생산하는 동물의 번식형태'로 정의하는 경우가 많다. 이런 혼란 때문에 ovuliparity라는 개념이 제안되었다. 암컷이 난자를 낳아 체외수정을 하는 난생을 ovuliparity라고 하고, 체내수정을 한 후 수정란을 낳는 경우는 진정한 난생(true oviparity)으로 구분하자는 것이다. Ovuliparity는 '외부수정 난생'으로 번역할 수 있는데, 어류와 양서류가 해당되며, 진정한 난생에는 곤충, 파충류, 조류 등이 해당된다.

연골어류는 양막류가 아니지만 체내수정을 하는데, 자식출산은 난생과 태생 등 다양하다. 홍어는 수정 후 곧바로 알을 낳는 난생이고, 가오리와 상어는 유어(幼魚)를 출산하는 태생이다. 상어의 배아는 모체의 난관(자궁)에 있으면서 모체의 난소에서 배출되는 난자를 먹거나 발생 중인 형제 배아들을 먹고 자란다. 상어의 자궁은 2개가 있으며, 한 자궁에서 자란 배아가 다른 자궁으로 헤엄쳐 이동하기도 한다. 상어의 배아가 자라는 모체의 공간을 보통 자궁(uterus)이라고 하지만, 포유류의 자궁과는 달리 난관(oviduct)의 일종이다.

태생을 정확히 정의하면 '모체의 배아보유'라고 할 수 있다. 진화론적으로 포유류의 태반보다 먼저 나타나 상어, 어류, 도마뱀 등 다양한 분류군에서 독립적으로 진화했는데, 배아보유는 발달 중인 자식과 모체와의 접촉기간이 길어지는 결과를 낳는다. 포유류의 조상은 난생이었을 것이다. 껍데기에 싸인 알은 모체와 자식 사이에 장벽을 만드는데, 장벽은 장점도 많지만 단점도 많다. 산란 전에 껍데기를 제거한다면 발달 중인 자식과 모체는 더 광범위한 접촉을 할 것이다. 접촉이 길어지면 배외막은 비대해지고 모체조직이 합해져 태반이 될 텐데, 태반생식은 뭔가 장점이 있었기 때문에 유대류와 태반류에서 나타났을 것이다.

생명시작 시점
수정란인가, 배반포인가

태반류의 임신기간은 일반적으로 체구(體軀, body size)에 비례한다. 가장 긴 임신기간은 코끼리의 22개월이다. 생쥐의 임신기간은 21일이다. 물론 예외가 있어서 가장 큰 포유류인 수염고래의 임신기간은 12개월이다. 인간의 임신기간은 수정을 기점으로 평균 266일(38주)이다. 최종월경시작일을 기준으로 하면 280일(40주)이다. 많은 포유류 암컷은 수정한 후에 착상을 지연시켜 임신기간을 연장시킬 수 있다. 보통 배아발생 과정 중 배반포단계에서 휴면상태가 되어 자궁착상이 수 주 혹은 수개월 지연된다. 이러한 지연착상은 자식이 생존할 가능성이 높은 최적의 계절에 태어나도록 한다.

현대인들에게 생명이 언제 시작하는지 물어보면 가장 많은 답은 수정란의 탄생일 것이지만, 인류역사에서 보편적인 생각은 아니었다. 호주 원주민인 아룬타족(族)은 서양인을 처음 만날 당시 성교와 임신은 직접적인 관련이 없다고 생각했었다. 인류가 성교와 임신이 관련된다는 사실을 언제 어떤 방식으로 처음 알았는지 알 수 없지만, 1만 년 전 포유류를 사육하면서 알게 되었을지도 모른다.

생물학에서는 세포 자체가 생명이지만, 태아에게 사람으로서의 법적인 권리를 규정할 때나 임신중절수술의 정당성 여부를 판단할 때는 배아나 태아가 생명으로 존중받아야 하는 존재인지 아닌지를 결정해야 한다. 이런 맥락에서 생명의 시작 시점을 합의하는 것은 중요하다.

생명의 시작 시점으로 가장 빠른 것은 수정란 시기이다. 이를 흔히 잉태의 순간이라고 한다. 그런데 정자가 난자를 둘러싼 부챗살관에 도착해서 정자와 난자의 세포막이 융합할 때까지는 24시간이 소요되고, 이 시점에서도 난모세포의 핵은 여전히 2배체이다. 이후 감수분열이 완성되고 정자의 핵과 결합하고, 결합하자마자 바로 세포분열에 진입하여 2개의 세포가 되는 데 추가로 30시간이 소요된다. 그래서 잉태의 특정 순간이란 없다.

1978년 영국에서 세계 최초로 시험관아기가 탄생했고, 우리나라에서는 1985년에 첫 시험관아기가 태어났다. 시험관아기란 난소에서 난자를 추출해서 시험관에서 정자와 수정시킨 다음 자궁에 착상시켜 태어나게 하는 아기이다. 자궁에 착상시키지 않은 수정란은 폐기된다. 그래서 수정란을 존엄한 생명이라고 주장할 수는 없게 되었다.

시험관에서 형성된 수정란뿐만 아니라 난관에서 생성된 많은 수정란도 여성 자신도 모르게 유산되는 경우가 많고, 자궁 이외의 장소에 착상되는 배아는 산모에게 위험하기 때문에 수술로 제거된다. 실제적으로 수정란의 30~40%만이 자궁에 착상된다. 수정란이 자궁에 착상된다는 것은 어머니와 아기의 관계가 형성되기 시작함을 의미하기 때문에 자궁에 안착했을 때를 생명의 시작으로 봐야 한다는 주장이 있다. 사람 배아의 착상은 발생 1주말(7일)에 시작해서 2주말(14일)에 끝난다.

일란성 쌍둥이가 생기는 시점도 생명시작 시점을 결정하는 요인이 된다. 사람 쌍둥이의 1/3 정도는 일란성 쌍둥이이다. 척추동물을 포함하는 후구동물(後口動物, deuterostomia)에서는 초기 난할에 의해 생성된 세포들 각각이 완전한 배아로 발생할 수 있다. 일란성 쌍둥이는 2세포기 때 생기기도 하지만, 가장 흔하게는 발생 1주말 배반포시기에 생긴다. 이때 배아모체가 2개로 완전히 분리되면 일란성 쌍둥이가 생기지만, 완전히 나누어지지 않으면 신체의 일부가 결합되는 결합쌍둥이(샴쌍둥이)가 생긴다.

최근 배아기술의 발전은 생명시작 시점 결정에 큰 영향을 미친다. 현재 과학계는 14일 이전의 배아는 존중되어야 하는 생명이 아니라고 간주하고 있다. 실정법도 과학계의 의견대로 만들어졌다. 우리나라 '생명윤리 및 안전에 관한 법률(생명윤리법)'에 따르면 배아생성은 임신 목적으로만 해야 하고, 잔여배아는 발생학적으로 원시선이 나타나기 전까지만 연구 목적으로 사용이 가능하다. 우리나라를 비롯한 많은 나라에서 인간배아를 배양할 수 있는 기간을 수정 후 14일로 정하고 있고, 그 기간이 지난 배아는 모두 폐기해야 한다.

죽음 개념도 생명시작 시점 결정에 영향을 미칠 수 있다. 장기이식 기술이 발전하면서 죽음의 시점이 뇌사를 판정하는 시점으로 변경되었다. 호흡과 심장이 멎으면 뇌사가 되기 때문에 이 시점은 당연히 죽음으로 판정되지만, 심폐기능이 유지되더라도 뇌사가 인정되면 죽었다고 판정하고 장기를 적출한다. 그래서 생명의 시작 시점도 뇌기능이 시작되는 시점으로 변경해야 한다는 주장이 있다.

현재 의학 수준에서는 배아나이 18주 이전에 태아가 산모 몸 밖으로 나오면 생존 가능성이 아예 없다. 유산(流産, abortion)을 배아나이 18주(임신 20주) 이하의 태아만출(胎兒娩出)로 정의하는 것도 이 때문이다. 배아나이 20주(임신 22주)에 태어난 신생아의 생존율은 현재 1.7%이고, 임신기간이 하루 길어질수록 생존율이 약 4%씩 증가한다. 의료기술이 발달하면서 이 수치는 변할 것이다. 태아가 산모 몸 밖에서 생존할 수 있는 능력을 기준으로 생명의 시작 시점을 판정해야 한다는 주장은 인공임신중절수술(낙태수술)의 허용과 관련된다. 낙태(落胎)는 안락사와 더불어 생명 존엄성과 관련된 논란의 대상인데, 2023년 모자보건법 시행령에 따르면 인공임신중절시술은 배아나이 22주(임신 24주) 이전에만 허용된다.

출산
수생동물에서 육지동물로의 전환

태아는 산도(産道, birth canal)를 따라 내려오면서 수중동물에서 육상동물로 바뀐다. 이것은 인간이 겪는 어떤 변화보다 극적이다. 수중생활에서 육상생활로의 전환에 모든 기관들이 관여하지만, 가장 결정적인 것은 폐가 공기호흡을 시작하는 것이다. 폐가 공기호흡을 시작하는 순간 순환계도 곧바로 빠르게 바뀐다.

태아의 폐포(허파꽈리, alveoli)는 배아나이 7개월 말부터 만들어지기 시작한다. 출생 시에 폐포의 수는 성인의 1/6 정도가 되며, 생후 2년 동안 새로운 폐포가 계속 형성된다. 2세 이후에는 폐포의 숫자는 증가하지 않고 크기만 커진다. 폐포 내부를 둘러싼 액상막은 표면장력(surface tension)의 영향을 받는다. 물(H_2O) 분자들은 수소결합 때문에 서로 가까이 붙어 있으려는 응집(cohesion) 현상이 나타나는데, 응집의 결과 표면장력이 높아진다. 표면장력이 높을수록 액체의 표면을 펴지게 하는 것이 어렵다. 폐포는 지름 0.25mm로 매우 작아 폐포 표면에 있는 물 분자들의 표면장력에 의해 찌그러질 수 있는데, 폐포세포는 인지질과 단백질의 혼합물인 표면활성제(surfactant)를 만들어 세포표면에 단층분자막(monomolecular film)을 형성함으로써 물의 표면장력을 떨어뜨린다. 표면활성제는 배아나이 20~22주에 분비되기 시작하여 34주까지 점차 증가한다.

출생 직전 폐는 액체로 가득 차 있다. 태아의 폐액은 기도상피세포에서 만들어져 기도 안으로 분비되며, 임신말기에는 하루 400cc 정도 생산된다. 폐액은 태아의 호흡운동으로 기관(trachea)으로 올라온다. 태아의 기관 내 압력은 양수공간의 압력보다 2mmHg가 높기 때문에 대부분의 폐액은 양수로 흘러나가고 일부는 식도로 삼켜진다. 폐액의 2/3는 산도를 빠져나올 때 가슴에 가해지는 30~160cmH$_2$O 정도의 압력에 의해 코와 입을 통해 배출된다. 나머지 1/3은 폐의 모세혈관과 림프관을 통해 제거된다.

호흡은 호흡근육에 의해 일어난다. 흡기(吸氣, 들숨, inspiration)는 주로 횡격막(橫膈膜, 가로막, diaphragm)의 능동적인 수축으로 발생하고, 호기(呼氣, 날숨, expiration)는 수동적으로 발생한다. 돔(dome) 모양으로 갈비뼈와 척추에 붙어 있는 횡격막은 숨을 들이쉬는 동안 수축하여 중심이 아래쪽으로, 가장 자리가 위쪽으로 움직인다. 횡격막이 이렇게 움직이면 복강이 압박되고 갈비뼈가 위쪽과 바깥쪽으로 올라가 흉강이 확장되면서 폐로 공기가 들어온다. 반대로 횡격막이 이완되면 폐의 탄성반동(elastic recoil)으로 흉강이 수축되어 공기가 폐 밖으로 나가고 횡격막은 도로 돔 모양으로 돌아간다. 탄성반동이란 흡기로 늘어났던 흉강이 마치 스프링처럼 원래대로 되돌아가는 현상인데, 숨을 다시 들이마시려면 횡격막이 이를 극복해야 한다.

신생아의 첫 호흡은 폐에 처음으로 공기가 채워지는 과정이다. 이때 강력한 음압(陰壓, negative pressure)을 발생시켜 폐액의 점성, 폐포의 표면장력, 폐의 탄성반동 등을 극복해야 한다. 임신기간이 짧을수록 첫 호흡에 어려움을 겪는다. 배아나이 35주(임신 37주) 이전의 분만을 조산(早産, preterm birth)이라고 하고, 아이는 미숙아(未熟兒, preterm infant)라고 한다. 미숙아의 대부분은 호흡곤란(respiratory distress)을 겪는다. 출생 직후 빠르고 고통스러운 호흡을 한다. 신생아 호흡곤란은 임신기간이 짧을수록, 체중이 작을수록 많다. 표면활성제 결핍, 폐포 표면적 부족, 혈관발달 미비, 약한 흉벽 등의 이유로 적절한 가스교환이 어렵기 때문이다.

신생아 폐의 첫 호흡에 의한 통기(通氣, aeration)는 폐의 단순한 팽창이라기보다는 기관지와 폐포에 있던 액체가 공기로 빠르게 대치되는 것이다. 이후 반복적인 호흡에 의해 점차 더 많은 잔여공기(residual air)가 폐에 축적되고 더 낮은 압력으로 호흡할 수 있게 되어 대개 다섯 번째 호흡을 할 즈음에는 압력용적곡선(pressure-volume curve)이 정상과 유사해진다. 폐의 압력용적곡선이란 폐포벽에 발생하는 압력(transpulmonary pressure)과 폐용적(lung volume)의 관계이다.

신생아가 나오면 신생아의 기도를 전체적으로 깨끗하게 해준 후 탯줄을 묶는다. 이 과정이 대개 30초 정도 걸린다. 탯줄 결찰은 신생아 만출 후 30~60초 이내에 이루어져야 하고, 태반순환에 문제가 있었던 경우에는 더 빨리 즉시 결찰되어야 한다. 탯줄 결찰로 정맥관(ductus venosus)의 혈류가 차단되고, 폐포 안이 공기로 채워지는 만큼 폐는 더욱 팽창하고 산소분압이 증가하여 폐혈관 저항이 감소함으로써 폐혈류가 증가한다. 이어서 좌심방의 혈류와 압력이 증가하면서 난원공(oval foramen)이 닫히고, 혈액의 산소분압이 높아지면 동맥관(ductus arteriosus)이 좁아져 생후 10~15시간 이내에 닫히게 된다.

양육
자손양육은 조룡류와 포유류에서 독자적으로 진화

조류와 포유류의 짝짓기에는 공통점이 많다. 일부일

처제(一夫一妻制, monogamy)와 다혼성(多婚性, polygamy)이 있는데, 다혼성은 한 개체가 다수의 짝을 가지는 것이고, 일부일처제는 번식기간 동안 혹은 번식 이후에도 한 개체가 한 짝만을 가지는 것이다. 조류의 90%와 포유류의 5%는 일부일처제이다. 포유류 중 영장류에서는 15%로 조금 높다.

　포유류의 보편적인 번식단위는 하나의 수컷과 여러 암컷들로 이루어진 일부다처제의 하렘(harem)이다. 하렘에서 배제된 나머지 수컷들은 미혼수컷으로 이루어지는 또 다른 집단을 구성한다. 열대 숲에 사는 포유류인 나무두더지 수컷 2마리를 한 우리 안에 가두어놓으면 몇 시간이 지나지 않아 한쪽이 다른 쪽을 지배하게 된다. 수세에 몰린 나무두더지는 고환이 음낭으로부터 움츠러들면서 복강 쪽으로 쭈그러지고 정자형성이 중지되어 사실상 거세가 된다. 인간의 경우에는 1951년 생식생물학자 클렐런 포드(Clellan Ford)와 프랭크 비치(Frank Beach)가 200개의 사회를 연구한 결과 전체 인간 사회집단의 3/4이 일부다처제라고 밝혔다. 그런데 인간 사회조직은 매우 가변적이어서 다른 동물에 비해 생물학적 제약이 약하고, 보통 남자들은 여러 명의 여성을 감당할 만한 재원이 없기 때문에 일부다처제가 허락된 사회라고 하더라도 현실적으로는 일부일처제인 경우가 많다.

　조류는 수컷과 암컷이 자손양육을 같이 하는 습성이 있어 일부일처제가 진화했을 가능성이 있다. 젖으로 양육하는 포유류는 젖을 생산하는 암컷이 절대적으로 중요하지만, 조류는 암컷과 수컷이 둥지를 같이 만들고 알도 번갈아가면서 품고 부화 후에도 새끼를 같이 돌본다. 부모 중 하나는 둥지를 지킬 수 있는데, 만약 둥지를 비워두어 포식자에게 알이나 새끼를 잃을 가능성이 높은 종에서는 둥지를 지키는 것이 자손의 생존에 중요했을 것이다.

자손양육 전략이 발달한 동물일수록 사회성도 같이 발달한다. 새로 태어난 새끼들이 홀로 생존하기가 취약한 경우 새끼들의 생존은 부모의 협력뿐만 아니라 사회적 협조로 더욱 유리해졌을 것이다. 사회조직의 발달과 일부일처제는 동전의 양면일 수 있다. 그런데 일부일처제로 알려진 조류의 부계와 모계를 DNA를 통해 조사한 연구에 따르면, 10종 중 9종에서 새끼들이 한 둥지에 있더라도 생물학적 아비가 한 수컷이 아니었다. 또 어미도 마찬가지여서 새끼 중 절반은 새들 부부가 아닌 혼외에서 비롯된 것이었다. 조류의 교미양식은 일부일처제로 생각했던 것보다는 훨씬 복잡할 수 있다.

포유류에서 자식육아는 암컷이 담당한다. 짝짓기의 결정권도 암컷에게 있으며 출산도 대부분 암컷 혼자 한다. 암컷이 둥지를 짓는 것은 출산이 임박했다는 흔한 징후인데, 집단으로부터 멀리 떨어진 곳 혹은 땅굴에 숨어서 새끼를 낳는다. 많은 포유류 수컷은 다른 수컷의 새끼를 죽이고 죽은 새끼의 어미와 짝짓기를 한다. 영아살해는 새끼가 죽으면 암컷이 다시 발정기에 들어가 살해자 수컷이 그 암컷과 짝짓기를 할 수 있게 되는 종에서 나타나는데, 포유류에서 흔한 현상이다.

포유류의 일부일처제는 조류의 일부일처제와는 달리 영아살해를 막기 위한 전략으로 진화되었을 가능성이 있다. 아버지가 양육에 참여하기 위해서는 일부일처제가 필수적이기 때문이다. 포유류 가운데 아버지의 돌봄은 영장류와 육식동물에서 발달했다. 영장류 수컷은 아버지가 되면 혈중 테스토스테론이 감소한다. 포유류 수컷은 테스토스테론 수치가 높을수록 공격성이 강해져 집단에서 서열이 높아지고 짝짓기 성공률이 높아지는데, 아버지가 되면 수치가 낮아진다. 인간 남성도 아버지가 되면 테스토스테론 수치가 급격히 낮아지며, 하루에 3시간 이상 아이를 돌보는 아버지가 가장 낮은 수치를 보였다. 테스토스테론 수치가 높아지면 동기와 보상욕구가 높아지고 두려움과 고통 인지력이 낮아져 싸움을 벌이지만, 수치가 낮아지면 반대의 효과가 나타난다.

포유류 새끼가 태어날 때의 상태는 종마다 다르다. 태반류는 신생아의 발달 상태를 감각능력과 이동능력을 기준으로 조숙성(早熟性, precocial)과 만숙성(晩熟性, altricial)으로 나눈다. 조숙성인 사슴, 영양, 말과 같은 많은 유제류는 태어나자마자 걷는다. 특히 영양은 가죽 털도 잘 발달한 상태로 태어나고, 태어나면서부터 달릴 수도 있다. 보통 체구가 큰 포유류의 새끼들은 생애초기에 둥지에 누워서 지내지 않고 바로 움직인다. 소형 포유류는 어미가 따뜻하고 어느 정도 촉촉한 둥지 안에 새끼를 낳고 젖과 온기를 제공하는 경우가 많다. 새끼가 둥지 밖으로 기어 나가려 하면 다시 끌고 들어와 돌보기도 한다. 쥐와 인간은 같은 만숙성에 속하지만 서로 조금 다르다. 생쥐는 눈도 뜨지 못해 볼 수도 없고 털도 없이 무기력한 상태로 태어나지만, 인간 신생아는 그 정도로 무기력한 상태는 아니어서 눈을 뜨며 소리도 듣고 태어나자마자 젖을 빨 수도 있다.

양육(養育, parenting)이란 아이를 보살펴 자라게 하는 것이다. 세상에 막 태어난 새끼에게 부모양육이 제공된다면 홀로 성장하는 것에 비해 생존율이 훨씬 높아질 것이다. 자손양육은 조룡류(祖龍類, Archosauria)와 포유류에서 특히 발달했지만, 사실 모든 생명체는 자손을 안전하게 양육하는 전략을 가지고 있다. 어류의 1/4 정도는 자신이 낳은 알을 보호하고 부화한 다음에도 몇 주 동안은 새끼를 보살핀다. 갓 태어난 치어를 입 안에 넣고 다니는 어류도 있다. 파충류는 안전한 곳을 찾아 알을 낳고, 양서류는 알을 낳고 그곳을 지키기도 하고 알을 품는 종도 있다.

모든 포유류 어미는 새끼에게 젖을 먹일 수 있지만 방법과 기간은 매우 다양하다. 포유류 새끼 단독으로 젖을 빨 수 있는 것도 아니고, 어미와 아이의 상호협력이 필요하다. 산모의 젖꼭지에 가해진 자극이 뇌로 전달되면 뇌하수체에서 옥시토신을 분비하고, 옥시토신은 젖샘에 가서 젖 분비를 자극한다. 옥시토신(oxytocin)은 그리스어로 '일찍 태어나다'라는 의미로, 자궁을 수축시켜 진통을 유발하고 분만이 쉽게 이루어지게 하는 호르몬인데 젖을 분비시키는 작용도 한다. 옥시토신은 아주 오래전부터 진화해온 호르몬으로 어류부터 포유류까지 사회적, 성적 활동을 조절한다. 아이가 젖을 빨면 프로락틴 분비도 증가하여 배란이 억제된다. 프로락틴(prolactin)은 수유(lactation)를 촉진(pro)하는 호르몬으로, 임신한 여성은 평소보다 20배 정도 많이 분비하다가 출산 후 수유를 중단하면 임신 전 수준으로 돌아간다. 프로락틴은 수유에 의해 분비가 촉진되지만, 젖 분비를 촉진하고 아이를 사랑하는 행동을 하도록 유도한다. 일종의 모성애 자극호르몬이다.

젖을 가장 오래 먹이는 포유류는 유대류(有袋類)이다. 갓 태어난 붉은캥거루 새끼는 주머니 안에서 첫 두 달간 젖을 지속적으로 빨고 있으며, 이후 4개월 동안은 간헐적으로 젖을 먹는다. 이후에는 주머니를 떠났다가 가끔 주머니에 돌아와 젖을 먹는다. 새끼는 젖을 먹을 때 항상 처음 고른 젖꼭지만 빨고 그 젖꼭지도 새끼와 함께 자란다. 유대류의 새끼는 자신이 선택한 젖꼭지와 관계를 오랫동안 유지한다. 태반류의 경우 새끼가 젖을 빨면 어미의 뇌에서 프로락틴이 나와 모든 젖샘에서 젖 생산을 촉진하지만, 유대류의 어미는 프로락틴이 항상 혈액 속에 있으며 새끼가 젖꼭지를 빨면 그 젖꼭지의 젖샘에서만 프로락틴 수용체가 발현된다. 그러므로 빨리고 있는 젖샘만 프로락틴에 반응하여 젖을 만들게 된다.

태반류의 경우 젖 분비기간은 코끼리땃쥐의 4~5일부터 오랑우탄의 6.5년에 이르기까지 다양하다. 가장 짧은 양육기간을 보이는 종은 두건물범(hooded seal)이다. 이들은 북대서양과 북극해에 떠다니는 얼음 위에서 번식하는데, 암컷은 새끼를 단 4일 동안만 돌본다. 태어날 때 22kg 정도인 새끼는 첫 4일 동안 하루에 7kg씩 자라 4일이면 체중이 2배로 성장한다. 이 기간 동안 어미는 먹지 않기 때문에 그만큼 어미의 체중은 빠진다. 포유류 중 두건물범의 젖에 지방이 가장 풍부해 젖의 60%가 지방이다. 마치 마요네즈만큼 걸쭉하다.

젖을 생산하기 위해 포유류 어미는 음식을 소화해서 젖샘으로 운송하여 새끼에게 맞는 영양분으로 합성해야 한다. 이때 소비되는 에너지는 평소 섭취에너지보다 44~300%가 더 크다. 인간은 추가에너지가 매우 작은 종에 속해 26%이며, 가장 많은 에너지가 필요한 종은 브란트밭쥐로 323%이다. 대부분의 포유류 어미는 먹이와 물을 확보해줄 군집구성원 없이 홀로 수유를 한다. 결과적으로 암컷은 물이 가까운 데서 생활한다. 그러나 예외적인 사례도 많다. 어미 곰은 새끼를 돌보면서 두 달 정도 월동용 굴을 떠나지 않는다. 그동안 어미 곰은 새끼의 배설물을 먹으면서 생존한다.

수유기간이 긴 유대류는 젖 성분이 점진적으로 변한다. 또 유대류는 젖꼭지마다 새끼가 정해져 있기 때문에 젖의 내용물이 각각의 새끼에게 맞춰져 있어서 어미는 두 새끼에게 서로 다른 젖을 제공할 수 있다. 인간의 모유도 단백질과 미량원소 함량이 영아의 성장단계에 따라 변한다. 모유수유를 한 아이의 지능지수가 분유수유 아이보다 더 높은 것도 이런 이유에서일 것이다.

포유류는 치아가 없는 상태로 태어난다. 젖먹이에게 치아가 있다면 젖을 빨리는 어미는 아플 수밖에 없어, 치아발달이 지연되는 것은 수유의 진화와 같이 나타났을 것이다. 치아발달이 지연되면 어미의 젖을 오랫동안 먹을 수 있고, 그만큼 젖 분비기간은 연장된다. 결과적으로 신생아의 턱(jaw)은 치아가 필요해지기 전에 성장하여 강해질 시간적인 여유가 생기고, 어느 정도 성장한 턱에서 생성되는 치아는 그만큼 강하고 정교해진다.

일반적으로 포유류 어미는 자신이 낳은 새끼에게만 수유한다. 일부 예외적으로 코끼리, 여우, 사자, 멧돼지, 영장류 등은 어미가 수유를 하지 못하면 다른 암컷이 수유하기도 한다. 그러나 다른 종(種)의 젖을 장기간 먹는 종은 인간이 유일하다. 소아가 아닌 성인이 젖을 먹는 것도 인간이 유일하다. 신이 히브리인에게 약속한 땅이 젖과 꿀이 흐르는 땅이었는데, 사탕수수와 사탕무가 널리 퍼지기 전까지는 꿀 다음으로 우유가 단맛을 제공했다. 젖에 포함된 당분인 락토오스(lactose, 유당, 젖당)에서 단맛이 난다.

포유류는 생후 소화관이 발달하여 젖이 아닌 일상적인 먹이를 소화할 수 있게 되면 젖에 있는 락토오스를 분해하는 락타아제(lactase, 유당분해효소)의 생산을 중단하는 유전자가 작동하여 더 이상 모유를 섭취할 수 없게 된다. 유당분해효소가 없어 우유를 먹으면 설사하는 것을 유당불내성(lactose intolerance)이라고 하는데, 우리나라를 비롯한 동양인의 80~100%에서 나타난다. 사실 유당불내성은 병이 아니라 포유류의 일반적인 특성이다. 유럽인들이 성인시기에도 유당분해효소를 가지고 있어 우유를 소화시킬 수 있는 것은 예외적인 현상이다. 동양인이 유당분해효소가 없더라도 우유를 먹을 수 있는 것은 유당을 분해하는 장내세균이 많아지기 때문이다.

　포유류의 수유는 양육의 시작일 뿐이다. 포유류는 새끼가 독립적으로 살 수 있도록 교육(敎育, education)을 한다. 침팬지는 새끼에게 막대기를 이용해 흰개미를 낚는 방법을 가르치고, 일본원숭이는 새끼에게 고구마를 바닷물에 씻어 먹는 방법을 가르친다. 쥐 새끼는 젖을 통해 전해지는 맛으로 어미가 즐겨 먹는 것을 먼저 맛보고, 나이가 들면 어미를 따라다니면서 먹이사냥을 한다. 이스라엘의 소나무 숲에 사는 쥐는 솔방울의 씨앗을 꺼내 먹는다. 일반적인 쥐들은 솔방울을 까는 기술을 배우지 못하고, 솔방울을 잘 까는 쥐와 살게 해줘도 마찬가지이다. 이스라엘 소나무 숲의 쥐들이 솔방울 씨앗을 먹는 것은 예외적인 현상이다. 하지만 솔방울을 깔 줄 아는 어미의 양육을 받은 새끼는 씨앗을 꺼내 먹는 법을 금방 배운다. 이 독특한 숲 쥐 집단의 솔방울 까는 기술은 몇 세대 전의 어떤 쥐가 우연히 터득한 뒤 세대 간 행동전파에 의해 전수되고 있는 것 같다.

부모는 새끼의 성장단계에 따라 교육전략을 수정한다. 인도 벵골의 길거리 개를 대상으로 탄생부터 분산까지 어미와 새끼 무리를 관찰한 연구결과는 교육전략의 변화를 잘 보여준다. 젖을 떼기 직전 어미 개는 음식물쓰레기를 집으로 가져와 새끼에게 젖과 함께 먹인다. 어린 개의 입맛과 후각이 다양한 영양 공급원에 적응하도록 하는 것이다. 또 새끼가 어릴 때는 어미 개가 집을 치우지만, 새끼가 집을 떠나야 할 나이가 되면 어미는 서서히 청소를 중단한다. 청소년기 새끼가 스스로 청소하는 방법을 찾게 내버려두고, 새끼가 벵골 길거리에서 혼자서도 먹이를 찾을 수 있게 가르친다.

양육과 교육이 부모의 관점이라면, 자식의 관점에서는 학습(學習, learning)이다. 새끼는 어미를 모방하고, 어미는 새끼가 자신을 모방하도록 한다. 모방은 학습의 한 과정인데, 학습은 반드시 모방을 수반할 필요는 없다. 시행착오를 통해 스스로 학습할 수도 있다. 예를 들어 숲에 살지 않는 쥐 대부분은 솔방울에 아무 관심이 없거나 무작정 갉는다. 그러나 어느 쥐는 솔방울에서 먹이가 나온다는 사실을 배우고 솔방울을 까기에 적당한 끄트머리가 어디인가를 여러 시행착오 끝에 알게 된다. 그리고 그 쥐의 새끼들은 어미로부터 쉽게 이 기술을 모방한다.

성숙
곤충은 암컷이 더 크고, 파충류와 포유류는 수컷이 더 크다

인간 신체의 성장은 기관마다 다르지만 전체적으로는 S자형 패턴을 따른다. S자형 성장이란 두 시기에 급성장을 하는 것으로, 영아기(嬰兒期, infancy)와 사춘기(思春期, puberty)가 해당한다. 영아기는 생후 1년간을 뜻한다.

성장상태를 평가하는 가장 일반적인 지표는 신장과 체중이다. 출생 시 신장은 평균 50cm인데, 4세에 2배가 되고, 12세에 3배가 된다. 사춘기 동안 남자는 25~30cm, 여자는 20~25cm가 자라며, 성장이 끝난 최종적인 남자 성인의 신장은 여자 성인의 키보다 13cm가 크다.

키 성장은 팔다리에 있는 장골(長骨, long bone)의 양끝에 있는 성장판(成長板, growth plate)에서 연골세포가 분화하고 증식하여 이루어진다. 배아의 팔다리골격은 배아나이 6주에 처음 나타나는 연골틀(cartilage model)인데, 12주에 연골틀의 중앙이 뼈로 바뀌면서 양끝으로 골화(骨化)가 진행된다. 이 중앙부분을 일차골화중심(primary ossification center)이라고 한다. 출생 시 뼈의 중앙 몸통은 골화가 끝난 상태이지만, 양쪽 끝은 연골 상태이다. 뼈끝은 출생 후에 이차골화중심(secondary ossification center)이 생기면서 골화가 진행된다. 그러면 뼈의 중앙 몸통과 양쪽 끝은 뼈가 되고 그 사이에 연골이 있게 되는데 이를 성장판이라고 한다. 성장판이 점차 뼈로 변하면 성장판은 없어진다. 성장판이 닫혔다는 말은 성장판이 없어졌다는 뜻이다. 그러면 뼈의 성장이 끝난다. 뼈마다 성장이 끝나는 시기는 다르지만 20세에는 모두 끝난다.

출생 시 체중은 3.3kg이며, 3개월에 2배가 되고, 1년에 3배인 10kg이 되며, 2년이 되면 4배, 10년이 되면 10배인 30kg이 된다. 키에 대한 체중의 비율을 보는 신체질량지수(Body Mass Index, BMI=체중(kg)/키$(m)^2$)가 체중보다 더 중요한 발달지표인데, 12세에서 17세 사이에 가장 큰 변화를 보인다. BMI는 비만의 지표가 되므로 이 시기가 비만 여부에 중요하다. 체질량지수가 절정에 이르는 시기는 남성은 40대, 여성은 60대이다.

골밀도(骨密度)로 측정되는 골량(骨量, bone mass)은 남녀 모두 20대 후반에 최고에 도달한다. 근량(muscle mass)은 30세에 최대가 된다. 운동능력이 가장 절정에 이르는 나이를 올림픽대회에 참여한 선수들의 평균 나이로 보면 남성은 27세, 여성은 26세이다. 스포츠 활동에는 근골격의 발달뿐만 아니라 심폐기능이나 심리적 요인 등도 작용하는데, 폐활량은 20~30세에 최고에 도달하며, 심폐기능은 산소가 세포로 운반되어 세포대사에 이용되는 양을 반영하는 최대산소섭취량(VO_2max)으로 평가하면 남성은 16세, 여성은 20세에 최고에 도달한다.

동물에서 수컷과 암컷의 생식기는 다른데, 생식기 이외의 다른 부분에서도 다른 특징을 보이면 성적이형(性的二形, sexual dimorphism)이라고 한다. 성적이형은 매우 흔하며, 유성생식의 본질인 이형접합(異形接合, anisogamy)의 결과이다. 수컷은 작은 정자를 많이 생산하는 반면 암컷은 큰 난자를 적게 생산하는 것 때문에 암수의 특징이 달라진다.

성별에 따른 생식투자의 차이는 베이트먼 원리(Bateman's principle)로 설명된다. 영국 유전학자 베이트먼(Angus John Bateman, 1919~1996)이 제안한 것으로 성별 짝짓기 횟수와 새끼 숫자 사이의 관계를 설명한다. 수컷은 많은 암컷과 짝짓기를 할수록 새끼가 많아지는 반면, 암컷은 많은 수컷과 짝짓기를 하더라도 새끼가 많아지지는 않는다. 그래서 수컷은 아무렇게나 아무 데나 아무한테나 사정을 해서 자신의 유전자를 퍼뜨릴 수 있고 또 그렇게 하지만, 암컷은 훨씬 신중한 번식전략을 사용한다. 암컷과 수컷의 투자량 차이는 각 성별의 크기와 형태에 영향을 미친다.

어떤 종은 암컷이 더 크고, 어떤 종은 수컷이 더 크다. 암컷의 크기가 생식력에 직접적으로 관련되는 경우 암컷이 더 큰 경향이 있다. 체구가 크면 클수록 새끼에게 즉각적으로 쏠 수 있는 자원을 더 많이 갖고 있기 때문이다. 반면 암컷이 짝을 고르는 데 까다로워 수컷이 암컷의 관심을 받아야 한다면 수컷의 체구가 더 커지는 경향이 있다. 보통 곤충은 전자의 패턴을, 파충류와 포유류는 후자의 패턴을 따른다.

신경발달
감각기관마다 임계기가 다르다

신경조직(神經組織, nervous tissue)은 뉴런(neuron)과 신경아교세포(neuroglia)로 구성된다. 성인 뇌에 있는 뉴런은 1,000억 개이며, 아교세포는 숫자로는 그보다 10배가 더 많지만 크기는 1/10 수준이어서, 부피로는 뉴런과 신경아교세포가 각각 50%를 차지한다.

신경아교세포는 신경세포 사이에서 접착제 아교(阿膠, glue) 역할을 하는 세포로, 신경교세포, 아교세포, 교세포 등은 모두 같은 말이다. 중추신경계에 있는 신경아교세포에는 다음 네 종류가 있다.

(1) 희소돌기아교세포(oligodendrocyte)
(2) 별아교세포(astrocyte)
(3) 뇌실막세포(ependymal cell)
(4) 미세아교세포(microglial cell)

말초신경계에 있는 아교세포에는 다음 두 종류가 있다.
(1) 신경집세포(neurolemmocyte, 슈반세포)
(2) 신경절위성세포(satellite cell of ganglia)

희소돌기아교세포와 신경집세포의 세포막은 축삭을 여러

겹으로 둘러싸는 말이집(myelin sheath)을 형성한다. 미엘린(myelin)은 전기절연체 역할을 하고 칼집처럼 생겼기 때문에 sheath라고 한다. 이를 번역한 수초(髓鞘), 미엘린초, 말이집 등은 모두 같은 말이다.

하나의 뉴런은 세포체(細胞體, cell body)와 돌기(neurite)로 나눌 수 있다. 세포체는 핵과 세포질이 있는 곳이며, 돌기는 세포질이 묻어 다리처럼 돋아 나온 것이다. 돌기에는 수상돌기(樹狀突起, 가지돌기, dendrite)와 축삭(軸索, axon) 두 종류가 있다. 수상돌기는 짧고 여러 개이며 다른 뉴런에서 정보를 받는 기능을 하며, 축삭은 1개이고 길게 뻗어 나가 다른 뉴런에 정보를 내보낸다. 수상돌기와 축삭을 신경섬유(nerve fiber)라고 하지만, 보통은 길게 뻗는 축삭을 의미한다. 축삭에는 말이집이 있는 것과 없는 것이 있는데, 말이집이 있는 신경섬유가 활동전위 전파속도가 훨씬 빠르다. 수상돌기에는 말이집이 없다.

뇌를 절단했을 때 색깔에 따라 회질(灰質, grey matter)과 백질(白質, white matter)로 구분된다. 신경섬유(축삭)가 모여 있는 곳은 지방이 많은 미엘린 때문에 하얀 지방조직의 색을 띤다. 회질은 세포핵이 모인 부분으로, 백색과 대비되어 연한 회색으로 보인다. 뇌는 회질이 바깥의 피질(cortex)을 구성하고, 척수는 백질이 바깥에 있다.

뉴런끼리의 신호전달은 시냅스(synapse)에서 한다. 시냅스는 시냅스전말단(presynaptic terminal), 시냅스 틈(synaptic cleft), 시냅스후뉴런(postsynaptic neuron)으로 구성된다. 시냅스전말단은 축삭의 끝, 시냅스후뉴런은 수상돌기 끝이며, 약간 공간을 두고 서로 떨어져 있다. 시냅스전말단에서 틈으로 분비된 신경전달물질이 시냅스후뉴런에 정보를 전달한다.

캐나다 신경심리학자 헵(Donald O. Hebb, 1904~1985)은 시냅스전말단과 시냅스후신경의 공조활동이 시냅스연결을 강화한다고 했다. 이를 헵의 가설이라고 하는데, 현재는 신경발달과 학습, 기억 등을 설명하는 일반개념이 되었다. 축삭과 수상돌기가 서로 연관되어 활성화되면 새로운 시냅스가 형성되고, 활동하지 않는 시냅스는 점차 상실되는 현상을 시냅스가소성(synaptic plasticity)이라고 하는데, 새로운 경험이 있을 때 뉴런이 시냅스를 강화하거나 약화함으로써 기억과 학습이 이루어지는 기전으로 간주된다.

Plasticity란 플라스틱(plastic)처럼 성형할 수 있는 성질이라는 뜻인데, 찰흙으로 소상(塑像)을 만들 수 있는 성질을 뜻하는 가소성(可塑性)으로 번역한다. 과학에서 plasticity는 어떤 물질이 외력에 의해 형태가 변했는데 외력이 없어져도 변형을 그대로 유지하려는 성질을 의미하는 것으로 탄력성(elasticity)의 반대개념으로 사용되지만, 신경과학에서는 경험에 의해 신경기능이 변하는 특성을 표현하는 개념이다. 그래서 plasticity를 가소성보다는 형성력(形成力), 혹은 플라스틱 성질이라고 하면 이해하기가 더 쉽다.

뉴런 숫자는 태아시기에 최고에 도달한 다음 태어나기 전부터 세포사멸로 감소하기 시작한다. 생성된 모든 뉴런의 절반 정도가 세포사멸로 없어진다. 뉴런의 생성이 일단 끝나면 죽는 뉴런은 있어도 재생되는 뉴런은 없다. 그런데 신경아교세포는 계속 새로 생성되고 말이집은 증가하기 때문에 태어난 뒤 연령에 따라 뇌가 커진다. 출생 시 뇌 크기는 성인의 1/4인데, 2년이 지나면 2배가 되며, 4세에는 성인의 80%에 달하고, 5세에는 90%에 도달하며, 35세에 정점에 이른다. 성인 뇌 부피의 40%를 차지하는 백질은 대부분 출생 후 생성된 신경아교세포와 말이집이다.

뇌의 말이집 형성은 배아발생 5개월에 시작되는데, 뇌 뉴런의 1.6%에서만 말이집이 형성된 채 출생한다. 대부분의 말이집은 태어난 뒤 만들어지기 시작한다. 말이집 형성은 뇌간-소뇌-대뇌 순으로 진행된다. 대뇌 중에서는 후두엽에서 먼저 진행되고 전두엽에서 가장 늦게까지 진행된다. 생후 초기에 쓰이는 영역에서 먼저 진행되고, 나이가 들어서 쓰이는 영역에서는 나중에 진행되는 패턴이다. 뇌간에서 평형감각, 청각, 촉각, 고유감각을 담당하는 신경다발에서는 출생 시 이미 말이집 형성이 끝난 반면, 소뇌로 운동신호를 전달하는 신경다발에서는 나중에 천천히 형성된다. 말이집 형성은 전체적으로 생후 2년간 빠르게 진행되다가 2년이 지난 후에는 속도가 느려진다.

시냅스 숫자는 영아기 동안 점차 증가한다. 신경조직에 따라 시냅스 숫자가 최고치를 보이는 시기는 다르다. 보통 생후 1~2세에 최고치를 보이지만, 대뇌피질에서는 4세까지는 증가하고 이후 감소하기 시작한다. 시냅스는 16세까지는 감소하다가 이후 일정한 상태를 유지한다. 뉴런이 일단 최대치로 만들어진 다음 선택적인 세포사멸로 제거되는 것처럼, 시냅스도 일단 최대치로 만들어진 다음 그중 일부가 선택된다. 예를 들면, 막 태어난 신생아의 근육세포 1개가 5개의 운동뉴런과 시냅스를 만들지만, 근육세포와 운동뉴런의 상호작용이 반복되면서 효율적인 시냅스 1개만 남고 나머지는 모두 제거된다. 소아는 시냅스가 과잉으로 발달되어 있는 상태이기 때문에 소아의 뇌가 손상되었을 때 성인의 뇌보다 회복이 더 잘된다.

신경계의 성숙은 뉴런의 말이집 형성과 시냅스의 형성과 퇴화 과정을 통해 이루어지는데, 척수-뇌간-대뇌피질의 순서로 된다. 대뇌피질 중에는 일차운동영역이 생후 2년 동안 가장 발달하는 부분이며, 순차적으로 일차감각영역이 발달되어간다. 감각에서는 시각영역이 청각영역보다 먼저 발달하기 때문에 영아는 듣는 것보다 보는 것을 먼저 이해하게 된다. 운동발달의 경우 처음에는 주로 반사적인 운동을 하지만, 점차 머리를 들고 직립자세가 발달하면서 반사운동은 소실되어가고 운동능력이 발달한다. 먼저 중력의 영향에 대응하여 안정된 자세를 유지하기 위한 항중력근(antigravity muscle)이 발달하는데, 머리에서 다리 쪽의 순서로 진행되어 머리 가누기, 앉기, 서기 등이 순차적으로 가능해진다. 이후 뒤집기, 기기, 걷기 등 이동운동과 자발적 운동(수의운동隨意運動, voluntary movement)이 발달한다.

뇌는 사춘기 이후에도 성장한다. 뇌하수체는 사춘기에 급속히 커지고, 그 후로도 5~8년 동안 계속 커진다. 전두엽의 성장은 35세에 정점에 이른다. 노벨상을 받은 사람들이 업적을 냈던 연령대는 30대 후반이 제일 많은 것도 이런 이유 때문이다. 사냥과 채집으로 생활하는 원시사회에서 사냥꾼들의 힘과 속력은 20대에 정점에 도달하지만, 사냥 성공률은 40세에 가장 높다.

신경계에서 가소성(plasticity)은 성인기에는 매우 제한적이고 태아기부터 청소년기 사이에 주로 나타나는데, 신경계가 특정 자극에 민감하게 반응하도록 성숙하려면 성장 시점과 감각 경험이 일치해야 한다. 이 특정 기간을 임계기(臨界期, 임계기간, critical period)라고 한다. 임계기란 경계를 결정하는 시기라는 뜻인데, 어떤 현상의 발생 여부를 결정하는 시기이다. 결정적 시기, 혹은 중요한 시기라고도 한다. 임계기에 특정 기능을 발달시키는 데 필요한 자극을 받지 못하고 이 시기가 일단 지나가버리면 나중에는 어떤 노력을 하더라도 교정이 불가능하다.

임계기에 대한 가장 유명한 사례는 오스트리아 비교행동학자 콘라트 로렌츠(Konrad Lorenz, 1903~1989)의 연구이다. 그가 연구했던 회색기러기는 부화한 후 단 몇 시간 동안 눈앞에 움직이는 사물이 보이면 그것에 애착을 형성한다. 이런 현상을 각인(刻印, imprinting)이라고 한다. 부화한 직후 어미가 아닌 로렌츠를 각인한 어린 기러기들은 어미보다는 로렌츠를 따라다녔다. 닭이나 오리는 부화 후 바로 어미의 뒤를 쫓는 행동을 하는데, 어미가 아니더라도 움직이는 물체가 있으면 그것을 쫓는다.

뇌의 발육 초기에 감각자극에 의해 뇌에 각인되는 것은 조건학습과는 달리 생후 초기의 한정된 시기에만 발생한다. 보통 새끼가 빨리 자라서 독립된 생활을 하는 동물에서 많고, 각인되는 시기는 부화 후 24시간 이내이다. 일단 특정 자극이 각인되면 그에 대한 강한 집착이 유지되기 때문에 각인은 자신의 부모를 구별하는 기능을 한다. 각인된 대상이 한 개체에게 주어지면 그 개체가 속한 집단 모두에게 영향이 미칠 수도 있고, 어린 시기에 형성된 각인이 한참 성장한 후에 나타나는 구애행동에도 영향을 미칠 수 있다. 예를 들면 어릴 때 오리를 쫓아다니던 병아리는 성장 후에도 오리를 대상으로 구애행동을 하기도 한다.

포유류에서 시각을 처리하는 뇌의 뉴런은 망막에서 전달되는 신호를 기반으로 출생 후에 발달한다. 생후 3개월 이전의 고양이 눈을 봉합하면 봉합된 눈과 연결되었던 뇌의 뉴런은 시각기능을 잃지만, 생후 1년이 지난 고양이의 눈은 장기간 봉합한다고 하더라도 뇌의 시각기능에는 영향이 없어 봉합을 풀고 열어주면 다시 시각기능을 회복한다. 시력발달의 임계기는 고양이는 생후 3개월이고, 원숭이는 생후 6개월이다. 인간은 2~8세이다. 선천성백내장이 있는 아이들은 2~8세를 지나면 백내장을 수술한다고 해도 시력을 회복하지 못한다.

시선을 특정 대상 쪽으로 돌려 가장 선명하게 볼 수 있도록 하는 기능을 주시(注視, fixation)라고 하는데, 사람은 생후 2~3개월에 나타난다. 두 눈으로 한 물체를 볼 때 물체의 상이 두 눈의 망막중심오목(fovea)에 맺히고 신호가 뇌에 전해져 1개의 물체로 지각하게 되는 것은 양안단일시(兩眼單一視, binocular single vision)라고 하는데, 이것이 가능해야 물체에 대한 입체시(立體視, stereopsis)가 좋아진다. 입체시는 생후 3~4개월에 발달하기 시작하여 2세까지 급격히 발달하고 8세에는 발달이 멈춘다. 사시(斜視, heterotropia)가 있으면 두 눈이 한 물체에 융합(fusion)을 하지 못해 입체시가 불가능해진다. 영아기의 사시는 늦어도 2세 이전에는 수술을 해야 양안단일시와 입체시가 발달한다. 영아기 이후에 발생하는 사시는 8세 이전이라면 발견되는 즉시 치료를 시작해야 한다.

신생아는 이미 자궁에서 언어를 학습한다. 그래서 막 태어난 신생아는 동물 소리보다는 인간의 말에 더 잘 반응하고 외국어보다도 모국어에 더 잘 반응한다. 또 모국어를 거꾸로 들려줄 때보다는 통상적인 대화를 들려줬을 때 더 잘 반응한다. 난청(難聽, hearing impairment)은 유소아기의 가장 흔한 감각손상으로, 신생아 난청은 고도난청 기준으로 1,000명당 1~2명의 비율로 발생한다. 신생아 난청은 태어나서는 잘 모르다가 생후 2~3년이 지나 발견되는 경우가 많은데, 이 시기에는 이미 뇌의 청각 가소성이 감소되어 보청기를 착용시키고 언어치료를 해도 정상적인 언어발달이 어렵다. 그래서 미국영아청각협회에서는 생후 1개월 이내에 신생아청각선별검사를 시행하고, 청각선별검사에서 어느 한 귀라도 재검 판정을 받은 경우 생후 3개월 이내에 난청 여부를 확진하는 검사를 시행하며, 최종 난청으로 진단받은 경우 생후 6개월 이내에 보청기 착용 등 청각재활치료를 시행하는 1-3-6 원칙을 권고하고 있다. 언어발달에는 생후 6개월 이내의 소리자극이 중요하기 때문이다.

언어습득의 임계기는 5세 혹은 사춘기 이전이다. 그러나 생후 첫 몇 년이 언어학습에 매우 중요하며, 대부분 적절한 환경에 노출되기만 하면 5~6세부터는 모국어를 자유로이 사용하게 된다. 소리를 들을 수 없는 심한 난청 소아가 5세에 수화를 배우기 시작한다면 출생 후 바로 수화에 노출된 경우보다 수화를 유창하게 하지 못한다. 생후 초기 언어노출은 나중에 두 번째 언어를 배우는 능력에도 영향을 미친다. 제2언어를 학습할 때 성인이 소아보다 처음에 더 빨리 배우기는 하지만 나중에는 소아가 보이는 모국어 수준의 유창함을 따라가지 못한다. 제2언어의 유창함도 노출되는 시기가 빠를수록 좋아지는데, 사춘기 이전에 제2언어 학습이 이루어지는 경우에만 모국어와 질적으로 유사해진다.

독립
분산은 일생에서 가장 위험한 시기

동물이 성장하여 둥지를 떠나는 현상을 분산(分散, dispersal)이라고 한다. 포유류는 주로 수컷이 떠나고 암컷은 잔류하여 사회조직의 뼈대를 이룬다. 영장류는 암컷과 수컷이 다 떠나는데, 수컷이 암컷보다 더 멀리 간다. 분산은 근친교배를 방지하는 효과가 있지만, 한 개체의 일생에서는 분산충동이 나타날 때가 가장 위험한 시기이다. 인간은 자기 정체성을 과거 인생을 되돌아보면서 확립하는데, 40세 이후의 성인들에게 자신의 과거를 회상해보라고 하면 15~30세 사이의 경험을 가장 많이 회상한다. 이런 현상을 회고절정(reminiscence bump)이라고 한다.

자식을 키우는 부모 대부분은 자식이 집을 떠날 준비가 되어 있는지 아닌지를 구분할 수 있다. 어떤 부모는 자식이 떠나는 날까지 아직 준비가 덜 된 상태일까 봐 너무 심한 걱정을 하는데, 그러면 갈등이 심해진다. 사실 갈등은 자식이 떠날 준비가 되었다는 신호일 수 있다. 스페인 해안에 사는 갈색 독수리인 흰죽지수리(Aquila heliaca)의 어미가 자기 새끼에게 못된 부모로 변하는 유일한 순간은 분산 직전이다. 새끼가 어느 정도 성장하면 먹이배급을 차단하거나 공격적인 행동을 하여 새끼의 독립을 강요한다. 어미 독수리는 먹잇감을 사냥할 때와 같은 동작으로 새끼를 공격한다. 다만 발톱을 뾰족하게 세우지 않고 오므려 몽둥이 모양으로 만들어서는 새끼를 때려 균형을 잃게 하면서 날갯짓을 하게 만든다.

분산을 기준으로 이전은 소아기(유년기, childhood)라고 하고, 이후는 성인기이며, 과도기는 청소년기에 해당한다. 모든 동물은 다음과 같은 어려움을 겪는데, 청소년기에는 모든 문제를 한꺼번에 겪는다.

(1) 어떻게 자신을 안전하게 지킬 것인가?
(2) 어떻게 사회적 지위에 적응할 것인가?
(3) 어떻게 성적 소통을 할 것인가?
(4) 어떻게 둥지를 떠나 스스로를 책임질 것인가?

동물 청소년들은 부모로부터 생존기술을 모두 습득하고 둥지를 떠나는 것은 아니다. 일단 둥지를 떠나 스스로 시행착오를 겪으면서 경험학습을 해야 한다. 그래서 포식자를 마주치는 등의 상황에 노출되었을 때 위험이 불가피하다. 청소년기 산양은 위험한 가파른 절벽을 오르고, 어린 가젤은 굶주린 치타 곁을 멋모른 채 지나가며, 다람쥐는 방울뱀 주변을 돌아다닌다. 둥지를 떠난 많은 어린 야생동물들은 포식자에게 잡아먹히거나 추락, 익수(溺水), 굶주림 등으로 죽는다. 인간은 포식동물에게 잡아먹힐 일은 없지만, 10대 청소년에게 가장 치명적인 것은 자동차이다. 교통사고 사망률은 노인이 가장 높지만, 사고율은 청소년이 훨씬 높다.

어린 시궁쥐는 먹음직스러운 먹이와 별로 내키지 않는 먹이 중 항상 맛있는 음식을 고른다. 그런데 사춘기에 접어든 시궁쥐는 또래와 어울리기 시작하면서 먹이 선택이 달라진다. 자신이 좋아하는 먹이를 고르는 대신 친구의 선택을 따라 할 가능성이 2배 높아진다. 또래가 먹는 것을 본 쥐는 예전에 부패한 음식을 먹고 아팠던 적이 있는데도 독이 있는 음식을 따라 먹을 수도 있다. 그런데 이미 자원과 지위의 혜택을 받고 있는 부모는 새끼가 살아갈 생태계의 변화는 모를 수 있기 때문에 또래에게서 얻는 정보가 부모가 알려주는 것보다 더 정확할 수 있다.

우리말 청소년(靑少年)과 사춘기(思春期)는 adolescent와 puberty를 번역한 것으로, 청소년기(adolescence)는 성숙 과정을 표현할 때, 사춘기(puberty)는 생물학적 과정을 표현할 때 주로 사용한다. 사춘기 시작 연령은 50~80%는 유전적으로 결정된다. 여성 사춘기 시작 시점은 유방이 돌출되는 때인데, 한국인은 11세에 해당한다. 이후 음모가 발달하고 초경은 13세에 나타난다. 이후 1년~1년 반 정도는 불규칙하거나 배란이 없는 월경을 하는 경우가 많고, 임신은 15세가 되어야 가능하다. 사춘기의 끝은 음모의 성숙을 기준으로 하며, 한국인은 16세에 해당한다. 남자의 사춘기는 고환이 커지는 것으로 시작한다. 한국인의 경우 12.7세에 해당한다. 이후 6~8개월이 지나면 성기가 커지며 음모가 발달하고 첫 사정은 13.5세에 한다. 정자의 형태나 운동력이 성인의 수준에 도달하면 사춘기는 끝난 것으로 판단하는데, 한국인은 17세에 해당한다.

공동체의 운영을 위해서는 나이에 따라 사회적인 지위를 바꾸는 특정 시기를 정해야 하는데, 많은 사회에서 통과의례를 통해서 한다. 동아시아에서는 관혼상제(冠婚喪祭)를 해왔다. 관혼상제라는 말은 《예기(禮記)》에서 처음 사용되었고, 우리나라에서는 조선시대에 일반인에게 정착되었다. 관례(冠禮)는 남자가 상투를 짜고 관을 쓰는 의식이고, 여자는 쪽을 찌고 비녀를 꽂는 계례(筓禮)를 한다. 보통 15~20세 때 하는데, 남자는 20세, 여자는 15세가 되면 하는 경우가 많았다. 청소년기가 주목받은 것은 현대적인 현상으로, 19세기 말 미국 심리학자 그랜빌 스탠리 홀(Granville Stanley Hall, 1844~1924)이 독일 문학용어인 질풍노도(Sturm und Drang)라고 표현한 이후이다. 청소년기가 시작하는 시점은 사춘기가 시작되는 시점으로 논란이 별로 없지만, 청소년기가 끝나는 시점은 관점에 따라 달라진다. 대한소아청소년과학회는 청소년기를 11~21세(남자: 12~20세, 여자: 10~18세)로 규정하고 있고, 청소년기본법에서는 9~24세로 규정하고 있는데, 24세까지 성장을 하고 25세에 육체적, 생리적 절정에 이른다는 점에서는 청소년기는 24세까지라고 할 수 있다.

동물은 신체적으로 생식능력이 갖추어지는 순간 짝짓기를 시도한다고 생각하지만, 생식능력이 완성되는 시점과 번식을 시작하는 시점 사이에는 간격이 있다. 사람은 사춘기가 끝나 생식기의 성숙이 완료되었다고 하더라도 10대 임신은 미숙아를 낳을 가능성이 크다. 전 세계적으로 15~19세 소녀의 주요 사망 원인은 임신출산 합병증이다. 동물에서도 어린 나이의 임신은 유산될 가능성이 높으며, 경험이 미숙한 부모는 포식자로부터 자식뿐만 아니라 자신도 보호하지 못한다. 실제로 동물들은 생식능력이 완성된 이후 구애행동을 완벽하게 익힐 때까지 짝짓기를 미룬다. 너무 빠른 성관계가 인간에게 위험하듯이 파충류, 조류, 포유류 등 동물에게도 위험하다.

청소년들 사이에는 가벼운 성관계를 하나의 경험으로 생각하는 훅업(hookup) 문화가 유행하기도 하지만, 성관계를 미루는 경향도 강해지고 있다. 하버드대학교에서 미국 청소년 3,000여 명을 대상으로 실시한 연구에서는 지난 25~30년 동안 과거보다 더 많은 수의 학생이 성경험이 없는 채로 고등학교를 졸업하는 것으로 나타났다. 왜 그러는지에 대한 질문에 학생들은 정서적으로 자신을 보호하기 위해 성관계를 미룬다고 답했다.

인간 사회에서 청소년기 이후에도 부모의 지원이 연장되고 강화되는 '양육기간 연장' 현상이 일반화되어가고 있다. 하버드대 교육대학원이 발표한 보고서에 따르면, 부모가 부유할수록 자녀의 학업과 사회생활에 깊이 개입하는 경향이 강해진다. 다 자란 자식에 대한 부모양육이 길어지는 것은 동물에서도 나타난다. 위험한 환경과 부족한 식량을 비롯해 영역싸움과 짝짓기상대 찾기의 부담감이 청년기 동물을 더 오래 둥지에 머물게 한다. 조류와 포유류의 여러 부모들이 분산충동이 나타나는 자식들이 둥지에 머무는 것을 허락한다. 결혼하지 않은 이모나 삼촌이라고 할 수 있는데, 종종 평생을 태어난 둥지에서 보낸다. 이들이 무전취식하는 경우는 별로 없고, 부모와 새끼, 동생들에게 모두 도움이 되는 일을 한다. 청소년기 자식들은 동생들을 돌보고 보초를 서거나 적이 공격해 올 때 필요한 병력을 보충해준다. 둥지에서 더 오래 머물다가 분산한다고 해서 독립에 실패하는 것은 아니다. 독립을 조금 더 미루면 부모의 죽음 이후 상속권을 차지할 가능성도 높아진다. 예를 들어 지위가 낮은 암컷 미어캣(meerkat)이 자신의 영역을 확보하는 가장 좋은 전략은 어미가 죽을 때까지 집을 떠나지 않고 버티는 것이다. 수컷 침팬지도 비슷한 전략을 사용한다.

　인간이나 동물이나 어느 한 순간 성인이 되지 않는다. 탄생해서 성숙하기까지 여러 단계가 있는데, 각 단계의 시작은 항상 고통스럽고 위험할 수 있지만 지나고 나면 시작이 제일 쉬운 단계였다는 것을 안다.

참고문헌
찾아보기

===== 참고문헌 =====

I 발생

- Scott F. Gilbert, Michael J.F. Barresi, 《발생생물학》 제11판, 전상학 옮김, 라이프사이언스, 2021, 1
- 대한산부인과학회, 《산과학》 제6판, 군자출판사, 2019, 76-78
- 서경, 착상 전 배아의 도덕적 지위, *Korean Journal of Obstetrics and Gynecology* 51(3), 2008, 286-289

1 생물분류

- Lisa A. Urry, 《캠벨 생명과학》 제12판, 전상학 옮김, 바이오사이언스 출판, 2022, 603-625
- Wikipedia: 'Archaea', 'Carl Woese'

2 유전인자

- Barry Chess, 《미생물학 길라잡이》 제11판, 장태용 옮김, 라이프사이언스, 2021, 269
- Michael T. Madigan, 《Brock의 미생물학》 제15판, 오계헌 옮김, 바이

오사이언스출판, 2021, 108

3 돌연변이

- 션 B. 캐럴, 《우연이 만든 세계》, 장호연 옮김, 코쿤북스, 2022, 126·160·176
- 블라드코 베드럴, 《고양이와 물리학》, 조은영 옮김, 알에이치코리아, 2023, 148
- Michael T. Madigan, 《Brock의 미생물학》 제15판, 오계헌 옮김, 바이오사이언스출판, 2021, 108·314·372
- 네이버지식백과, 분자·세포생물학백과: '다형성'

4 세포분열

- Michael J.F. Barresi, Scott F. Gilbert, 《발생생물학》 제12판, 전상학 옮김, 라이프사이언스, 2023, 174
- 데이빗 힐리스, 《생명》 제12판, 정종우 옮김, 라이프사이언스, 2021, 231-238
- 닐 슈빈, 《자연은 어떻게 발명하는가》, 김명주 옮김, 부키, 2022, 197
- 곽한식, 김하근, 《세포》, 라이프사이언스, 2023, 325
- James D. Mauseth, 《식물학》 제6판, 김영환 옮김, 월드사이언스, 2019, 95-99
- 네이버지식백과, 생화학백과: '염색질'
- Wikipedia: 'Multinucleate'

5 생식

- James D. Mauseth, 《식물학》 제6판, 김영환 옮김, 월드사이언스, 2019, 520
- 닉 레인, 《바이털 퀘스천》, 김정은 옮김, 까치, 2017, 278
- Brian K. Hall, 《진화학》, 김경호 옮김, 홍릉과학출판사, 2015, 133-134
- 이나가키 히데히로, 《패자의 생명사》, 박유미 옮김, 더숲, 2022, 69-70·75-76

- Lisa A. Urry,《캠벨 생명과학》제12판, 전상학 옮김, 바이오사이언스출판, 2022, 708
- Michael J.F. Barresi, Scott F. Gilbert,《발생생물학》제12판, 전상학 옮김, 라이프사이언스, 2023, 172
- Annalisa Masi, Francesca Leonelli, Viviana Scognamiglio, Giulia Gasperuzzo, Amina Antonacci, Michael A. Terzidis, Chlamydomonas reinhardtii: a factory of nutraceutical and food supplements for human health, *Molecules* 28(3), 2023, 1185
- 네이버지식백과, 분자·세포생물학백과: '무성생식'

6 수정

- 로버트 마틴,《우리는 어떻게 태어나는가》, 김홍표 옮김, 궁리, 2015, 52·78·129
- Lisa A. Urry,《캠벨 생명과학》제12판, 전상학 옮김, 바이오사이언스출판, 2022, 843·1017·1018
- Keith L. Moore,《인체발생학》제10판, 대한체질인류학회 옮김, 범문에듀케이션, 2017, 20·29
- Michael J.F. Barresi, Scott F. Gilbert,《발생생물학》제12판, 전상학 옮김, 라이프사이언스, 2023, 167·175
- 대한남성과학회,《남성과학》제3판, 군자출판사, 2016, 73
- 네이버지식백과, 서울대학교병원 의학정보: '시험관아기'

7 배반포

- Keith L. Moore,《인체발생학》제10판, 대한체질인류학회 옮김, 범문에듀케이션, 2017, 33-39
- Michael J.F. Barresi, Scott F. Gilbert,《발생생물학》제12판, 전상학 옮김, 라이프사이언스, 2023, 315
- T.W. Sadler,《사람발생학》제14판, 박경한 옮김, 범문에듀케이션, 2021, 51-57

8 두겹배아원반

- 리암 드류, 《그래서 포유류》, 고호관 옮김, 엠아이디미디어, 2024, 187
- 최영은, 《탄생의 과학》, 웅진지식하우스, 2019, 54
- 지제근, 《의학용어 이야기》 제2집, 아카데미아, 2014, 135
- T.W. Sadler, 《사람발생학》 제14판, 박경한 옮김, 범문에듀케이션, 2021, 59-64
- Keith L. Moore, 《인체발생학》 제10판, 대한체질인류학회 옮김, 범문에듀케이션, 2017, 41-51
- 대한산부인과학회, 《산과학》 제6판, 군자출판사, 2019, 245
- 위키백과: '배아바깥막'

9 낭배형성

- Keith L. Moore, 《인체발생학》 제10판, 대한체질인류학회 옮김, 범문에듀케이션, 2017, 55-71
- T.W. Sadler, 《사람발생학》 제14판, 박경한 옮김, 범문에듀케이션, 2021, 89

10 기관발생

- Keith L. Moore, 《인체발생학》 제10판, 대한체질인류학회 옮김, 범문에듀케이션, 2017, 55-71
- T.W. Sadler, 《사람발생학》 제14판, 박경한 옮김, 범문에듀케이션, 2021, 85-110
- Michael J.F. Barresi, Scott F. Gilbert, 《발생생물학》 제12판, 전상학 옮김, 라이프사이언스, 2023, 369

11 삼배엽

- Cleveland Hickman, Jr., 《동물 다양성》 제8판, 김원 옮김, 라이프사이언스, 2020, 73-75
- Ibraheem Rehman, Ali Nassereddin, Afzal Rehman, Anatomy, thorax, pericardium, StatPearls [Internet], July 24, 2023

- 네이버지식백과, 생명과학대사전: '체강동물'
- Wikipedia: 'Symmetry in biology', 'Body cavity'

12 배외막
- 리암 드류,《그래서 포유류》, 고호관 옮김, 엠아이디미디어, 2024, 182
- 매슈 F. 보넌,《뼈 그리고 척추동물의 진화》, 황미영 옮김, 뿌리와이파리, 2018, 611
- 에밀리 윌링엄,《페니스, 그 진화와 신화》, 이한음 옮김, 뿌리와이파리, 2021, 54-55
- Michael J.F. Barresi, Scott F. Gilbert,《발생생물학》제12판, 전상학 옮김, 라이프사이언스, 2023, 303
- Connor Ross, Thorsten E. Boroviak, Origin and function of the yolk sac in primate embryogenesis, *Nat Commun* 11, 2020, 3760
- Esin Ebru Onbaşılar, İsmail Safa Gürcan, Gülzade Kaplan, Fevzi Tahir Aksoy, Gross appearance of the chicken unfertilized germinal disc, *Ankara Üniv Vet Fak Derg* 53, 2006, 215-217

13 태반
- 坂井建雄,《알기 쉽게 풀이한 표준해부학》, 박정현, 김영석, 김홍태, 노구섭, 허대영 옮김, 아카데미아, 2019, 289
- 리암 드류,《그래서 포유류》, 고호관 옮김, 엠아이디미디어, 2024, 187
- 로버트 마틴,《우리는 어떻게 태어나는가》, 김홍표 옮김, 궁리, 2015, 160
- 닐 슈빈,《자연은 어떻게 발명하는가》, 김명주 옮김, 부키, 2022, 235
- Keith L. Moore,《인체발생학》제10판, 대한체질인류학회 옮김, 범문에듀케이션, 2017, 111-117·130
- Wikipedia: 'Placenta', 'Syncytin-1'

14 세포사멸
- 윌리엄 해리스,《뉴런의 정원》, 김한영 옮김, 위즈덤하우스, 2024, 215-

217·223·233
- George Plopper, 《세포생물학》 제2판, 김인선 옮김, 범문에듀케이션, 2017, 487-489
- James D. Mauseth, 《식물학》 제6판, 김영환 옮김, 월드사이언스, 2019, 56
- Sandro Argüelles, Angélica Guerrero-Castilla, Mercedes Cano, Mario F. Muñoz, Antonio Ayala, Advantages and disadvantages of apoptosis in the aging process, *Ann N Y Acad Sci* 1443(1), 2019, 20-33
- Szymon Kaczanowski, Apoptosis: its origin, history, maintenance and the medical implications for cancer and aging, *Phys Biol* 13(3), 2016, 031001

15 줄기세포
- 닐 슈빈, 《자연은 어떻게 발명하는가》, 김명주 옮김, 부키, 2022, 147
- 최영은, 《탄생의 과학》, 웅진지식하우스, 2019, 99·110
- Michael J.F. Barresi, Scott F. Gilbert, 《발생생물학》 제12판, 전상학 옮김, 라이프사이언스, 2023, 135
- Jonathan M.W. Slack, 《핵심 발생학》 제3판, 이성호 옮김, 월드사이언스, 2015, 385-386
- James J. Yoo, 《재생의학》 제5판, 유지 옮김, 군자출판사, 2023, 58-59
- Lewis Wolpert, Cheryll Tickle, 《발생의 원리》 제4판, 김원선 옮김, 월드사이언스, 2013, 394-402
- 네이버지식백과, 분자·세포생물학백과: '줄기세포'

II 기관

- 아르망 마리 르로이, 《라군》, 양병찬 옮김, 동아엠앤비, 2022, 228
- James D. Mauseth, 《식물학》 제6판, 김영환 옮김, 월드사이언스, 2019, 137

1 동물

- 닐 슈빈, 《자연은 어떻게 발명하는가》, 김명주 옮김, 부키, 2022, 298
- Lisa A. Urry, 《캠벨 생명과학》 제12판, 전상학 옮김, 바이오사이언스 출판, 2022, 669·694
- Michael J.F. Barresi, Scott F. Gilbert, 《발생생물학》 제12판, 전상학 옮김, 라이프사이언스, 2023, 24
- David M. Hillis, 《생명》 제12판, 정종우 옮김, 라이프사이언스, 2021, 624
- Cleveland Hickman, Jr., 《동물 다양성》 제8판, 김원 옮김, 라이프사이언스, 2020, 129
- Klaus Hausmann, 《원생생물학》 제3판, 최중기 옮김, 월드사이언스, 2011, 151

2 척삭

- P. J. Gullan, P. S. Cranston, 《곤충학》 제3판, 이상몽 옮김, 월드사이언스, 2011, 45
- Lisa A. Urry, 《캠벨 생명과학》 제12판, 전상학 옮김, 바이오사이언스 출판, 2022, 734
- Lewis Wolpert, Cheryll Tickle, 《발생의 원리》 제4판, 김원선 옮김, 월드사이언스, 2013, 321·569
- Noriyuki Satoh, Daniel Rokhsar, Teruaki Nishikawa, Chordate evolution and the three-phylum system, *Proc Biol Sci* 281(1794), 2014, 20141729

3 뼈

- 매슈 보넌, 《뼈 그리고 척추동물의 진화》, 황미영 옮김, 뿌리와이파리, 2018, 172·364
- Daniel Hartl, 《필수유전학》 제7판, 김성룡 옮김, 월드사이언스, 2020, 370
- 닐 슈빈, 《자연은 어떻게 발명하는가》, 김명주 옮김, 부키, 2022, 176

- 최영은, 《탄생의 과학》, 웅진지식하우스, 2019, 159
- 필립 볼, 《모양》, 조민웅 옮김, 사이언스북스, 2014, 360-361
- Lewis Wolpert, Cheryll Tickle, 《발생의 원리》 제4판, 김원선 옮김, 월드사이언스, 2013, 191-194
- Cleveland Hickman, Jr., 《동물 다양성》 제8판, 김원 옮김, 라이프사이언스, 2020, 389
- Jerry Bergman, Cartilage evolution baffles evolutionists, *Answers Research Journal* 15, 2022, 263-267

4 머리

- Cleveland Hickman, Jr., 《동물 다양성》 제8판, 김원 옮김, 라이프사이언스, 2020, 148
- 리암 드류, 《그래서 포유류》, 고호관 옮김, 엠아이디미디어, 2024, 73
- T.W. Sadler, 《사람발생학》 제14판, 박경한 옮김, 범문에듀케이션, 2021, 171-173
- 坂井建雄, 《알기 쉽게 풀이한 표준해부학》, 박정현, 김영석, 김홍태, 노구섭, 허대영 옮김, 아카데미아, 2019, 583
- 윌리엄 해리스, 《뉴런의 정원》, 김한영 옮김, 위즈덤하우스, 2024, 53
- 대한해부학회, 《해부학》 둘째판, 고려의학, 2007, 191
- Giovanna Ponte, Morag Taite, Luciana Borrelli, Andrea Tarallo, Louise Allcock, Graziano Fiorito, Cerebrotypes in cephalopods: brain diversity and its correlation with species habits, life history, and physiological adaptations, *Front Neuroanat* 14, 2020, 565109

5 턱

- 가와사키 사토시, 《상어의 턱은 발사된다》, 김동욱 옮김, 사이언스북스, 2020, 20
- 리암 드류, 《그래서 포유류》, 고호관 옮김, 엠아이디미디어, 2024, 270
- P.J. Gullan, P.S. Cranston, 《곤충학》 제3판, 이상몽 옮김, 월드사이언스, 2011, 31

- 매슈 F. 보넌,《뼈 그리고 척추동물의 진화》, 황미영 옮김, 뿌리와이파리, 2018, 83·125·616·620·688
- April DeLaurier, John Gerhart, Evolution and development of the fish jaw skeleton, *Wiley Interdiscip Rev Dev Biol* 8(2), 2019, e337
- Wikipedia: 'Fish jaw'

6 치아

- 김민석, 허경석,《치아형태학》셋째판, 대한나래출판사, 2016, 54·62
- P. J. Gullan, P.S. Cranston,《곤충학》제3판, 이상몽 옮김, 월드사이언스, 2011, 31
- T.W. Sadler,《사람발생학》제14판, 박경한 옮김, 범문에듀케이션, 2021, 350-351
- 매슈 F. 보넌,《뼈 그리고 척추동물의 진화》, 황미영 옮김, 뿌리와이파리, 2018, 125·172·616·620·688
- Wikipedia: 'Placoderm', 'Polyphyodont'

7 인두활

- 대한해부학회,《해부학》둘째판, 고려의학, 2007, 1165
- 리암 드루,《그래서 포유류》, 고호관 옮김, 엠아이디미디어, 2024, 345
- 매슈 F. 보넌,《뼈 그리고 척추동물의 진화》, 황미영 옮김, 뿌리와이파리, 2018, 125·172
- Cleveland Hickman, Jr.,《동물 다양성》제8판, 김원 옮김, 라이프사이언스, 2020, 345·350
- 닐 슈빈,《자연은 어떻게 발명하는가》, 김명주 옮김, 부키, 2022, 242-259
- Lewis Wolpert, Cheryll Tickle,《발생의 원리》제4판, 김원선 옮김, 월드사이언스, 2013, 99-100·392
- Lisa A. Urry,《캠벨 생명과학》제12판, 전상학 옮김, 바이오사이언스 출판, 2022, 734
- Keith L. Moore,《인체발생학》제10판, 대한체질인류학회 옮김, 범문

에듀케이션, 2017, 163·171·203
- T.W. Sadler, 《사람발생학》 제14판, 박경한 옮김, 범문에듀케이션, 2021, 325·338·341·407
- Noriyuki Satoh, Daniel Rokhsar, Teruaki Nishikawa, Chordate evolution and the three-phylum system, *Proc Biol Sci* 281(1794), 2014, 20141729

8 사지

- 매슈 보넌, 《뼈 그리고 척추동물의 진화》, 황미영 옮김, 뿌리와이파리, 2018, 83·251·252·717
- 닐 슈빈, 《자연은 어떻게 발명하는가》, 김명주 옮김, 부키, 2022, 179-181
- Lisa A. Urry, 《캠벨 생명과학》 제12판, 전상학 옮김, 바이오사이언스 출판, 2022, 742-744
- Cleveland Hickman, Jr., 《동물 다양성》 제8판, 김원 옮김, 라이프사이언스, 2020, 18·364
- 루이스 다트넬, 《오리진》, 이충호 옮김, 흐름출판, 2023, 119-120
- Lewis Wolpert, Cheryll Tickle, 《발생의 원리》 제4판, 김원선 옮김, 월드사이언스, 2013, 569
- Heiner Grandel, Stefan Schulte-Merker, The development of the paired fins in the zebrafish (Danio rerio), *Mechanisms of Development* 79, 1998, 99-120
- Weiling Zheng, Zhengyuan Wang, John E. Collins, Robert M. Andrews, Derek Stemple, Zhiyuan Gong, Comparative transcriptome analyses indicate molecular homology of zebrafish swimbladder and mammalian lung, *PLoS One* 6(8), 2011, e24019
- 위키백과: '사족보행', 'Bipedalism'

9 내온성

- 사라 에버츠, 《땀의 과학》, 김성훈 옮김, 한국경제신문, 2022, 29·73

- 한스 이저맨, 《따뜻한 인간의 탄생》, 이경식 옮김, 머스트리드북, 2021, 95·100
- 천샹징, 린다리, 《이토록 재미있는 새 이야기》, 박주은 옮김, 북스힐, 2022, 71
- Lisa A. Urry, 《캠벨 생명과학》 제12판, 전상학 옮김, 바이오사이언스출판, 2022, 900-904·963
- Odunayo Ibraheem Azeez, Roy Meintjes, Joseph Panashe Chamunorwa, Fat body, fat pad and adipose tissues in invertebrates and vertebrates: the nexus, Lipids in Health Dis 13, 2014, 71
- 네이버지식백과, 강영희: '항온동물'
- Wikipedia: 'Endotherm'

10 유방

- 리암 드류, 《그래서 포유류》, 고호관 옮김, 엠아이디미디어, 2024, 212
- Lisa A. Urry, 《캠벨 생명과학》 제12판, 전상학 옮김, 바이오사이언스출판, 2022, 758
- 버지니아 헤이슨, 테리 오어, 《포유류의 번식 — 암컷 관점》, 김미선 옮김, 뿌리와이파리, 2021, 47·123
- T.W. Sadler, 《사람발생학》 제14판, 박경한 옮김, 범문에듀케이션, 2021, 427-428
- 대한외과학회, 《외과학》 제2판, 군자출판사, 2017, 1151

11 영장류

- Lisa A. Urry, 《캠벨 생명과학》 제12판, 전상학 옮김, 바이오사이언스출판, 2022, 759-761
- 사이먼 반즈, 《100가지 동물로 읽는 세계사》, 오수원 옮김, 현대지성, 2023, 219
- 김시현, 이진숙, 최승은, 최식, 《십이지동물》, 따비, 2023, 167
- 《산해경》 1/3, 곽박 주, 임동석 역주, 동서문화사, 2011, 94
- Wikipedia: 'Primate', 'Human taxonomy'

- ウィキペディア: 'テナガザル(手長猿)'
- 위키백과: '성성이', '연천 전곡리 유적'

12 뇌

- 리암 드류, 《그래서 포유류》, 고호관 옮김, 엠아이디미디어, 2024, 365-367
- 매슈 보넌, 《뼈 그리고 척추동물의 진화》, 황미영 옮김, 뿌리와이파리, 2018, 275
- 대한산부인과학회, 《산과학》 제6판, 군자출판사, 2019, 274
- 윌리엄 해리스, 《뉴런의 정원》, 김한영 옮김, 위즈덤하우스, 2024, 103
- 앨런 재서노프, 《생물학적 마음》, 권경준 옮김, 김영사, 2021, 98
- 윌리스 B. 멘딜슨, 《잠의 과학》, 윤여림 옮김, 글항아리, 2023, 45-46
- Lisa A. Urry, 《캠벨 생명과학》 제12판, 전상학 옮김, 바이오사이언스출판, 2022, 1111·1119
- T.W. Sadler, 《사람발생학》 제14판, 박경한 옮김, 범문에듀케이션, 2021, 89·356
- Michael J.F. Barresi, Scott F. Gilbert, 《발생생물학》 제12판, 전상학 옮김, 라이프사이언스, 2023, 342·361-367
- Keith L. Moore, 《인체발생학》 제10판, 대한체질인류학회 옮김, 범문에듀케이션, 2017, 63·404
- Kirsty Y. Wan, Gáspár Jékely, Origins of eukaryotic excitability, *Phil Trans R Soc B* 376, 2021, 20190758
- Katsunari Namba, Carotid-vertebrobasilar anastomoses with reference to their segmental property, *Neurol Med Chir* 57(6), 2017, 267-277

13 심혈관

- 매슈 보넌, 《뼈 그리고 척추동물의 진화》, 황미영 옮김, 뿌리와이파리, 2018, 273
- Lincoln Taiz, 《핵심 식물생리학》, 공삼근 옮김, 라이프사이언스, 2022,

15·62·237
- 알폰소 마르티네스 아리아스, 《당신의 지문은 DNA를 말하지 않는다》, 윤서연 옮김, 드루, 2024, 61
- P. J. Gullan, P.S. Cranston, 《곤충학》 제3판, 이상몽 옮김, 월드사이언스, 2011, 61
- Jonathan M.W. Slack, 《핵심 발생학》 제3판, 이성호 옮김, 월드사이언스, 2015, 132
- Keith L. Moore, 《인체발생학》 제10판, 대한체질인류학회 옮김, 범문에듀케이션, 2017, 295-347
- Lisa A. Urry, 《캠벨 생명과학》 제12판, 전상학 옮김, 바이오사이언스출판, 2022, 960-963
- Cleveland P. Hickman, Jr., 《동물 다양성》 제8판, 김원 옮김, 라이프사이언스, 2020, 132
- 대한심폐소생협회, 《신생아소생술》, 가본의학서적, 2017, 4
- Lewis Wolpert, Cheryll Tickle, 《발생의 원리》 제4판, 김원선 옮김, 월드사이언스, 2013, 375·456
- T.W. Sadler, 《사람발생학》 제14판, 박경한 옮김, 범문에듀케이션, 2021, 205-252
- Ranbir Singh, Kristina Soman-Faulkner, Kavin Sugumar, Embryology, hematopoiesis, StatPearls [Internet], 2022
- 네이버지식백과, 동물학백과: '개방순환계'
- Wikipedia: 'Aorta-gonad-mesonephros', 'Homeobox protein Nkx-2.5'

14 신장

- P. J. Gullan, P.S. Cranston, 《곤충학》 제3판, 이상몽 옮김, 월드사이언스, 2011, 74
- Lisa A. Urry, 《캠벨 생명과학》 제12판, 전상학 옮김, 바이오사이언스출판, 2022, 992
- Keith L. Moore, 《인체발생학》 제10판, 대한체질인류학회 옮김, 범문

에듀케이션, 2017, 253-267
- 호머 스미스, 《내 안의 바다 콩팥》, 김홍표 옮김, 뿌리와이파리, 2016, 43-44·54·116
- 네이버지식백과, 동물학백과: '말피기관'

15 생식기

- P. J. Gullan, P.S. Cranston, 《곤충학》 제3판, 이상몽 옮김, 월드사이언스, 2011, 46
- 리암 드류, 《그래서 포유류》, 고호관 옮김, 엠아이디미디어, 2024, 34·93·111·124·131-136
- T.W. Sadler, 《사람발생학》 제14판, 박경한 옮김, 범문에듀케이션, 2021, 316-320
- 대한소아내분비학회, 《소아내분비학》 제4판, 군자출판사, 2023, 406-407
- Keith L. Moore, 《인체발생학》 제10판, 대한체질인류학회 옮김, 범문에듀케이션, 2017, 272
- 데이비드 무어, 《경험은 어떻게 유전자에 새겨지는가》, 정지인 옮김, 아몬드, 2023, 289-291
- Lewis Wolpert, Cheryll Tickle, 《발생의 원리》 제4판, 김원선 옮김, 월드사이언스, 2013, 329-330·349
- Michael J.F. Barresi, Scott F. Gilbert, 《발생생물학》 제12판, 전상학 옮김, 라이프사이언스, 2023, 159-161
- 최영은, 《탄생의 과학》, 웅진지식하우스, 2019, 83
- 대한산부인과학회, 《산과학》 제6판, 군자출판사, 2019, 26
- Carlos R. Infante, Alexandra G. Mihala, Sungdae Park, Jialiang S. Wang, Kenji K. Johnson, James D. Lauderdale, Douglas B. Menke, Shared enhancer activity in the limbs and phallus and functional divergence of a limb-genital cis-regulatory element in snakes, *Dev Cell* 35(1), 2015, 107-119
- Patrick Tschopp, Emma Sherratt, Thomas J. Sanger, Anna C.

Groner, Ariel C. Aspiras, Jimmy K. Hu, Olivier Pourquié, Jérôme Gros, Clifford J. Tabin, A relative shift in cloacal location repositions external genitalia in amniote evolution, *Nature* 516(7531), 2014, 391-394
- Wikipedia: 'Spotted hyena', 'Snake and lizard reproduction — anatomy & physiology', 'Hemipenis', 'Bifid penis', 'Uterus', 'Oviduct'

16 소화기

- P. J. Gullan, P. S. Cranston, 《곤충학》 제3판, 이상몽 옮김, 월드사이언스, 2011, 69
- 매슈 F. 보넌, 《뼈 그리고 척추동물의 진화》, 황미영 옮김, 뿌리와이파리, 2018, 132
- 안효섭, 신희영, 《홍창의 소아과학》 제12판, 미래엔, 2022, 625
- Lisa A. Urry, 《캠벨 생명과학》 제12판, 전상학 옮김, 바이오사이언스출판, 2022, 942
- Keith L. Moore, 《인체발생학》 제10판, 대한체질인류학회 옮김, 범문에듀케이션, 2017, 181·217-247·261-289
- Michael J.F. Barresi, Scott F. Gilbert, 《발생생물학》 제12판, 전상학 옮김, 라이프사이언스, 2023, 199·253·515

17 호흡기

- 닐 슈빈, 《자연은 어떻게 발명하는가》, 김명주 옮김, 부키, 2022, 34-37
- 리암 드류, 《그래서 포유류》, 고호관 옮김, 엠아이디미디어, 2024, 120
- 매슈 보넌, 《뼈 그리고 척추동물의 진화》, 황미영 옮김, 뿌리와이파리, 2018, 307
- Lincoln Taiz, 《핵심 식물생리학》, 공삼근 옮김, 라이프사이언스, 2022, 255
- P. J. Gullan, P. S. Cranston, 《곤충학》 제3판, 이상몽 옮김, 월드사이언스, 2011, 63

- Lisa A. Urry,《캠벨 생명과학》제12판, 전상학 옮김, 바이오사이언스 출판, 2022, 546·742-744·977-983
- 안효섭, 신희영,《홍창의 소아과학》제12판, 미래엔, 2022, 309·681
- Keith L. Moore,《인체발생학》제10판, 대한체질인류학회 옮김, 범문에듀케이션, 2017, 203-215
- T.W. Sadler,《사람발생학》제14판, 박경한 옮김, 범문에듀케이션, 2021, 253-260
- James D. Mauseth,《식물학》제6판, 김영환 옮김, 월드사이언스, 2019, 302
- Michael T. Madigan,《Brock의 미생물학》제15판, 오계헌 옮김, 바이오사이언스출판, 2021, 162·434
- 마이클 스티븐,《폐와 호흡》, 이진선 옮김, 사람의 집, 2024, 32
- Weiling Zheng, Zhengyuan Wang, John E. Collins, Robert M. Andrews, Derek Stemple, Zhiyuan Gong, Comparative transcriptome analyses indicate molecular homology of zebrafish swimbladder and mammalian lung, *PLoS One* 6(8), 2011, e24019

18 근육

- Barry Chess,《미생물학 길라잡이》제11판, 장태용 옮김, 라이프사이언스, 2021, 94
- Michael T. Madigan,《Brock의 미생물학》제15판, 오계헌 옮김, 바이오사이언스출판, 2021, 57·69
- P.J. Gullan, P.S. Cranston,《곤충학》제3판, 이상몽 옮김, 월드사이언스, 2011, 50-52
- Cleveland Hickman, Jr.,《동물 다양성》제8판, 김원 옮김, 라이프사이언스, 2020, 108
- Jonathan M.W. Slack,《핵심 발생학》제3판, 이성호 옮김, 월드사이언스, 2015, 262·268·279
- Lewis Wolpert, Cheryll Tickle,《발생의 원리》제4판, 김원선 옮김, 월드사이언스, 2013, 519

- Michael J.F. Barresi, Scott F. Gilbert, 《발생생물학》 제12판, 전상학 옮김, 라이프사이언스, 2023, 455
- George Plopper, 《세포생물학》 제2판, 김인선 옮김, 범문에듀케이션, 2017, 36·155
- Anthony L. Mescher, 《기초조직학》 제15판, 송인환 옮김, 범문에듀케이션, 2021, 86-88·227
- Peter J.M. Van Haastert, Amoeboid cells use protrusions for walking, gliding and swimming, PLoS One 6(11), 2011, e27532
- Thibaut Brunet, Antje H.L. Fischer, Patrick R.H. Steinmetz, Antonella Lauri, Paola Bertucci, Detlev Arendt, The evolutionary origin of bilaterian smooth and striated myocytes, eLife 5, 2016, e19607
- 네이버지식백과, 분자·세포생물학백과: '운동단백질'
- 네이버지식백과, 두산백과: '골격[skeleton, 骨格]'
- Wikipedia: 'Activity-regulated cytoskeleton-associated protein'

19 피부

- 리암 드류, 《그래서 포유류》, 고호관 옮김, 엠아이디미디어, 2024, 315
- James D. Mauseth, 《식물학》 제6판, 김영환 옮김, 월드사이언스, 2019, 27·195·209
- 도널드 프로세로, 《공룡 이후》, 김정은 옮김, 뿌리와이파리, 2019, 72
- Cleveland Hickman, Jr., 《동물 다양성》 제8판, 김원 옮김, 라이프사이언스, 2020, 349
- Barry Chess, 《미생물학 길라잡이》 제11판, 장태용 옮김, 라이프사이언스, 2021, 103
- Lewis Wolpert, Cheryll Tickle, 《발생의 원리》 제4판, 김원선 옮김, 월드사이언스, 2013, 382
- Keith L. Moore, 《인체발생학》 제10판, 대한체질인류학회 옮김, 범문에듀케이션, 2017, 457-473
- Wikipedia: 'Amphibian'

20 얼굴

- 대한해부학회,《해부학》둘째판, 고려의학, 2007, 388
- 坂井建雄,《알기 쉽게 풀이한 표준해부학》, 박정현, 김영석, 김홍태, 노구섭, 허대영 옮김, 아카데미아, 2019, 604
- 리암 드류,《그래서 포유류》, 고호관 옮김, 엠아이디미디어, 2024, 276
- 미키 시게오,《태아의 세계》, 황소연 옮김, 바다출판사, 2014, 48-52
- 매슈 F. 보넌,《뼈 그리고 척추동물의 진화》, 황미영 옮김, 뿌리와이파리, 2018, 236·622·694
- T.W. Sadler,《사람발생학》제14판, 박경한 옮김, 범문에듀케이션, 2021, 341
- Keith L. Moore,《인체발생학》제10판, 대한체질인류학회 옮김, 범문에듀케이션, 2017, 190

21 감각기관

- 리암 드류,《그래서 포유류》, 고호관 옮김, 엠아이디미디어, 2024, 341·354·410
- 곽상인, 김영훈, 김찬윤, 송종석,《안과학》제13판, 일조각, 2023, 54
- 매슈 F. 보넌,《뼈 그리고 척추동물의 진화》, 황미영 옮김, 뿌리와이파리, 2018, 266
- T.W. Sadler,《사람발생학》제14판, 박경한 옮김, 범문에듀케이션, 2021, 401-407
- 존 헨쇼,《감각의 여행》, 김정은 옮김, 글항아리, 2015, 196-197
- 조너선 밸컴,《물고기는 알고 있다》, 양병찬 옮김, 에이도스, 2017, 57-70
- 닐 슈빈,《내 안의 물고기》, 김명남 옮김, 김영사, 2009, 219
- Francisco Javier Carreras, The inverted retina and the evolution of vertebrates: an evo-devo perspective, *Ann Eye Sci* 3, 2018, 19

III 성장

- Lewis Wolpert, Cheryll Tickle, 《발생의 원리》 제4판, 김원선 옮김, 월드사이언스, 2013, 581
- 윌리엄 해리스, 《뉴런의 정원》, 김한영 옮김, 위즈덤하우스, 2024, 105
- 버지니아 헤이슨, 테리 오어, 《포유류의 번식 — 암컷 관점》, 김미선 옮김, 뿌리와이파리, 2021, 438
- James D. Mauseth, 《식물학》 제6판, 김영환 옮김, 월드사이언스, 2019, 137

1 태생

- 버지니아 헤이슨, 테리 오어, 《포유류의 번식 — 암컷 관점》, 김미선 옮김, 뿌리와이파리, 2021, 41
- 네이버지식백과, 동물학백과: '난생'

2 생명시작 시점

- 로버트 마틴, 《우리는 어떻게 태어나는가》, 김홍표 옮김, 궁리, 2015, 17
- T.W. Sadler, 《사람발생학》 제14판, 박경한 옮김, 범문에듀케이션, 2021, 45-49

3 출산

- 대한산부인과학회, 《산과학》 제6판, 군자출판사, 2019, 328-329·461-463

4 양육

- 캐롤 후븐, 《테스토스테론의 진실》, 배상규 옮김, 상상스퀘어, 2023, 256
- 리암 드류, 《그래서 포유류》, 고호관 옮김, 엠아이디미디어, 2024, 199·237·243·248
- 대한산부인과학회, 《산과학》 제6판, 군자출판사, 2019, 522

- 안효섭, 신희영, 《홍창의 소아과학》 제12판, 미래엔, 2022, 63
- 추영국, 《신경향 성의 과학》 제5판, 월드사이언스, 2022, 30-31
- 마크 쿨란스키, 《우유의 역사》, 김정희 옮김, 와이즈맵, 2022, 16-24
- 로버트 마틴, 《우리는 어떻게 태어나는가》, 김홍표 옮김, 궁리, 2015, 39·106-114
- Cleveland Hickman, Jr., 《동물 다양성》 제8판, 김원 옮김, 라이프사이언스, 2020, 415
- 바버라 내터슨 호로위츠, 《와일드후드》, 김은지 옮김, 쌤앤파커스, 2023, 330-331

5 성숙

- 사이먼 레일보, 《동물의 운동능력에 관한 거의 모든 것》, 김지원 옮김, 이케이북, 2019, 125-131
- 안효섭, 신희영, 《홍창의 소아과학》 제12판, 미래엔, 2022, 11-13
- 대한소아내분비학회, 《소아내분비학》 제4판, 군자출판사, 2023, 425-426
- Scott Trappe, Marathon runners: how do they age?, *Sports Med* 37(4-5), 2007, 302-305
- Aldo F. Longo, Carlos R. Siffredi, Marcelo L. Cardey, Gustavo D. Aquilino, Néstor A. Lentini, Age of peak performance in Olympic sports: A comparative research among disciplines, *Journal of Human Sport and Exercise* 11(1), 2016, 31-41
- 네이버지식백과, 서울대학교병원 신체기관정보: '성장판[physeal plate, 成長板]'

6 신경발달

- 대한소아이비인후과학회, 《소아이비인후과학》, 군자출판사, 2020, 197
- 대한이비인후과학회, 《이비인후과학: 이과》, 군자출판사, 2018, 69
- 대한소아신경학회, 《소아신경학》 제3판, 군자출판사, 2021, 34-36·177

- 대한소아청소년정신의학회, 《청소년발달과 정신의학》 제2판, 군자출판사, 2021, 26-27
- 곽상인, 김영훈, 김찬윤, 송종석, 《안과학》 제13판, 일조각, 2023, 330
- 조지프 헨릭, 《호모사피엔스》, 주명진, 이병권 옮김, 21세기북스, 2024, 114-115
- 홍강의, 《소아정신의학》, 학지사, 2014, 17
- 윌리엄 해리스, 《뉴런의 정원》, 김한영 옮김, 위즈덤하우스, 2024, 85·236
- Wikipedia: 'Critical period'

7 독립

- 리암 드류, 《그래서 포유류》, 고호관 옮김, 엠아이디미디어, 2024, 244
- 조지프 헨릭, 《호모사피엔스》, 주명진, 이병권 옮김, 21세기북스, 2024, 115-116
- 안효섭, 신희영, 《홍창의 소아과학》 제12판, 미래엔, 2022, 2-3
- 헤더 몽고메리, 《유년기인류학》, 정연우 옮김, 연암서가, 2015, 369
- 바버라 내터슨 호로위츠, 《와일드후드》, 김은지 옮김, 쌤앤파커스, 2023, 21-25·247-249·264·307·326·362·373
- 안효섭, 신희영, 《홍창의 소아과학》 제12판, 미래엔, 2022, 1108
- 대한소아내분비학회, 《소아내분비학》 제4판, 군자출판사, 2023, 419·421
- Wikipedia: 'Adult'
- 위키백과: '어른'
- 네이버지식백과, 한국민속대백과사전: '관혼상제'

찾아보기

2배체(diploid, 2n) 20
3배체(3n) 29
4배체(4n) 29
6배체(6n) 30
8배체(8n) 30
9+2구조 205
ATP합성효소(ATP synthase) 195
Hox(혹스) 98
SAR 18
Y염색체 아담 148

[ㄱ]

가소성(可塑性) 262
가스교환 159
가죽(leather) 212
가지돌기(수상돌기樹狀突起, dendrite) 261
가쪽몸통벽접힘(lateral body wall fold) 61
가쪽접힘(lateral folding) 62
가쪽중배엽(lateral mesoderm) 60
각인(imprinting) 266
각질(角質, 케라틴, keratin) 211
간(肝, liver) 77
간뇌(間腦, 사이뇌, interbrain, diencephalon) 152
간니(영구치, permanent tooth) 119
간상세포(杆狀細胞, 막대세포, rod cell) 226
간성(間性, intersex) 189
간싹(hepatic bud) 193
간원인대(round ligament of liver) 170

갈등 269
갈색지방(brown fat) 137
감각(感覺, sensation) 223
감각기관 223
감각뉴런(sensory neuron) 148, 149
감각운동반사 151
감각자극 266
감수분열(減數分裂, meiosis) 25
감수1분열(일차감수분열, meiosis I) 27
감수2분열(이차감수분열, meiosis II) 27
갑주어(甲冑魚, Ostracoderm) 115, 210
개방순환계(open circulatory system) 158
개체발생(ontogeny) 90
거북류(Testudine) 106, 107
겨드랑이 141
견대(肩帶, 흉대, pectoral girdle) 100, 131
견치(犬齒, 송곳니, canine) 118
결합쌍둥이 242
겹눈(compound eye) 225
경골어류(硬骨魚類, Osteichthye) 112
경구개(硬口蓋) 222
경누공(頸瘻孔, 목샛길, cervical fistula) 127
경쟁 45
경추(頸椎, cervical vertebra) 100

경험학습 270
계통발생(phylogeny) 90
고균(古菌, Archaea) 16, 17, 202
고등동물(higher animal) 88
고랑(sulcus) 155
고리뼈(환추還椎, atlas) 100
고막(鼓膜, tympanic membrane) 229
고색소체류(古色素體類, Archaeplastida) 18
고실(鼓室, tympanic cavity) 229
고피질(古皮質, archicortex) 155
고환(정소精巢, testicle, testis) 180, 272
골격(骨格, skeleton) 95
골격근(skeletal muscle) 208
골량(骨量, bone mass) 258
골밀도(骨密度) 258
골분절(sclerotome) 208
골판비늘 115
골화(骨化, 뼈형성, ossification) 96
공기호흡 244
공룡 107
관(vessel) 158
관다발(vascular bundle) 157
관상동맥 163
관절골(articular bone) 105
관혼상제 272
광대활(zygomatic arch) 105
광수용체(photoreceptor) 224
광수용체세포 226

괴사(necrosis) 75
교뇌(橋腦, 다리뇌, pons) 152
교미 70
교미기(交尾器, clasper) 184, 185
교미양식 249
교육(敎育, education) 255
교접기(交接器) 185
교질(膠質, 콜로이드, colloid) 171
교합(咬合, occlusion) 118
구강턱(oral jaw) 113
구개(口蓋, 입천장, palate) 221
구개열(口蓋裂, 입천장갈림증, cleft palate) 223
구개음(口蓋音, guttural) 218
구석기시대(Paleolithic Age) 146
구순열(口脣裂, 입술갈림증, cleft lip) 223
구피질(舊皮質, paleocortex) 155
구형대칭(spherical symmetry) 102
굳비늘(ganoid scale) 211
굴곡(굽이, flexure) 151
굴절기관 224
귀(ear) 228
귀기원판(otic placode) 59, 230
귀밑샘(이하선耳下腺, parotid gland) 192
귓바퀴(auricle) 228
귓바퀴근육(auricularis) 216
극성(極性, polarity) 103
극체(n) 43

근량(muscle mass) 258
근섬유(muscle fiber) 208
근세포/근육세포(myocyte, muscle cell) 207
근원세포(myoblast) 208
근육(muscle) 202
근절(myotome) 208
급성장 257
기관(器官) 86
기관(氣管, trachea) 199
기관발생(organogenesis) 58
기관발생기(period of organogenesis) 58
기관지싹(bronchial bud) 202
기관호흡(氣管呼吸) 199
기능층(functional layer) 72
기문(氣門, spiracle) 200
기원판(紀元板, placode) 59
기제류(奇蹄類, perissodactyl) 132
기질수준의 인산화(substrate-level phosphorylation) 197
긴뼈(장골長骨, long bone) 97
긴팔원숭이과(family Hylobatidae) 143
깔때기(infundibulum) 44
꼬리(tail) 92, 94
꼬리뼈 101
꿈 156
끝뇌(종뇌終腦, endbrain, telencephalon) 152

[ㄴ]

나선동맥(spiral artery) 53
나선정맥(spiral vein) 53
나팔관 43
낙태(落胎) 244
난각(卵殼, 겉껍데기, egg shell) 182
난관(卵管, oviduct) 43, 182
난관공(卵管孔, magnum) 182
난막(卵膜, egg membrane) 182
난모세포(卵母細胞, oocyte) 40, 41
난생(卵生, oviparity) 238
난소(卵巢, ovary) 180
난원공(卵圓孔, 타원구멍, oval foramen) 166, 170, 247
난원세포(卵原細胞) 37
난원창(卵圓窓, oval window) 230
난자(卵子, 알세포, ovum, egg cell) 36, 41
난접합(卵接合, oogamy) 35
난청(難聽, hearing impairment) 267
난태생(卵胎生, ovoviviparity) 238
난포(卵胞, follicle) 40
난포기(follicular phase) 41
난할(卵割, cleavage) 47
난황(卵黃, yolk, vitellus) 70
난황낭(yolk sac) 68, 69
날개 131
낭배(囊胚, 창자배, gastrula) 54
낭배강(gastrocoel) 66

낭배형성(gastrulation) 54, 55
낱눈(ommatidium) 225
내경동맥(속목동맥, internal carotid artery) 167
내골격(內骨格, endoskeleton) 95
내림프(속림프, endolymph) 230
내비공(內鼻孔, internal nostril, choana) 232
내온동물(內溫動物, endotherm) 134
내온성(endothermy) 133, 134
내이(內耳) 227
내장근(內臟筋, visceral muscle) 208
내장두개(viscerocranium) 104
내장반사 151
내전(內轉, adduction) 105
내포작용(內包作用, endocytosis) 190
내피세포(endothelial cell) 161
냉혈동물(冷血動物, cold-blooded animal) 134
네발동물(사지동물四肢動物, tetrapod) 128
네안데르탈인 147
네프론(nephron) 176
노폐물제거 173
뇌(腦, brain) 148
뇌간(腦幹, 뇌줄기, brainstem) 152
뇌사(腦死) 243
뇌신경(cranial nerve) 153
뇌신경능선(cranial neural crest) 58
뇌실구역(ventricular zone) 153

뇌실막세포(ependymal cell) 153
뇌줄기(뇌간腦幹, brainstem) 152
뇌척수액(cerebrospinal fluid, CSF) 154, 230
눈(eye) 224
눈소포(optic vesicle) 227
뉴런(neuron) 148
능형뇌(菱形腦, 마름뇌, rhombencephalon) 151

[ㄷ]

다리뇌(교뇌橋腦, pons) 152
다분화능(多分化能, multipotent) 78
다생치아(多生齒牙, polyphyodont) 119
다수치아(多數齒牙, polydont) 117
다운증후군(Down syndrome) 30
다유방증(多乳房症, 유방과다증, polymastia) 141
다혼성(多婚性, polygamy) 248
단공류(單孔類, monotreme) 139
단궁류(單弓類, synapsid) 105
단백질필라멘트(protein filament) 204
단상(單相, n) 20
단일순환(single circulation) 159
단일염기다형성(single nucleotide polymorphism, SNP) 24
단편모류(單鞭毛類, Unikonta) 18

단황란(端黃卵, telolecithal egg) 70
달팽이관 231
담수어류 173
대(帶, girdle) 131
대구치(大臼齒, 어금니, molar) 118
대뇌(大腦, cerebrum) 152
대뇌반구 154
대동맥(aorta) 166
대동맥활(대동맥궁, aortic arch) 123, 167, 168
대롱심장(심장관, heart tube) 163
대립유전자(allele) 20
대배우자(macrogamete) 35
대배우자낭(macrogametangium) 37
대칭성(symmetry) 102
대타액선(大唾液腺, 큰침샘, major salivary gland) 192
대형유인원(great ape) 144
도롱뇽 127
도메인(domain, 역역) 17
독립 269
돌봄 250
돌연변이(mutation) 21, 22
동맥관(ductus arteriosus) 168, 170, 247
동물(動物, animal) 87
동물극(動物極, animal pole) 71
동포자(動胞子, zoospore, n) 34
동형접합(同形接合, isogamy) 35
동형접합체(homozygote) 20

동형치아(同形齒牙, homodont) 117
되돌이후두신경(recurrent laryngeal nerve) 168
두개골(頭蓋骨, skull, cranium) 98, 104
두개골 바닥(cranial base) 110
두겹배아원반(bilaminar embryonic disc) 50
두정공(頭頂孔, parietal foramen) 152
두정안(頭頂眼, parietal eye) 152
두족류(頭足類) 103
두피(頭皮, 머리덮개, scalp) 216
두화(頭化, cephalization) 102
둥근비늘(cycloid scale) 211
둥지 249, 269
뒤뇌(afterbrain, metencephalon) 152
뒤콩팥(후신後腎, metanephros) 178
뒷다리인핸서(hindlimb enhancer) 185
등골/등자뼈(鐙骨, stapes) 228, 229
등배축(dorsal-ventral axis) 103
등쪽체강(dorsal cavity) 67
디네인(dynein) 204
디스크(척추사이원반, 추간판, intervertebral disc) 93
땀 138
땀샘(한선汗腺, sweat gland) 138, 140, 213

[ㄹ]

라이커트연골(Reichert cartilage) 125
락타아제(lactase, 유당분해효소) 255
락토오스(lactose, 유당, 젖당) 254
레트로바이러스(retrovirus) 73
렌즈(lens) 225
렘(REM) 156
로돕신(rhodopsin) 226
루시(Lucy) 146

[ㅁ]

마름뇌(능형뇌菱形腦, rhombencephalon) 151
마이코플라스마(Mycoplasma) 209
막(膜, membrane) 171
막내골화(intramembranous ossification) 96, 97
막대세포(간상세포杆狀細胞, rod cell) 226
만능(萬能, pluripotent) 78
만숙성(晚熟性, altricial) 250
말단절(terminalia) 94
말이집(myelin sheath) 261, 263
말피기관(Malpighian tube) 173
맘마(mamma) 218
망막(網膜, retina) 226
망치뼈(추골槌骨, malleus) 229

맹점(盲點, blind spot) 226
머리(head) 102, 103
머리기원판(cranial placode) 59
머리꼬리접힘(cephalocaudal folding) 62
머리덮개(두피頭皮, scalp) 216
머리덮개근육(epicranius) 216
먹장어(꼼장어) 111
멍게 92
메켈게실(Meckel's diverticulum) 193
메켈연골(Meckel's cartilage) 124
모낭(毛囊, hair follicle) 213
모래주머니(gizzard) 117
모루뼈(침골砧骨, incus) 229
모방 256
모체순환 74
모터단백질(motor protein) 203
목샛길(경누공頸瘻孔, cervical fistula) 127
몸분절(체절體節, somite) 60
몸 체계(body plan) 63
몸통신경능선(trunk neural crest) 58
무궁류(無弓類, anapsid) 105
무뇌증(無腦症, anencephaly) 150
무산소호흡(anaerobic respiration) 198
무성생식(無性生殖, asexual reproduction) 31
무수정란(無受精卵) 70
무수정생식(agamogenesis) 32

무스테리안 문화(Mousterian culture) 147
무악강(無顎綱, 무악류) 111
무작위성(randomness) 21
무척추동물(invertebrate) 95
무한성장 236
물관부(xylem) 76, 157
뮐러관(Mullerian duct) 187
뮐러관억제호르몬(anti-Mullerian hormone) 187
미골(尾骨) 101
미로(迷路, labyrinth) 229
미세소관(microtubule) 204, 205
미세융모(microvilli) 207
미세필라멘트(microfilament) 205
미숙아(preterm infant) 246
미엘린(myelin) 261
미오신(myosin) 204
미추(尾椎, caudal vertebra) 100
미토콘드리아DNA 148
미토콘드리아 이브 148
민무늬근(평활근平滑筋, smooth muscle) 207
밑씨(ovule) 37

[ㅂ]

바깥귀길(외이도外耳道, external auditory meatus) 228
바깥림프(외림프, perilymph) 230

바깥세포덩이(outer cell mass) 47
바이러스유전체(virus genome) 19
반구(半球, hemisphere) 154
반사운동 264
반수체(haploid, n) 20
반음경(半陰莖, hemipenis) 185
발색단(發色團, chromophore) 225
발생(發生, development) 14
발생학(embryology) 15
발생학 법칙 90
발효(醱酵, fermentation) 195, 197
방사대칭(radial symmetry) 102
방실판막(atrioventricular valve) 165
방패비늘(placoid scale) 116, 210
방형골(quadrate bone) 105, 113
배꼽동맥(제대동맥)/배꼽정맥(제대정맥) 169
배낭(胚囊, embryo sac) 37
배란(排卵, ovulation) 40, 69
배반(胚盤, blastodisc, germinal disc) 71
배반엽(胚盤葉, blastoderm) 65, 71
배반포(胚盤胞, blastocyst) 47, 48
배복성(背腹性, dorsiventrality) 104
배설강(排泄腔, cloaca) 62, 178, 183
배설계(排泄系, excretory system) 172
배아(胚芽, embryo) 14
배아덩이아래판(하배엽, hypoblast) 49
배아덩이위판(상배엽, epiblast) 49

배아모체(胚芽母體, embryoblast) 48, 50
배아밖중배엽(extraembryonic mesoderm) 51
배아밖체강(extraembryonic coelomic space) 52, 61
배아보유 239
배아안체강(intraembryonic cavity) 61
배아영양(embryotroph) 52
배아접힘(embryonal folding) 62
배아줄기세포(embryonic stem cell, ES cell) 79
배엽(胚葉, germ layer) 64
배엽층(胚葉層) 64
배외막(胚外膜, extraembryonic membrane) 67
배우자낭(gametangium) 36
배우자형성(gametogenesis) 181
배추(背椎, dorsal vertebra) 100
백색지방(white fat) 137
백악질(白堊質, 시멘트질, cementum) 118
번식단위 248
번식전략 259
법랑질(琺瑯質, 사기질, 에나멜, enamel) 118
베이트먼 원리(Bateman's principle) 259
벽중배엽(parietal mesoderm) 60

변온동물(變溫動物, poikilotherm) 134
변태(變態, metamorphosis) 237
보습코기관(vomeronasal organ) 233
복벽(腹壁, abdominal wall) 61
복부신경삭(ventral nerve cord) 93
복부신경절(ventral ganglion) 93
복부체강(ventral cavity) 67
복상(複相, 2n) 20
복제오류 22
복제집단(클론, clone) 80
볼프관(Wolffian duct) 187
봉합(suture) 110
부동정자(不動精子, spermatia) 37
부레(swim bladder) 200
부리(beak) 114, 117
부비동(副鼻洞, 코곁굴, paranasal sinus) 221, 222
부속선(附屬腺, 부속샘, accessory gland) 191
부속지골격(appendicular skeleton) 99
부유방(副乳房, accessory breast) 141
부챗살관(corona radiata) 42
분기(分岐, divergence) 24
분비(secretion) 176
분산(分散, dispersal) 269
분산충동 269
분열(fission) 31
분열조직(meristem) 236

분자시계(molecular clock) 148
분절법(절단생식, fragmentation) 32
분화(分化, differentiation) 64
비갑개(鼻甲介, 코선반, turbinate) 221
비강(鼻腔) 221
비공(鼻孔, 콧구멍, nostril) 231
비기원판(鼻紀元板, 코기원판, nasal placode) 219
비뇨생식계(urogenital system) 177
비뇨생식공(urogenital opening) 184
비뇨생식동(urogenital sinus) 178, 189
비늘(외피外皮, scale) 210
비늘골(인골鱗骨, squamosal bone) 105
비렘(NREM) 156
비루관(鼻淚管, 코눈물관, nasolacrimal duct) 223
빗비늘(ctenoid scale) 211
뺨근육(협근頰筋, 볼근, buccinator) 217
뼈(bone) 95
뼈형성(골화骨化, ossification) 96

[ㅅ]

사구체(絲球體, 토리, glomerulus) 176
사기질(법랑질, 에나멜, enamel) 118
사람과(family Hominidae) 143, 144
사람융모막생식선자극호르몬(hu-

man chorionic gonadotropin, hCG) 54
사시(斜視, heterotropia) 267
사이뇌(간뇌間腦, interbrain, diencephalon) 152
사이막(중격中隔, septum) 165
사족보행(四足步行, quadrupedalism) 131
사지(四肢) 128
사지동물(四肢動物, 네발동물, tetrapod) 128
사춘기(puberty) 271
사회성 249
산도(産道, birth canal) 244
산란(産卵, spawning) 39
산만신경계 149
산소호흡(aerobic respiration) 198
삼배엽(三胚葉) 64
삼배엽동물(triploblastic animal) 64
삼차신경기원판(trigeminal placode) 59
삼투(滲透, osmosis) 171
삼투농도(osmolarity) 172
삼투순응자(osmoconformer) 172
삼투압(滲透壓, osmotic pressure) 157, 171
삼투조절(osmoregulation) 171
삼투조절자(osmoregulator) 172
상동(相同, homology) 136
상동염색체(homologous chromosome) 20
상배엽(上胚葉, 배아덩이위판, epiblast) 49
상사(相似, analogy) 136
상실배(桑實胚, 오디배, morula) 47
상아질(象牙質, dentin) 118
상악(上顎, 위턱, upper jaw) 111
생란기(生卵器, oogonium) 37
생리(生理, 월경, menstruation) 70
생명시작 240
생명윤리법 243
생물분류법 16
생식(生殖, reproduction) 30
생식결절(genital tubercle) 188
생식공(生殖孔, genital pore) 182
생식관(生殖管) 178
생식기/생식기관(genital organ) 32, 179, 180
생식능력 273
생식능선(gonadal ridge) 187
생식선(生殖腺, 생식샘, gonad) 180
생식세포(germline cell, germ cell) 179
생식장벽(sexual barrier) 24
생존기술 270
생활주기(life cycle) 32
서혜부(鼠蹊部, 사타구니, inguinal region) 141
선구동물(先口動物, protostomia) 66
선천성백내장 267

선천적 심장기형 167
선택적 투과성(selectively permeable) 171
설골(舌骨, 목뿔뼈, hyoid bone) 125
설궁(舌弓, hyoid arch) 125
설근(舌根, 혀뿌리, root of tongue) 126
설악(舌顎, 설골하악골, hyomandibula) 113, 125
설체(舌體, 혀몸통, body of tongue) 126
섬모(纖毛, cilia) 204
섬유륜(纖維輪, 섬유테, anulus fibrosus) 92
섬유소(纖維素, 셀룰로스, cellulose) 210
섭식구굴착류(攝食口掘鑿類, Excavata) 18
성(性, sex) 34
성결정부위(sex-determining region) 187
성성(猩猩) 142
성숙(成熟) 237, 257
성인(成人) 237
성장(成長, growth) 236
성장상태 257
성장시기 236
성장판(growth plate) 257
성장패턴 236
성적이형(性的二形, sexual dimorphism) 259

성체(成體, adult) 237
성치(成齒, adult tooth) 119
세관(細管, 세뇨관, renal tubule) 176, 177
세엽(細葉, 샘꽈리, acinus) 214
세포골격(cytoskeleton) 204
세포내소화(intracellular digestion) 190
세포막(cell membrane) 209
세포분열 25
세포사멸/세포소멸/세포자살(apoptosis) 73, 75, 263, 264
세포영양막(cytotrophoblast) 51
세포예정사(programmed cell death) 75
세포외소화(extracellular digestion) 190
세포호흡(cellular respiration) 195
섹스(sex) 35
소구치(小臼齒, 작은어금니, premolar) 118
소기관유전체(organellar genome) 19
소뇌(小腦, cerebellum) 152
소배우자(microgamete) 35
소배우자낭(microgametangium) 37
소변(urine) 177
소수치아(少數齒牙, oligodont) 117
소타액선(小唾液腺, 작은침샘, minor salivary gland) 192

소화관(消化管, digestive tube) 191
소화기(消化器) 190
속림프(내림프, endolymph) 230
속세포덩이(inner cell mass, ICM) 47
속질핵(수핵髓核, nucleus pulposus) 92
솔방울 255
송곳니(견치犬齒, canine) 118
송과체(松果體, 송과선松果腺, 솔방울샘, pineal gland) 152
수류(水流, water current) 158
수상돌기(樹狀突起, 가지돌기, dendrite) 261
수송상피(transport epithelium) 176
수유기간 140
수유능력 141
수정(受精, fertilization) 38
수정낭(spermatheca) 46
수정체(水晶體, crystalline lens) 225
수정체기원판(lens placode) 59, 227
수중동물 244
수중생활 244
수직전달(vertical transfer) 19
수평전달(horizontal transfer) 19
수핵(髓核, 속질핵, nucleus pulposus) 92
순음(脣音, labial) 218
순응자(conformer) 134
순환계(circulatory system) 157
순환액 158

숨뇌(연수延髓, medulla oblongata, myelencephalon) 152
숫구멍(천문泉門, fontanelle) 110
스테롤(sterol) 209
시각(視覺) 224, 266
시각기관 224
시냅스(synapse) 149, 261
시냅스가소성(synaptic plasticity) 262
시력발달 267
시야 224
시행착오 256
시험관아기 241
식도(食道, esophagus) 192
식물극(植物極, vegetal pole) 71
신경고랑(neural groove) 150
신경관(neural tube) 150
신경능선(neural crest) 58
신경능선세포(neural crest cell) 65
신경두개(neurocranium, braincase) 104
신경망(nerve net) 149
신경모세포(neuroblast) 153
신경발달 260, 262
신경배형성(neurulation) 150
신경상피세포(neuroepithelial cell) 153
신경섬유(nerve fiber) 261
신경세포(nerve cell) 148
신경아교세포(neuroglia) 153, 260

신경원기원판(neurogenic placode) 59
신경조직(nervous tissue) 260
신경주름(neural fold) 150
신경줄기세포(neural stem cell) 156
신경판(neural plate) 150
신생아 246
신생아 난청 268
신시틴-1(syncytin-1) 72
신유두(腎乳頭, 콩팥유두, renal papilla) 177
신장(腎臟) 170
신장(身長) 257
신피질(neocortex) 155
심근(心筋, cardiac muscle) 208
심막강(心膜腔, 심장막안, pericardial cavity) 162
심문(心門, ostia) 159
심실사이구멍(interventricular foramen) 166
심실중격결손(ventricular septal defect, VSD) 167
심장고리 164
심장관(대롱심장, heart tube) 163
심장막(pericardium) 163
심장발생구역(cardiogenic region) 162
심장유출로(cardiac outflow tract) 163
심장전구세포(progenitor heart cell) 161
심혈관 157
씹기근육(저작근咀嚼筋, muscle of mastication) 120

[ㅇ]

아가미(새鰓, gill) 174, 199
아교모세포(gliablast) 153
아래턱(하악下顎, lower jaw) 111
아메바(amoeba) 207
아슐리안 문화(Acheulean culture) 147
아키엘럼(archaellum) 202
아포크린샘(apocrine gland) 138, 140
악구류(顎口類) 111
악어 107
안검(眼瞼, 눈꺼풀) 217
안드로겐불감증후군 190
안면(顔面, 얼굴, face) 215
안면근육(얼굴근육, facial muscle) 215
안윤근(眼輪筋, 눈둘레근, orbicularis oculi) 217
알세포(난자卵子, ovum, egg cell) 36
암모니아 174
암수한몸(자웅동체) 190
압력용적곡선(pressure-volume curve) 247

앞니(절치切齒, incisor) 118
앞위턱뼈(premaxilla) 113
앞콩팥(전신前腎, pronephros) 178
액틴-미오신 복합체(actin-myosin complex) 207
액틴필라멘트(actin filament) 204
액포(液胞, vacuole) 51
야생형(wild-type) 23
야콥슨기관(Jacobson's organ) 233
야행성 227
양막(羊膜, amnion) 68, 69
양막모세포(amnioblast) 51
양성자동력(proton motive force) 195
양성자펌프(proton pump) 195
양안단일시(兩眼單一視, binocular single vision) 267
양육(養育, parenting) 247, 248, 251
양육기간 274
어금니(대구치大臼齒, molar) 118
언어노출 268
얼굴(안면, face) 215
얼굴근육(안면근육, facial muscle) 215
얼굴융기(facial prominence) 218
에나멜(enamel, 법랑질, 사기질) 118
에스트로겐(estrogen) 40
에크린샘(eccrine gland) 138
여과(filtration) 176
역(域, 도메인, domain) 17

연골(軟骨, cartilage) 97
연골내골화(endochondral ossification) 97
연골성뼈(endochondral bone) 97
연골세포 97
연골어류 98
연구개(軟口蓋) 222
연수(延髓, 숨뇌, medulla oblongata, myelencephalon) 152
열성(劣性, recessive) 21
열전달 137
염색분체(chromatid) 26
염색질(chromatin) 26
염색체(chromosome) 19
영구치(간니, permanent tooth) 119
영아살해 249
영양기관 32
영양막(trophoblast) 48, 50
영양막공간(trophoblastic lacuna) 52
영양생식(vegetative reproduction) 31
영장류(靈長類, Primate) 142, 227
영장목(靈長目, order Primates) 142
오가노이드(organoid) 82
오디배(상실배, morula) 47
오른심장증(우심증右心症, dextrocardia) 164
오스트랄로피테쿠스(Australopithecus) 146
오지(伍指, pentadactyl) 131

옥시토신(oxytocin) 251
온혈동물(溫血動物, warm-blooded animal) 134
올도완 문화(Oldowan culture) 146
옵신(opsin) 225
완전 소화관 191
외골격(外骨格, exoskeleton) 95
외림프(바깥림프, perilymph) 230
외부생식기 180
외온동물(外溫動物, ectotherm) 134
외음(外陰, 음문陰門, vulva) 180
외이도(外耳道, 바깥귀길, external auditory meatus) 228
외피(pallium) 156
외피(비늘, scale) 210
외피(envelope) 209
외피세포(epithelium) 55
요관(尿管, ureter) 179
요대(腰帶, pelvic girdle) 100, 131
요막(尿膜, allantois) 54, 68, 69
요산(尿酸, uric acid) 174
요소(尿素, urea) 175
요추(腰椎, lumbar vertebra) 101
용매(溶媒, solvent) 171
용액(溶液, solution) 171
용질(溶質, solute) 171
우성(優性, dominant) 21
우심증(右心症, 오른심장증, dextrocardia) 164
우유(牛乳) 140

우제류(偶蹄類, artiodactyl) 132
운동(movement) 202
운동뉴런(motor neuron) 149
운동능력 258
운동성 두개골 107
웅성(雄性, 수컷, male) 36
원구(原口, blastopore) 65
원구류(圓口類, Cyclostomata) 111
원뿔세포/원추세포(cone cell) 226
원생동물(原生動物, protozoa) 87
원성(猿猩) 142
원숭이(monkey) 143
원시생식세포(primordial germ cell) 181
원시심장(primordial heart) 165
원시자궁태반순환(primordial uteroplacental circulation) 52
원장(原腸, 원시창자, archenteron, primitive gut) 62
원핵생물(原核生物, prokaryote) 17
원핵세포 17
월경(생리, menstruation) 70
월경주기 40
위수강(胃水腔, gastrovascular cavity) 158
위족(僞足, pseudopodia) 204, 206
위턱(상악上顎, upper jaw) 111
위턱뼈(maxilla) 113
위턱사이분절(intermaxillary segment) 220

유년기(childhood) 236
유당분해효소(락타아제, lactase) 255
유당불내성(lactose intolerance) 255
유대류(有袋類, marsupial) 139
유도만능줄기세포(induced pluripotent stem cell, iPS cell) 82
유두조(乳頭槽, teat cistern) 140
유린류(有鱗類, Squamata) 106
유방 139
유배식물(有胚植物, embryophyte) 38
유사분열(有絲分裂, mitosis) 25
유산(流産, abortion) 243
유선(乳腺, 젖샘, mammary gland) 140, 213
유성생식(有性生殖, sexual reproduction) 31
유악류(有顎類, jawed vertebrate) 111
유영(游泳, swimming) 202
유인원(類人猿, ape) 143
유전(遺傳, heredity, inheritance) 21
유전물질 19
유전인자/유전요소(genetic element) 19
유전자재조합(genetic recombination) 27
유전자형(genotype) 20
유전적다형성(genetic chropolymorphism) 23
유전체(遺傳體, genome) 19
유제류(有蹄類, ungulate) 132

유주자(遊走子) 34
유체골격(hydrostatic skeleton) 93
유충(幼蟲, 유생幼生, larva) 237
유치(乳齒, 젖니, milk tooth) 119
육기류(肉鰭類, Sarcopterygii, lobe-finned fish) 129
육식동물 121
육아낭(marsupium) 139
융모막(chorion) 53
융모막공간 53
융모막판(chorionic plate) 53
융모사이공간(intervillous space) 53
융합영양막(syncytiotrophoblast) 51
음경(陰莖, penis) 180
음경뼈(baculum) 186
음낭(陰囊, scrotum) 180
음모(陰毛) 272
음문(陰門, 외음外陰, vulva) 180
음압(陰壓, negative pressure) 218
음핵(陰核, clitoris) 188
이궁류(二弓類, diapsid) 105
이두근(biceps) 208
이랑(gyrus) 155
이마코융기(frontonasal prominence) 219
이배엽동물(diploblastic animal) 64
이분법(binary fission) 31
이빨(치아齒牙, tooth) 114, 213
이빨뼈(치골齒骨, dentary) 112
이생치아(二生齒牙, diphyodont) 119

이소골(耳小骨, 귓속뼈, auditory ossicle) 229
이수성(異數性, aneuploidy) 28, 46
이족보행(二足步行, bipedalism) 107, 132
이중순환(double circulation) 130, 159
이차감수분열(감수2분열) 43
이차난황낭(secondary yolk sac) 53
이차심장영역(secondary heart field) 162
이차입천장(secondary palate) 221
이하선(耳下腺, 귀밑샘, parotid gland) 192
이형성(二形性, dimorphism) 24
이형접합(異形接合, anisogamy) 35, 259
이형접합체(heterozygote) 20
이형치아(異形齒牙, heterodont) 117
인골(鱗骨, 비늘골, squamosal bone) 105
인공임신중절수술 244
인두(咽頭, pharynx) 122, 192
인두고랑/인두홈(pharyngeal cleft, groove) 122
인두낭(pharyngeal pouch) 122
인두막(pharyngeal membrane) 122
인두열(咽頭裂, pharyngeal slit) 93, 122
인두위기원판(epipharyngeal placode) 59
인두턱(pharyngeal jaw) 113
인두활(인두궁咽頭弓, pharyngeal arch) 92, 112, 122
인두활동맥(pharyngeal arch artery) 123
인룡류(鱗龍類, Lepidosauria) 106
인산기(phosphate) 196
인산화(phosphorylation) 197
인중(人中, philtrum) 220
일란성 쌍둥이 242
일부일처제(monogamy) 247
일생치아(monophyodont) 119
일차감수분열(감수1분열) 42
일차난황낭(primary yolk sac) 51
일차심장영역(primary heart field) 161
일차융모(primary villi) 52
일차입천장(primary palate) 220
일환치(一換齒) 119
잃어버린 고리(missing link) 146
임계기(臨界期, critical period) 265
임신기간 243
임신낭(gestational sac, G-sac) 54
입금편모충류(立襟鞭毛蟲類, 깃편모충류, 동정편모충류, choanoflagellate) 89
입술갈림증(구순열口脣裂, cleft lip) 223
입안근육 217

입오목(stomodeum) 218
입천장(구개口蓋, palate) 221
입천장갈림증(구개열口蓋裂, cleft palate) 223
입체시(立體視, stereopsis) 267
입코막(oronasal membrane) 220
잉태 241

[ㅈ]

자궁(子宮, uterus, womb) 71, 182
자궁기형(uterine anomaly) 188
자궁내막(endometrium) 72
자궁외임신 48
자극(stimulation) 223
자동차 271
자발적 운동(수의운동隨意運動, voluntary movement) 265
자성(雌性, 암컷, female) 36
자웅동체(암수한몸) 190
자포동물(刺胞動物, Cnidaria) 102, 149
작은어금니(소구치小臼齒, premolar) 118
잔여공기(residual air) 247
잔여배아 243
잘록(isthmus) 44
장골(長骨, 긴뼈, long bone) 97, 257
장관(腸管, 창자관, gut tube) 62
장기(臟器) 86

장란기(藏卵器, archegonium) 37
장막(漿膜, serosa) 61, 68, 69
장벽(barrier) 209
장정기(藏精器, antheridium) 37
장중배엽(visceral mesoderm) 60
재생(再生, regeneration) 77
재생의학(regenerative medicine) 82
재흡수(reabsorption) 176
저작(咀嚼, 씹기, mastication) 106, 120
저작근(씹기근육, muscle of mastication) 120
전곡리 147
전구세포(前驅細胞, progenitor, precursor, blast cell) 79
전능(全能, totipotent, omnipotent) 78
전배아(前胚芽, preembryo) 15, 16
전비공(前鼻孔) 231
전신(前腎, 앞콩팥, pronephros) 178
전신재생 77
전위요소(transposable element) 19
전자전달계(electron transport system) 196
전장(前腸, foregut) 63
전형성능(totipotency) 48
전후축(anterior-posterior axis) 103
절단생식(분절법, fragmentation) 32
절치(切齒, 앞니, incisor) 118
정맥관(ductus venosus) 169, 247
정맥관인대(ligamentum venosum)

170
정맥동(靜脈洞, 정맥굴, sinus venosus) 169
정보전달 149
정소(精巢, 고환, testicle, testis) 180
정수압(靜水壓, hydrostatic pressure) 157
정원창(正圓窓, round window) 230
정자(精子, sperm) 36, 38
젖꼭지 218, 252
젖능선(mammary ridge) 141
젖니(유치乳齒, milk tooth) 119
젖샘(유선乳腺, mammary gland) 140, 213
젖샘관(mammary duct) 140
젖싹(mammary bud) 141
제2언어 268
제4배엽(the fourth germ layer) 65
제대동맥(배꼽동맥)/제대정맥(배꼽정맥) 169
조건적 내온성(facultative endothermy) 134
조건학습 266
조기류(條鰭類, Actinopterygii, ray-finned fish) 128
조낭기(造囊器, ascogonium) 37
조룡류(祖龍類, Archosauria) 106, 107, 251
조산(早産, preterm birth) 246
조숙성(早熟性, precocial) 250

조절자(regulator) 134
조혈모세포(造血母細胞, 조혈줄기세포, hematopoietic stem cell) 79
종뇌(終腦, 끝뇌, endbrain, telencephalon) 152
종분화(種分化, speciation) 24
종속영양생물(heterotroph) 190
좌우대칭(bilateral symmetry) 102
좌우바뀜증(situs inversus) 164
좌우 분할(partitioning) 165
주류성(走流性, rheotaxis) 44
주머니배 49
주시(注視, fixation) 267
주열성(走熱性, thermotaxis) 44
주화성(走化性, chemotaxis) 44
죽음 34
줄기세포(stem cell) 77, 78
중간뉴런(inter-neuron) 149
중간엽(mesenchyme) 55
중간엽세포(mesenchymal cell) 55
중간중배엽(intermediate mesoderm) 60
중간콩팥(중신中腎, mesonephros) 178
중간필라멘트(intermediate filament) 205
중격(中隔, 사이막, septum) 165
중뇌(中腦, midbrain, mesencephalon) 151
중복자궁(duplex uterus) 183, 188

중쇠뼈(축추軸椎, axis) 100
중신(中腎, 중간콩팥, mesonephros) 178
중신결관(paramesonephric duct) 187
중신관(mesonephric duct) 178, 187
중심관(central canal) 154
중이(中耳, 가운데귀, middle ear) 228, 229
중장(中腸, midgut) 63
증발(evaporation) 138
증산작용(transpiration) 157
지느러미 128
지방조직 137
지연착상 240
지행(趾行, digitigrade) 132
직립보행 146
직립이족보행(直立二足步行, erect bipedalism) 132
진골어류(眞骨魚類, teleost) 211
진수류(眞獸類, eutherian) 139
진정후생동물(眞正後生動物, eumetazoa) 89
진체강(眞體腔, coelom) 66
진피(眞皮, dermis) 212
진피골(dermal bone) 97, 211
진피치아(dermal dentricle) 210
진화(進化) 23
질(膣, vagina) 180
질소노폐물 174

질소화합물 174
질풍노도 272
집합관(collecting duct) 177
짚신벌레 34
짝짓기 249

[ㅊ]

착상(着床, implantation) 72
참나무 236
창자배(낭배囊胚, gastrula) 54
처녀막(hymen) 189
처녀생식(parthenogenesis) 32
척삭(脊索, notochord) 56, 91, 92
척삭돌기(notochordal process) 56
척삭동물/척색동물(Chordata) 91
척삭판(notochordal plate) 56
척주(脊柱, vertebral column) 96
척추(脊椎, vertebra, spine) 96
척추갈림증(spina bifida) 150
척추사이원반(추간판, 디스크, intervertebral disc) 93
척행(蹠行, plantigrade) 133
천골(薦骨, sacrum) 100
천문(泉門, 숫구멍, fontanelle) 110
천추(薦椎, sacral vertebra) 100
첨체(尖體, acrosome) 43
청각재활 268
청소년(adolescent) 271
청소년기(adolescence) 270

체강(體腔, coelom, body cavity) 66
체강동물(Coelomata) 67
체관부(phloem) 157
체구(body size) 240
체내수정(internal fertilization) 39
체세포(體細胞, somatic cell) 179
체세포핵이식(somatic cell nuclear transfer) 80
체순환(體循環) 160
체액(體液, body fluid) 170
체외수정(external fertilization) 39
체절(體節, 몸분절, somite, segment) 60, 98, 208
체중 257
초식동물 121
촌충(tapeworm) 236
총경동맥(온목동맥, common carotid artery) 167
총배설강(總排泄腔) 183
추골(槌骨, 망치뼈, malleus) 229
축골격(axial skeleton) 99
축삭(軸索, axon) 261
축추(軸椎, 중쇠뼈, axis) 100
출산 244
췌장싹(pancreatic bud) 194
측두창(側頭窓, 측두부 구멍, temporal fenestra) 105
측생동물(parazoa) 89
치골(齒骨, 이빨뼈, dentary) 112
치관(齒冠, crown) 120
치수(齒髓, dental pulp) 118
치아(齒牙, 이빨, tooth) 114, 213
치아발달 254
치아유두(치아꼭지, dental papilla) 119
치아판(dental lamina) 119
침골(砧骨, 모루뼈, incus) 229
침샘 121, 192

[ㅋ]

카메라형 눈(camera-like eye) 225
케라틴(keratin, 각질角質) 205, 211
코곁굴(부비동副鼻洞, paranasal sinus) 221
코기원판(비기원판鼻紀元板, nasal placode) 219, 232
코눈물고랑(nasolacrimal groove) 223
코눈물관(비루관鼻淚管, nasolacrimal duct) 223
코르크질(suberin) 76
코선반(비갑개鼻甲介, turbinate) 221
콜라겐(collagen) 96
콜레스테롤(cholesterol) 210
콜로이드(colloid, 교질膠質) 171
콧구멍(비공鼻孔, nostril) 231
콩팥단위 176
콩팥유두(신유두腎乳頭, renal papilla) 177

큐티클(cuticle) 209, 210
크리스탈린(crystallin) 225
클라미도모나스(Chlamydomonas) 33
클론(clone, 복제집단) 32, 80
키틴(chitin) 210

[ㅌ]

타원구멍(난원공卵圓孔, oval foramen) 166
타제석기(뗀석기) 146
탄성반동(elastic recoil) 246
탈락막(脫落膜, decidua) 72
태동(胎動, fetal movement) 154
태반(胎盤, placenta) 71, 73
태생(胎生, viviparity) 238
태아막(fetal membrane) 67
태아만출(胎兒娩出) 243
태아혈액 74
탯줄(제대臍帶, umbilical cord) 54
턱(jaw) 111
턱끝보조개(chin dimple) 219
테스토스테론(testosterone) 250
통과의례 272
통풍(gout) 175
투명대(zona pellucida) 42
틴맨(tinman) 163

[ㅍ]

파악기(把握器, clasper) 184
판피류(板皮類, Placoderm) 115
팽대(ampulla)/팽대부 44
펌프(pump) 158
페로몬(pheromone) 140, 233
편모(鞭毛) 203
편모충(flagellate) 206
평활근(平滑筋, 민무늬근, smooth muscle) 207
폐(肺, 허파, lung) 199
폐동맥(pulmonary trunk) 166
폐쇄순환계(closed circulatory system) 158
폐순환(肺循環) 160
폐액(肺液) 245
폐어(肺魚, lungfish) 129
폐포(肺胞, 허파꽈리, alveoli) 244
포배(胞胚, blastula) 49, 65
포배강(blastocoel) 66
포자체(胞子體, sporophyte) 37
포톱신(photopsin) 226
표면장력(surface tension) 244, 245
표면활성제(surfactant) 245
표정근육(mimetic muscle) 215
표피(表皮, epidermis) 212
표현형(phenotype) 21
프로게스테론(progesterone) 41
프로락틴(prolactin) 252

플라스미드(plasmid) 19
플라스틱 성질 262
플라젤린(flagellin) 203
피부(皮膚, skin) 209
피부근육(cutaneous muscle) 216
피부분절(dermatome) 208
피부호흡 200
피지선(皮脂腺, 피지샘, 기름샘, sebaceous gland) 140, 213

[ㅎ]

하등동물(lower animal) 88
하렘(harem) 248
하배엽(下胚葉, 배아덩이아래판, hypoblast) 49
하악(下顎, 아래턱, lower jaw) 111
하악내전근(adductor mandibulae) 105
학습(學習, learning) 256
할구(割球, blastomere)47
합포체(合胞體, 융합체, syncytium, symplasm) 26
항문(肛門) 94
항상성(恒常性, homeostasis) 134
항온동물(恒溫動物, homeotherm) 134
항온성(恒溫性, homeothermy) 134
해면층(decidua spongiosa) 74
허파(폐肺, lung) 199

헐떡거림(panting) 138
헤르마프로디테(hermaphrodite, 암수한몸, 자웅동체) 189
헤모글로빈(hemoglobin) 200
헬리코박터(Helicobacter pylori) 203
헵의 가설 262
혀(설舌, tongue) 126
혀몸통(설체舌體, body of tongue) 126
혀뿌리(설근舌根, root of tongue) 126
혈관(blood vessel) 158
혈관모세포(hemangioblast) 160
혈관형성세포(angioblast) 161
혈림프(hemolymph) 158
혈액(blood) 158
혈액섬(blood island) 161
혐기성(嫌氣性, anaerobic) 198
혐기성생물(anaerobe) 198
협근(頰筋, 볼근, 뺨근육, buccinator) 217
형태발생(morphogenesis) 55
호기성(好氣性, aerobic) 198
호기성생물(aerobe) 198
호메오상자(homeobox) 98
호메오유전자(homeotic gene) 98
호메오현상(homeosis) 99
호모 네안데르탈렌시스(Homo neanderthalensis) 145
호모 에렉투스(Homo erectus) 147
호모 하빌리스(Homo habilis) 146

호모속(genus Homo) 145
호미닌(hominin) 145
호흡(呼吸, respiration, breathing) 195
호흡곤란(respiratory distress) 246
호흡근육 245
호흡기/호흡기관(respiratory organ) 195, 199
호흡사슬(respiratory chain) 196
호흡색소 200
호흡싹(respiratory bud) 202
호흡운동 245
호흡원기(respiratory primordium) 201
호흡표면(respiratory surface) 199
화학삼투(chemiosmosis) 196
화학삼투적 인산화(chemiosmotic phosphorylation) 196, 197
확산(diffusion) 157, 171
환자맞춤 줄기세포 81
환추(還椎, 고리뼈, atlas) 100
환치(換齒, replacement of teeth) 119
활주(滑走, gliding) 202
황우석 81
황체기(黃體期, luteal phase) 41
회고절정(reminiscence bump) 269
후각기원판(olfactory placode) 59, 232
후각뉴런(olfactory neuron) 232
후각상피(olfactory epithelium) 231, 232

후각수용체 233
후각신경(olfactory nerve) 232
후구동물(後口動物, deuterostomia) 66
후뇌(後腦, hindbrain) 151, 152
후두전두근(뒤통수이마근, occipitofrontalis) 216
후비공(後鼻孔) 231
후생동물(後生動物, metazoa) 88
후신(後腎, 뒤콩팥, metanephros) 178
후장(後腸, hindgut) 63
후편모류(後鞭毛類, opisthokont) 88
훅업(hookup) 273
휘둘림운동(whiplike motion) 204
흉대(견대肩帶, pectoral girdle) 100
흉추(胸椎, thoracic vertebra) 101
흔적상태 141
흡입(suction) 106
흰죽지수리(Aquila heliaca) 269